国家新闻出版署出版融合发展（北师大出版社）重点实验室
重点课题"教育出版融合发展的理论与实践研究"优秀成果
教育类专业"岗课赛证融通"系列教材

岗课赛证
GKSZ

新形态教材
入眼·入脑·入手
易教·乐学

融媒体版

# 学前儿童心理学

## XUEQIAN ERTONG XINLIXUE

主　编：刘　梅　邹本杰
副主编：丁永亮　刘　岩

U0659649

北京师范大学出版集团
BEIJING NORMAL UNIVERSITY PUBLISHING GROUP
北京师范大学出版社

**图书在版编目(CIP)数据**

学前儿童心理学/刘梅，邹本杰主编． —北京：北京师范大
学出版社，2024.10
ISBN 978-7-303-29696-5

Ⅰ．①学… Ⅱ．①刘… ②邹… Ⅲ．①学前儿童—儿童心
理学 Ⅳ．①B844.12

中国国家版本馆 CIP 数据核字(2024)第 011319 号

---

XUEQIAN ERTONG XINLIXUE

出版发行：北京师范大学出版社 https://www.bnupg.com
　　　　　北京市西城区新街口外大街 12-3 号
　　　　　邮政编码：100088
印　　刷：保定市中画美凯印刷有限公司
经　　销：全国新华书店
开　　本：889 mm×1194 mm　1/16
印　　张：18.25
字　　数：368 千字
版　　次：2024 年 10 月第 1 版
印　　次：2024 年 10 月第 1 次印刷
定　　价：49.80 元

---

| 策划编辑：姚贵平 | 责任编辑：朱冉冉 |
| --- | --- |
| 美术编辑：焦　丽 | 装帧设计：焦　丽 |
| 责任校对：陈　荟　葛子森 | 责任印制：赵　龙 |

党的二十大报告指出,坚持以人民为中心发展教育,加快建设高质量教育体系,强化学前教育普惠发展。因此办好学前教育、实现幼有所育,是党和政府为老百姓办实事的重大民生工程,关系亿万儿童健康成长,关系社会和谐稳定。《中共中央 国务院关于学前教育深化改革规范发展的若干意见》明确指出,学前教育是终身学习的开端,是国民教育体系的重要组成部分,是重要的社会公益事业。

"学前儿童心理学"是学前教育专业的核心课程,该课程为"学前教育学""幼儿园教育活动设计与指导"等课程的学习奠定了基础。学好"学前儿童心理学"有助于学前教育工作者强化教育理念,提高教育技能,在实践中因材施教、科学施教。

本教材参考《幼儿园教师专业标准(试行)》《3-6岁儿童学习与发展指南》和幼儿园教师资格考试的基本要求,依据学前儿童心理学课程标准编写,旨在加强学生对专业标准和学前教育新理念的理解,明确教育改革方向。

根据职业院校学生的实际特点,本教材在内容和体例上,力求做到科学、系统和实用,使学生能更好地掌握学前儿童心理发展的特点及规律,以提高学生从事学前教育职业的能力。

本教材主要有以下几个特点。

1. 教材定位准确

本教材主要供学前教育专业的学生和学前教育工作者使用,因此,教材紧扣学前教育专业的人才培养目标,依据学生的认知水平和学习能力,以先进的编写理念和新颖的编写模式,提高学习者对学前儿童心理学的学习兴趣。

2. 体例格式丰富

本教材力求将抽象的理论知识简明化,以贴近实际、融入生活、适合学生,采用"模块—单元"的呈现形式,采用灵活、多样化的设计,以学习目标、思维导图概括模块内容,每个单元以"情景导入"开始,正文设置了"相关链接""活动设计"等版块,形式活泼,可读性强。

### 3.内容框架清晰

本教材在内容处理上,既注重科学性、系统性,又凸显实践性、应用性。每个模块知识点明确,各个单元逻辑关系清晰,便于教师使用,也利于学生理解。针对幼儿园教师资格考试制度,每个模块都设置了"国考同步"版块,对学生以后取得幼儿园教师资格证有所帮助。

本教材共包括 13 个模块,共计 72 学时,内容与参考学时对照表如下。

| 模块 | 内容 | 参考学时 |
| --- | --- | --- |
| 模块一 | 认识学前儿童心理学 | 6 |
| 模块二 | 学前儿童的感知觉 | 6 |
| 模块三 | 学前儿童的注意 | 4 |
| 模块四 | 学前儿童的记忆 | 6 |
| 模块五 | 学前儿童的想象 | 4 |
| 模块六 | 学前儿童的思维 | 6 |
| 模块七 | 学前儿童的言语 | 6 |
| 模块八 | 学前儿童的情绪和情感 | 6 |
| 模块九 | 学前儿童的意志 | 4 |
| 模块十 | 学前儿童的个性 | 10 |
| 模块十一 | 学前儿童社会性的发展 | 6 |
| 模块十二 | 学前儿童的心理健康 | 4 |
| 模块十三 | 学前儿童心理发展的主要理论 | 4 |

潍坊职业学院刘梅和山东省教育科学研究院邹本杰担任本书主编,负责全书的策划和统稿;潍坊职业学院丁永亮、刘岩担任副主编,参与书稿的审阅和修改工作。各模块具体分工如下:模块一由潍坊职业学院刘梅编写;模块二由潍坊职业学院丁永亮、汪秀华编写;模块三由潍坊职业学院张艳编写,模块四、模块五由潍坊职业学院刘岩、车力轩编写,模块六由潍坊职业学院李献媛编写,模块七由潍坊职业学院林峰云、张立军编写,模块八、模块九由潍坊职业学院张文杰编写,模块十由潍坊职业学院张晓敏编写,模块十一由潍坊职业学院汤敏编写,模块十二由山东省青州市特殊教育学校刘莹编写,模块十三由潍坊职业学院谭洁编写;各模块案例由潍坊奎文区直机关幼儿园王静提供。

本教材引用了一些专家、学者的资料,并在参考文献中列出,在此对他们表示衷心的感谢。

由于编者水平有限,本教材难免存在不足之处,敬请广大读者提出宝贵意见。

编者

目　录
CONTENTS

# 模块一
# 认识学前儿童心理学

## 学习目标

1. 理解心理学的概念及研究对象。

2. 掌握心理现象的实质。

3. 了解学前儿童心理学的研究内容和方法。

4. 掌握学前儿童心理发展的一般规律和特点。

5. 学会分析、判断学前儿童心理发展的影响因素在个体发展中的作用。

6. 能根据学前儿童心理发展的特点和规律分析学前儿童心理实际发展情况。

7. 能以科学的眼光看待学前儿童在发展过程中出现的问题；学会用发展的观点培养立德树人的职业素养。

8. 形成乐学的教育观，以科学的学前心理学视角做学前儿童在锤炼品格、学习知识、创新思维方面的引导者。

## 学习导航

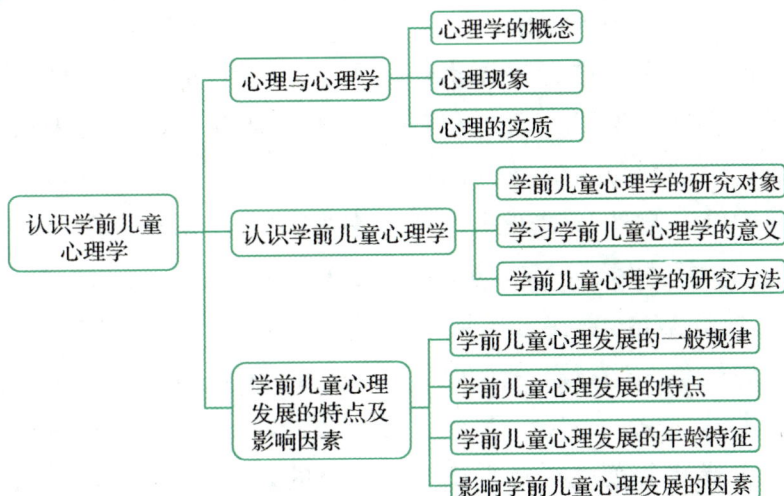

心理现象是我们每一个人都具有的最普遍、最熟悉、最真切的现象，也是人世间最复杂、最深奥、最难以捉摸的现象。无论是它的发生还是发展，都是人类认识自己的重大课题。学前儿童心理学是心理学的一个分支学科，对学前教育专业的学生具有重要意义。本模块主要介绍心理学的基本知识，学前儿童心理学的研究对象、研究方法，以及学前儿童心理发展的特点及影响因素等，使我们更好地了解这门课程，为学好这门课程奠定基础。

## 单元 1　心理与心理学

### 情景导入

幼儿教师丁老师经常被家长问到这样的问题："丁老师，为什么我们家长却不如您更了解孩子？是因为您懂心理学吗？学了心理学的人，是不是看一眼别人就能知道他在想什么？是不是跟孩子相处一会儿就能知道他需要什么？"这些问题让丁老师不知该如何回答。

心理学是一门既古老又年轻的科学。心理学到底有哪些内容？如何从科学的角度了解人类心理的实质？我们可以通过学习以下内容获得答案。

### ▶▶ 一、心理学的概念 >>>>>>>

心理学是研究人的心理现象及其发展规律的科学。心理现象并不是人类所独有的，动物也具有一定的心理现象，但心理学主要研究人的心理现象。

关于人的心理现象的性质，是人类很早就开始渴求认识的重大问题之一。古代很多思想家进行过探索，留下了许多有价值的见解。但是古代的研究多属于思辨性的论述，而且和哲学思想混杂在一起；后来虽然有了专门的研究来研究心理现象，但是其研究范围狭窄，心理学仍然包含在哲学范围内。19世纪中叶，自然科学迅速发展，许多研究者开始应用自然科学的方法探索心理现象，推动了研究的进一步发展。1879年，德国心理学家威廉·冯特（Wilhelm Wundt）在莱比锡大学建立了第一个心理实验室，应用实验手段研究心理现象，这标志着心理学作为一门独立的学科从哲学中分离出来。因此有人生动地说，心理学具有漫长的过去，却只有短暂的历史。

随着社会实践的需要和科学研究的发展，心理学形成了许多分支。

普通心理学是研究人的心理过程和个性心理特征的一般规律的学科，是心理学最基本、最重要的基础研究。

发展心理学是研究个体心理发展规律的学科，主要研究个体心理发展各个阶段各方面的矛盾与变化。发展心理学可分为婴儿心理学、幼儿心理学、儿童心理学、青少年心理学、老年心理学等分支学科。发展心理学既是心理学理论体系的重要组成部分,又是对发展中的人进行教育、教养的理论根据。

生理心理学是从人体生理和神经生理、神经解剖、神经生物化学等方面研究心理的生理基础和机制的学科,是心理学基础研究的重要组成部分。

教育心理学是研究学校教育和教学过程中学生的心理活动规律的学科。教育心理学涉及的范围很广,包括德育心理、学习心理、学科心理、智力缺陷与补偿、智力测量与教师心理等分支。

此外,还有各种具体的应用心理学,如心理咨询、管理心理学、营销心理学、艺术心理学、心理测量学等。

### 相关链接 ▶▶▶▶▶

#### 心理学究竟是怎么一回事?

心理学是怎么一回事?心理学又是研究什么的?我们不妨从"心理"二字谈起。在汉语里,"心"是指"心思""心意";"理"是指"道理""事理"。战国时代的韩非子说过:"理者,成物之文也。"(《韩非子·解老》)所谓成物之文,就是指"规律"二字。所以从汉语的字面意思来理解,心理学可以说是关于心思、思想、感情等规律的学问。

心理学,英文是 psychology。这个词源于希腊文,由 psycho 和 logy 两部分组成。psycho 的意思是"精神""心灵",即人的心理,logy 的意思是"学问",连在一起是关于心理、精神的学问,或者说是关于心理、精神的科学。

顾名思义,心理学是研究心理现象的科学,亦称心理科学。心理现象也称心理活动,简称心理。心理学研究心理现象,就是揭示心理现象发生、发展变化的客观规律。

资料来源:刘梅,邹本杰.幼儿心理学.北京:中国农业出版社,2018。

## ▶▶ 二、心理现象 ▶▶▶▶▶▶▶▶

心理现象是世界上最复杂、最奇妙的一种现象,它看不见,摸不着,但每时每刻发生在每个人身上。心理现象即心理活动的表现形式,一般分为心理过程和个性心理两大方面(图 1-1-1)。

### (一)心理过程

心理过程是指一个人的心理变化的动态过程,是人们共有的心理现象,包括认知过程、情绪情感过程和意志过程。

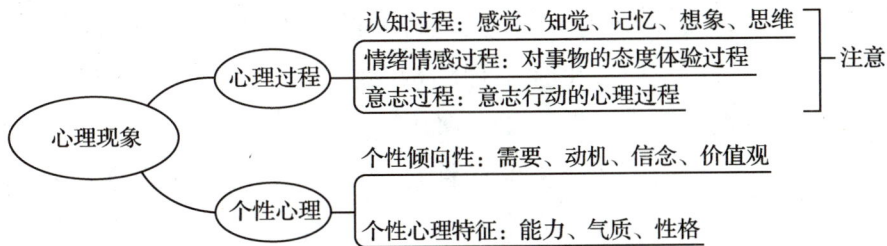

图 1-1-1　心理现象结构图

心理现象
- 心理过程
  - 认知过程:感觉、知觉、记忆、想象、思维
  - 情绪情感过程:对事物的态度体验过程
  - 意志过程:意志行动的心理过程
  - 注意
- 个性心理
  - 个性倾向性:需要、动机、信念、价值观
  - 个性心理特征:能力、气质、性格

### 1. 认知过程

认知过程即认识客观事物的过程,是人脑对客观事物的属性、特征和关系的反映。它包括感觉、知觉、记忆、想象和思维,其中的核心是思维。在日常生活中,一个物体具有多种属性,我们通过眼睛可以看到它的颜色、形

状，这是视觉；通过手触摸物体，可以感觉到它的粗细、冷热、轻重等，这是触觉；通过鼻子能闻到它的气味，这是嗅觉。这些对事物某方面属性的反映，就是感觉。当我们通过不同的感觉，认知同一事物时，就会对这一事物多方面的属性有所了解，从而对这一事物产生总体的认识，这是知觉；接触过某些事物后，会在头脑中留下一定的痕迹，必要时能想起来，这是记忆；凭借头脑中已有的事物的形象，经过重新组合，形成新的形象，这是想象；通过发现事物之间的关系和联系，思索问题，解决问题，这是思维。感觉、知觉、记忆、想象和思维，都属于认知过程。

### 2. 情绪情感过程

人在认识周围世界时，不会无动于衷，会产生喜爱、厌恶等不同的态度和体验。例如，看到周围的环境干净整洁，会心情愉快；碰到一个语言粗俗、行为邋遢的人，会感到厌恶。这些属于情绪情感过程。

### 3. 意志过程

意志过程是人们为了改善自己，实现某一目标，并根据这一目标调节支配自己的行动，克服困难，以实现预定目标的心理过程。例如，我们在遇到一个不喜欢的人时，出于当时所处的特殊情况，既不能批评指责这个人，又不能回避他，只能想办法克制自己，调节自己，这就属于意志过程。

心理过程是一个统一的过程，认知过程、情绪情感过程和意志过程之间既有区别又相互联系。其中，认知过程是基础，情绪情感过程是动力，意志过程具有调控作用。

### (二)个性心理

心理过程是人们共有的心理活动，但是由于每个人的先天素质和后天环境不同，心理过程产生时又总是带有个人的特征。比如，不同的人在对同一个物体或人进行认识、体验时，往往会采用不同的方式，也会产生不同的结果；一群人在一起听了同一个笑话故事，有的人可能会笑得前仰后合，有的人则微微一笑，还有的人不笑，这就是人与人之间的个性差异。

个性心理结构主要包括个性倾向性和个性心理特征。

### 1. 个性倾向性

个性倾向性是指一个人所具有的意识倾向，也就是人对客观事物的稳定态度。它是一个人从事活动的基本动力，决定着一个人的行为方向，主要包括需要、动机、兴趣、理想、信念、价值观等。

### 2. 个性心理特征

个性心理特征反映了一个人在各种活动中表现出的与其他人不同的稳定差异。例如，有的人有数学才能，有的人擅长写作，有的人善于动手操作，这是能力方面的差异；在行为表现上，有的人活泼好动，有的人沉默寡言，有的人热情友善，有的人冷漠无情，这是气质和性格方面的差异。能力、气质和性格统称个性心理特征。

心理过程和个性心理两者是不可分割的，它们相互作用，形成复杂的心理现象。心理过程是个性心理的基础，而个性心理形成后又会直接影响心理过程。

学习笔记

### ▶▶ 三、 心理的实质 >>>>>>>

要想更好地认识和研究人的心理，必须弄清楚人的心理是什么，它又是如何产生的。

#### (一)心理是脑的机能

在古代，人们不认为脑是产生心理现象的物质本体，认为心脏是心理的器官，所以把许多心理现象和"心"联系起来，如把思虑周密称作"心细"，把性情急躁称作"心急"等，而无数客观事实表明了心理和脑的关系。例如，脑受到损伤，心理便会受到影响。随着科学技术的发展，关于脑的实验研究科学地证明了脑是心理的器官，心理是脑的机能。

##### 1. 脑的结构

脑是神经系统的重要组成部分，是一个结构复杂的器官，由延脑、脑桥、中脑、间脑、小脑和大脑组成，其中最发达的是大脑(图 1-1-2)。

人的大脑由左右两半球构成，表面覆盖着大脑皮层。大脑皮层共有六层，展开时面积约有 2 200 平方厘米，由 140 亿个神经细胞构成，每个神经细胞都具有巨大的处理各种信息的能力。各个神经细胞之间构成了十分复杂的联系。皮层的每一部分既接受其他部分发出的神经冲动，也把神经冲动发出到其他部分。不仅皮层的各个部分之间有广泛的联系，皮层还和皮层以下的各个部位之间形成复杂的联系。这种错综复杂的联系构成了人的心理现象的生理基础。

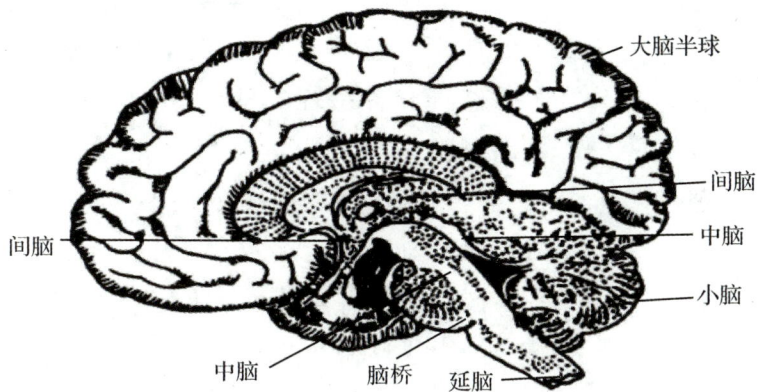

图 1-1-2 脑的纵剖面图

大脑半球皮层以下的其他部位是低级神经中枢，它和大脑共同构成中枢神经系统，中枢神经系统向全身发出大量的神经冲动，与身体内外的感觉器官、效应器官相联系。

##### 2. 脑的机能

正确认识大脑的机能比了解大脑的结构更困难。心理学家把大脑比喻为一只"黑箱"，人们无法把它打开直接观察，只能通过间接的方式研究。

（1）大脑最基本的活动方式是反射

反射是机体的神经系统对刺激做出的规律性的应答活动。反射按起源分为两类：无条件反射和条件反射。

无条件反射是先天固有的，是不学而能、遗传而来的反射，由低级神经中枢控制。例如，新生儿生来就会吸吮，强光刺激婴儿的眼睛即引起眼睑闭合，食物放到口中即引起唾液分泌，光线刺激引起瞳孔变化等，都属于无条件反射。

条件反射是在后天一定生活条件下学会的反射，引起这种反射的刺激称条件刺激。例如，铃声通常并不引起动物分泌唾液，但如果首先发出铃声刺激，1~2秒后出现食物，并使铃声和食物结合出现10~20秒，这样反复结合数次以后，动物单独听到铃声，也会分泌唾液。这时铃声引起唾液分泌便是条件反射，铃声便是条件刺激。

条件反射的形成是在条件刺激和反应之间建立了暂时的神经联系。条件反射使有机体可以对生活环境做出灵活的反应。例如，弱小的动物在森林中突然出现寂静的情况时便急速逃避，因为它在生活中学会"突然寂静"意味着附近正有猛兽窥伺，因而迅速逃避，以保生存。

（2）大脑的主要功能是接收、分析、综合、存储和发布各种信息

机体的所有感觉器官把得到的刺激信息通过神经传入大脑，经过皮层的加工、整理，做出决策，然后发布信息，控制各器官和各系统的活动。各器官和各系统的活动状况又会通过信息环路反馈给大脑，以便对活动做出调整。

大脑半球的表面有许多皱褶，凹陷部分称沟或裂，隆起部分称回。根据沟回的分布把大脑皮层（图1-1-3）分区，一般分为额叶、顶叶、颞叶和枕叶。各区的机能并不相同，位于大脑半球前部的额叶和顶部的顶叶主要与智力活动、言语功能有密切关系，位于大脑半球外侧的颞叶主要是听觉中枢，位于大脑半球后部的枕叶主要是视觉中枢。有研究表明，额叶受伤的人智力下降，无法解答算术应用题，还出现性格上的变化。原本很温和的人一旦额叶受伤，就变得暴躁、粗野，不能自制。皮层各部位既分工又合作，在机能上相

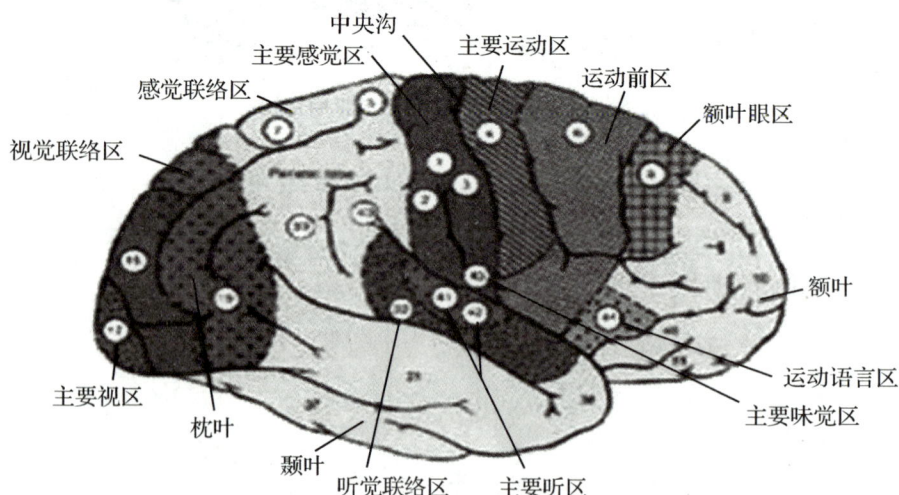

图1-1-3 大脑皮层示意图

互联系，协调一致。

大脑具有不对称性，左右两半球各有不同的优势。通常左半球的机能是阅读和计算，保障连贯的、分析性的逻辑思维；右半球运用形象信息，保证空间定向、音乐知觉及对情绪、态度的理解。大脑两半球的机能不对称性是一个人在活动中逐渐稳定下来的，也是相对的。

大脑的机能也受学习经验的影响。学习经验能使神经细胞变得更加有力和有效，从而增强大脑的协调模式，如更有效地选择感知信息的输入，更准确地决策，增强记忆的持续性等。

通过以上分析，我们可以归纳出：脑是心理的器官，是心理活动的物质基础；心理是脑的机能。大脑的活动产生并制约着人的心理活动。同时，大脑的结构和机能也受学习经验的影响。

### 相关链接 ▶▶▶▶▶▶

**望梅止渴**

东汉末年，曹操带兵去攻打张绣，一路行军，走得十分辛苦。时值盛夏，太阳火辣辣地挂在空中，散发着巨大的热量，大地都快被烤焦了。曹操的军队已经走了很多天了，十分疲乏。这一路上又都是荒山野岭，没有人烟，方圆数十里都没有水源。将士们想尽了办法，始终都弄不到一滴水。将士们头顶烈日，一个个被晒得头昏眼花，大汗淋漓，口干舌燥，感觉喉咙里好像着了火，嘴唇干裂。每走几里路，就有人因中暑而倒下。

曹操目睹这样的情景，心里十分焦急。他策马奔向旁边一个山岗，在山岗上极目远眺，想找个有水的地方。但是他失望地发现，龟裂的土地一望无际。再回头看看士兵们，一个个东倒西歪，早就渴得受不了了，很难再走多远了。

曹操是个聪明的人，他在心里盘算道：这可糟糕了，找不到水，这么耗下去，不但会贻误战机，还会有人马损伤，想个什么办法来鼓舞士气，激励大家走出干旱地带呢？曹操想了又想，突然灵机一动，脑子里蹦出个好点子。他就在山岗上，抽出令旗指向前方，大声喊道：前面不远的地方有一大片梅林，结满了又大又酸又甜的梅子，大家再坚持一下，走到那里吃到梅子就能解渴了！

将士们听了曹操的话，想起梅子的酸味，就好像真的吃到了梅子一样，口里顿时生出了不少口水，精神也振作起来，鼓足力气向前赶去。就这样，曹操最后率领军队走到了有水的地方。

曹操利用人们对梅子酸味的条件反射，成功地克服了干渴的困难。

"望梅止渴"是一种条件反射，条件反射活动实际是一种信号活动。有研究者认为条件反射既是生理现象，又是心理现象。从暂时神经联系的形成来看，它是生理现象；而从分析信号的意义来看，它又是心理现象。条件反射的形成证明了心理现象是脑的机能。

### (二)心理与客观现实的关系

#### 1. 心理是对客观现实的反映

心理是人脑的机能，这说明心理现象的产生具有物质本体，产生心理现象的器官是脑，但这并不意味着有了脑就有心理现象。人的心理现象并不是人脑所固有的，还要有客观现实作用于人的感觉器官，影响人脑，才能产生心理现象。例如，学前儿童看到了路旁的一棵树，才有对树木的知觉；听过"拔萝卜"的故事，才有对这个故事的记忆。

即使学前儿童在画画时会画出一些现实生活中并不存在的图像，或在讲故事时讲出一些现实中没有的内容，如一个学前儿童画了一棵长满玩具的大树，或讲了树长出玩具的故事，那些也不是他凭空虚构出来的，而是把现实中的树和玩具在头脑中经过加工改造而成的。因此，这种想象的事物仍然是对现实的反映。

人的心理是以映像的形式在头脑里反映客观现实的。心理现象是客观现实在头脑中的映像。学前儿童关于树的知觉，是所看到的树反映于头脑时产生的映像。因此，人的心理现象并不是客观现实本身，而是客观现实在头脑中的映像。映像和被反映的客观现实相像，它是客观现实的"复写""摄影"。

### 2. 客观现实是心理的源泉

客观现实是十分丰富的，有自然现象和社会生活，但对人的心理起决定作用的是社会生活。一个人假如和人类社会生活隔绝，虽然具有人脑，但他的心理发展会十分落后。有人曾发现过在兽群中长大的"狼孩""豹孩"等，这些孩子虽然都是人，也有人的大脑，但由于在幼年时期脱离了人类社会，他们就没有发展出正常人的心理和行为。他们在被人发现而回到人类社会时，仍然喜欢四肢爬行，习惯夜间行动，不喜欢和人接近，缺乏人的情感，心理发展明显落后于常人。印度曾有一个"狼孩"，回到人类社会后，经过七八年的教育，言语发展仍不能恢复正常，只学会了三四十个单词。这些事实表明，有了健全的人脑而没有客观现实，也不会有正常的心理。离开了社会生活，人的心理便不能得到正常发展。

客观现实是心理的源泉，而社会生活是人的心理的主要源泉。

#### 🔗 相关链接 ▶▶▶▶▶

**"野人"刘连仁**

抗日战争时期，日本从中国掠走大量劳工，刘连仁就是其中一个。他因不堪忍受日本矿主的奴役虐待而逃亡深山老林，独自过了13年茹毛饮血的穴居野人生活。1958年他被发现时，语言能力严重退化，听不懂，不会说，完全没有正常人的心理状态。回到正常的社会生活环境后，经过一段时期的适应，他才恢复到正常人的心理水平。

这说明，人只有生活在社会中，生活在一定的社会关系中，不断和他人交往，才能适应社会生活，提高心理水平。

资料来源：刘梅，邹本杰. 幼儿心理学. 北京：中国农业出版社，2018。

### （三）心理具有主观能动性

心理是人脑对客观现实的反映，但这种反映并不像镜子反映人的图像那样被动地呈现，而是一种积极的、主观能动的反映。

### 1. 人的心理是对客观现实的能动的反映

主观能动的反映，是指人脑对客观现实的反映受到个人的态度和经验的影响，从而使反映带有个人主体特点。"仁者见仁""智者见智"就是这个道理。正如英国著名作家莎士比亚所说："一千个读者眼中就有一千个哈姆雷特。"

在对待同一事物时，不同的人会形成不同的看法，同一个人也会在不同的情境中改变自己的看法。因此，心理一方面反映现实的性质和特性，另一方面也反映个人对现实的关系和态度。也就是说，每个人对客观现实的认识都带有自己特有的主观色彩。

### 2. 人的心理在实践活动中不断发展

人的各种心理都产生于各种实践活动中，是在人们彼此交往的过程中发生和发展起来的。人的实践领域越宽广，接触的事物越多，心理活动就越丰富。实践活动的不断发展变化，促使人的心理活动也在不断发展变化。人只有通过具体的实践活动得到锻炼，才能逐渐形成自己的能力和特长。

#### 相关链接 ▶▶▶▶▶▶

德国著名法学家卡尔·威特在婴儿期像个"傻子"。他父亲曾悲伤地说："因为什么样的罪孽，上天给了我这样的傻孩子?"邻居们尽管口头上常常劝他父亲不要为此而忧愁，但心里都认为威特是个白痴。但他的父亲并没有放弃希望，而是踏踏实实按自己的计划对他进行教育和训练。起初，连孩子的母亲也不赞成："这样的孩子，教育他也不会有出息，只是白费力气。"可是，就是这个"傻子"后来让邻居们大为吃惊。他八九岁就熟练地掌握了德、法、英、意大利、拉丁和希腊 6 种语言，9 岁考入莱比锡大学，不满 14 岁就发表了数学论文，被授予数学博士学位，16 岁又被授予法学博士学位，并被任命为柏林大学法学教授。

可见，一个人置身于什么样的环境，参与什么样的社会实践，在很大程度上决定了他会产生什么样的心理。

## 单元 2 认识学前儿童心理学

#### 💬 情景导入

楷楷刚上幼儿园，每天早上都会因为不想去幼儿园而哭闹，而且每天放学时如果不是妈妈接他，他就会变得非常烦躁，在回家的路上哭闹不休。在家里，他要妈妈一遍又一遍地像过家家一样表演将他从幼儿园接回来的过程。

这样的案例在我们的生活中很常见，如何对孩子进行有效的教育是摆在我们面前的一个课题。家长和幼教工作者只有掌握学前儿童心理发展的特点和规律，才能科学合理地对学前儿童施加影响，使他们健康成长。

学习笔记

学习笔记

## ▶▶ 一、 学前儿童心理学的研究对象

### (一)什么是学前儿童心理学

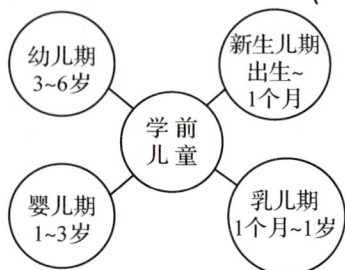

图 1-2-1　学前儿童年龄段划分

学前儿童心理学是发展心理学的重要组成部分,是研究学前儿童的生理、心理和行为的发生发展规律,以及各年龄阶段的心理特征的科学。

学前儿童心理学的研究对象是学前儿童。学前儿童是指从出生到上小学之前(0~6 岁)的儿童。这个时期主要包括四个阶段:新生儿期、乳儿期、婴儿期、幼儿期(图 1-2-1)。

### (二)学前儿童心理学的研究内容

学前儿童心理学的研究内容包括以下三个方面。

#### 1. 个体心理的发展

学前阶段是人生的早期阶段,各种心理活动在这个阶段开始发生发展。人类特有的心理活动过程(包括感觉、知觉、记忆、想象、思维、情绪情感和意志)以及个性心理,都在出生后这个早期阶段发生。因此,研究个体心理的发生发展变化,是学前儿童心理学的重要内容。

#### 2. 学前儿童发展的一般规律

每个学前儿童心理发展的表现是不一样的,其心理发展也或早或晚。但是学前儿童心理的发展趋势和发展顺序大体一致。相同年龄的学前儿童,具有大致相似的特征。同时学前儿童心理发展的过程又受到遗传、环境及各种因素的影响。因此,探讨学前儿童心理发展的一般规律是学前儿童心理学的主要内容。

#### 3. 学前儿童个性和社会性的发展

学前儿童个性开始形成,在气质、性格、能力、自我意识等方面已表现出一定的倾向性,同时亲子交往和同伴交往是社会化的重要途径,是学前儿童最重要的社会活动,对其发展趋势和发展规律的探究有助于培养学前儿童良好的个性,促进其心理健康成长。因此,研究学前儿童个性和社会性发展也是学前儿童心理学的主要内容。

### (三)学前儿童心理学的研究任务

#### 1. 阐明学前儿童心理发展的年龄特征和发展趋势

学前儿童心理发展的年龄特征是在一定社会和教育条件下,在儿童心理发展的各个阶段所形成的一般特征(带有普遍性)、典型特征(具有代表性)、本质特征(表示有特定的性质)。学前儿童身心处于快速发展阶段,他们的心理特点既不同于成人,也不同于其他时期的儿童,而是有着独特的年龄特征。他们有自己特有的认知特征、情感特征和交往特征,这个阶段的年龄特征,对学前儿童终身发展具有一定的影响。

学习笔记

**2. 揭示学前儿童心理发展的机制和影响学前儿童心理发展的因素**

学前儿童心理学从个体心理发展来阐明人的心理的本质、影响心理发展的因素，分析有关心理发展的各种学说。科学的发展理论可以指导学前儿童教育实践，有效地促进学前儿童心理正常发展。

**3. 指导学前儿童心理发展**

了解和掌握学前儿童心理发展的特点与规律，是教师和父母培养、教育孩子的前提与基础。学前儿童心理学根据学前儿童心理发展的特点和规律，探索出学前儿童心理进一步发展的途径和方法，使学前儿童的心理得到健康发展，并为顺利进入下一发展阶段做好准备。

> **学习笔记**

**相关链接** ▶▶▶▶▶▶

**科学儿童心理学的诞生与发展**

科学儿童心理学诞生于19世纪后半期。德国生理学家和实验心理学家普莱尔（W. T. Preyer）是儿童心理学的创始人，他通过对自己的孩子从出生到3岁每天进行的系统观察和实验记录，写出了一部有名的著作《儿童心理》。该书于1882年出版，被公认为是第一部科学的、系统的儿童心理学著作，先后被译成十多种文字出版，在国际上产生了广泛的影响，儿童心理学的研究也随之蓬勃地开展起来。

美国儿童心理学家霍尔（G. S. Hall）将儿童心理学的研究范围由婴儿期扩展到青春期，提出了个体心理发展的"复演说"。他认为个体心理的发展是一系列或多或少复演生物进化的历史。他在19世纪末发明了研究儿童心理的新技术——问卷法，使大规模地收集儿童心理发展的资料成为可能。霍尔先后设计和使用了194种问卷，掀起了"儿童研究运动"，撰写了第一本青少年心理巨著《青少年心理学》（1904年）。因此，霍尔被认为是美国儿童研究的开创者，被誉为"美国儿童心理学之父""青年心理学之父""心理学的达尔文"等。

霍尔等人在美国发展他们的理论和方法的同时，法国心理学家比纳（A. Binet），也正为了另一个原因在探索研究儿童发展的标准方法。20世纪初，比纳和他的同事西蒙（T. Simon）接到任务：鉴别巴黎学校系统中智力发展迟滞的儿童。比纳等人经过努力，开创性地编制了一系列能比较不同儿童智力进步状况的不同年龄级别的测验单元，教育实践领域中的第一个智力测验成果诞生了。1916年，在斯坦福大学，比纳的智力测验被译成英文，并针对美国儿童特点进行了修订，成为大众所熟知的斯坦福-比纳智力量表（Stanford-Binet Intelligence Scale）。由此，心理测验运动轰轰烈烈地展开了。

继霍尔、比纳之后，格塞尔、弗洛伊德、华生、皮亚杰等心理学家对婴幼儿心理发展做了大量的实验研究，发表了许多著作，逐步形成了各自的发展理论，使得婴幼儿心理发展的研究在世界范围内不断开展和深化。

▶▶ **二、 学习学前儿童心理学的意义** >>>>>>>>

**（一）理论意义**

**1. 为辩证唯物主义的基本原理提供科学依据**

辩证唯物主义是关于自然、社会和人类思维发展的一般规律的科学，而学前儿童心理学是研究学前儿童的心理现象发生发展规律的科学。学前儿童心理学解释了学前儿童的认知过程，充实和进一步论证了辩证唯物主义认识论中关于感性认识与理性认识、认识与实践等基本原理的正确性；学前儿童心理学研究学前儿童心理发展的基本动力以及学前儿童心理发展的年龄特征，揭示了学前儿童心理发展中矛盾双方对立统一的过程，也可以论证辩证唯物主义中关于矛盾运动的原理、质量互变规律等基本思想的正确性。所以，学习和研究学前儿童心理学，有助于理解辩证唯物主义的原理，为辩证唯物主义的基本原理提供科学依据。

### 2. 丰富和发展心理学的内容

学前儿童心理学的研究成果充实、丰富了心理学的一般理论。学前儿童心理学是心理学的一个重要分支，只有对学前儿童的心理有了深入和科学的了解，才能更完整地掌握心理学。关于学前儿童思维发生发展和言语发生发展的研究，也都涉及学前儿童心理发展问题，可见学前儿童心理的研究对心理学理论的发展具有重要的意义，丰富和发展了心理学的内容。

### (二)实践意义

#### 1. 为学前教育工作者提供科学依据和实践指导

学前儿童心理学是有关学前儿童心理发展的基础学科，不仅介绍了学前儿童心理发展的路径，而且还介绍了这个领域的研究状况。学习者通过学习这门学科，对学前儿童心理会有全面系统的了解，能够形成相应的脉络；通过学前儿童心理学的学习，学习者可以了解学前儿童出生后各阶段的心理状态、心理现象以及在面对事件时学前儿童的心理反应。学前儿童心理学可以更好地促进学前儿童的心理发展，力求让个体在学前期树立健康的心理，尽可能地确保个体在今后的成长发展中，拥有良好的世界观、人生观、价值观。学前儿童心理学为学前教育提供科学的理论依据，并指导学前教育工作者开展实际工作。

#### 2. 为学前儿童心理健康教育提供咨询和帮助

学前儿童心理学内容的组织以学前儿童心理发展的基础知识和基本理论为主线，力求全面呈现学前儿童心理发展的规律和特点，为形成正确的儿童观、教育观奠定坚实的理论基础。学习者通过学习学前儿童心理学可以了解学前儿童出生后各阶段的心理状态、心理现象。

## ▶▶ 三、 学前儿童心理学的研究方法 ＞＞＞＞＞＞＞

任何理论的验证和改进都需要有实证的材料，尤其是科学实验结果的印证和检验。心理学是一门强调实证的学科。实证的材料必须通过科学的方法得到。因此，学习心理学的人必须了解心理学这门学科的研究方法。

### (一)观察法

观察法是指在日常生活条件下，有计划、有目的地观察研究对象在一定条件下言行的变化，做出详尽的记录，然后进行科学的分析处理，从而判断被观察者心理活动特点的方法。观察法是科学研究的最基本的方法，是收集第一手资料的最直接的手段。通过观察，观察者可以收集到最直接的资料，包括事件发生、发展的过程和相关的数据。

一些心理学研究者在研究婴幼儿心理发展的过程中，每天定时对选择的对象进行观察，并记录他们的活动，当材料累积到一定程度时，通过分析这些材料，从中找出婴幼儿心理发展的规律。著名的教育家陈鹤琴先生通过观察法研究了儿童的心理活动后，写成《一个儿童发展的程序》。科学儿童心理学的奠基人普莱尔也是运用观察法对其儿子进行长期研究并写成《儿童心理》一书的。

### 1. 类型

按不同的维度，观察法分为以下几种具体类型。

（1）从时间来看，分为长期观察和定期观察

长期观察是指研究者在一个相当长的时期内，连续进行系统的观察，积累资料并加以整理和分析。定期观察是指按一定的时间间隔持续观察（如每周一次），到一定阶段后予以总结。

（2）从范围来看，分为全面观察和重点观察

全面观察是指在同一研究内对若干心理现象同时观察、记录。重点观察则是在同一研究中只观察、记录某一项心理现象。

（3）从规模来看，分为群体观察和个体观察

群体观察指研究者的观察对象是一组儿童，记录这一群体中发生的各种行为表现。个体观察又称个案法，是观察某一特定儿童。个案法是一种最简单、最直接的心理学研究方法，具有启蒙和试点的作用。

### 2. 观察法注意事项

①观察前观察者要做好准备。在实施观察前要有明确的目的和周密的计划，做好充足的准备。

②观察时尽量使儿童保持自然状态。观察者不能干预被观察者的正常活动，让被观察者处于不知情的自然状态，观察结果才能更真实。

③对儿童观察记录要求详细、准确、客观，不要带任何主观偏见；要善于分析所记录材料，避免武断，力求做出切合实际的推断或结论。

④儿童的行为不稳定，观察应排除偶然性，观察的次数要多；要善于捕捉和记录观察到的有关现象，积累充分的、准确的材料。

观察法的主要优点是能通过观察直接获得资料，不需要其他中间环节，能最大限度地保持被观察对象心理和行为的自然流露与客观性，获得的资料真实可靠。观察法的缺点是观察者处于被动地位，只能消极等待所需要的心

理现象出现，因此花费的时间较长；另外，所得的材料往往带有偶然性，观察者只能观察表面现象，不能直接观察到现象的本质，同时对观察到的现象以及取得的材料也不易做数量分析，不适合大面积调查。

### （二）实验法

实验法是指有目的地控制一定的条件或创设一定的情境，以引起被试的某些心理活动而进行研究的一种方法。该方法是近代科学研究普遍采取的一种方法，也是心理学研究的主要方法之一。

#### 1. 形式

心理学的实验法有两种形式：实验室实验法和自然实验法。

（1）实验室实验法

实验室实验法是指在实验室内利用一定的设施，控制一定的条件，并借助专门的实验仪器进行研究的一种方法。

实验室实验法的优点是便于严格控制各种因素，通过专门仪器进行测试和记录实验数据，能主动获取所需要的心理事实，并能探究发生的原因，所获得的信息较为准确。但该方法带有很大的人为性质，被试清楚地知道自己是在接受实验，因此可能会使实验缺乏客观性。实验室实验法对研究个性心理和其他较复杂的心理现象有一定的局限性。

白鼠走迷宫实验

### 🔗 相关链接 ▶▶▶▶▶

#### 白鼠走迷宫实验

心理学家托尔曼的白鼠走迷宫实验，属于实验室实验。

托尔曼为了探索动物在学习过程中的认知学习变化，设计了白鼠走迷宫实验（图1-2-2）。实验时将白鼠置于箱内的出发点，然后让它自由地在迷宫中探索，迷宫中有到达食物箱的三条长短不等的通道。白鼠在迷宫内经过一段时间的探索后，被置于出发点，研究者观察它们的行为，检验它们的学习效果。结果是：若三条通道畅通，白鼠选择通道1到达食物箱；若A处堵塞，白鼠选择走通道2；若B处堵塞，则它选择走通道3。根据这个实验以及其他许多实验，托尔曼认为，动物的学习并非一连串的刺激与反应，它们学习的实质是脑内形成了认知地图（现代认知心理学中的认知结构）。外在的强化并不是学习产生的必要因素，不强化也会出现学习。在此实验中，动物在未获得强化之前学习已经出现，只不过未表现出来，托尔曼称之为潜伏学习。

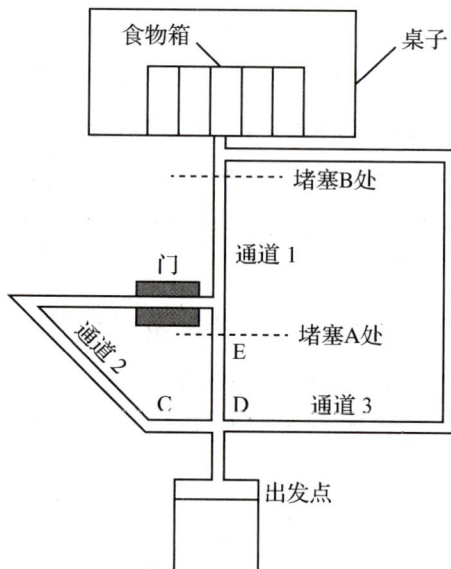

图 1-2-2　白鼠走迷宫实验

（2）自然实验法

自然实验法是在日常生活的自然条件下，研究者创设或改变一些条件，来引起被试某些心理活动以便进行研究的方法。这一方法的实质就是把实验研究与日常活动结合起来，它既可以用于研究一些简单的心理现象，又可以用于研究人的个性心理特征。

由于实验是在日常生活的情境中进行的，因此，自然实验法比较接近人的生活实际，易于实施，又兼有实验法和观察法的优点，所以这种方法被广泛用于教育心理学、儿童心理学和社会心理学的研究课题。但是，在自然实验中，由于实验条件控制得不够严格，因而难以得到精确的实验结果。

### 2. 注意事项

实验法必须考虑的三个变量：

①自变量——实验者安排的刺激情境或者实验情境；

②因变量——实验者预定要观察、记录的变量，是实验者要研究的真正对象。

③控制变量——实验变量之外的其他可能影响实验结果的变量。

实验法的主要目的是在控制的情境下探究自变量和因变量之间的内在关系。

#### 相关链接 ▶▶▶▶▶

**延迟满足实验**

发展心理学研究中的一个经典的实验——迟延满足实验——就是运用自然实验法实施的。

实验者发给4岁儿童被试每人一颗软糖，同时告诉他们：如果马上吃，只能吃一颗；如果等20分钟后再吃，就能吃两颗。有的儿童急不可待，马上把糖吃掉了；而另一些儿童则耐住性子，闭上眼睛或头枕双臂做睡觉状，也有的儿童用自言自语或唱歌来转移注意力以克制自己的欲望，从而获得了更丰厚的报酬。研究人员进行了跟踪观察，发现那些获得两颗软糖的儿童，上中学后表现出较强的适应性、自信心和独立自主能力；而那些禁不住软糖诱惑的儿童则往往屈服于压力而逃避挑战。后来几十年的跟踪观察也证明那些有耐心等待吃两块糖果的儿童在事业上更容易获得成功。

### (三)调查法

调查法是指通过书面或口头回答问题的方式，了解被测试者的心理活动的方法。调查法包括谈话法、问卷法、测验法和作品分析法。

#### 1. 谈话法

谈话法是研究者通过与谈话对象面对面谈话，了解谈话对象心理状态的方法。结合简单演示的谈话法又称临床法。

实施谈话法时要注意：实施者要有充分的准备，谈话要有计划性，并拟定出谈话提纲，提出的问题要适合学前儿童的理解程度，有启发性，问题的表述方式应通俗易懂，提出的问题有一定的逻辑联系。谈话法的优点是简便易行，但得出的结论有时带有主观片面性。

学习笔记

### 2. 问卷法

问卷法是通过让被试填写由一系列问题构成的调查表以测量其行为和态度的方法。

问卷法的优点在于标准化程度高，收效快。问卷法能在短时间内调查很多研究对象，取得大量的资料，能对资料进行数量化处理，经济省时。问卷法的主要缺点是，被调查者出于各种原因（如自我防卫、理解和记忆错误等）可能对问题做出虚假或错误的回答。

使用问卷法要注意：所拟的问题不应脱离研究主题，并且问题表达要明确、清晰、易懂，不能模棱两可；提出的问题不能有暗示性；为了争取被试的合作，实事求是地回答，要附有详细的填写说明；对于获得的材料要用统计学方法进行定量与定性分析。问卷法可以当场进行，也可以通过邮寄的方式进行。

### 3. 测验法

测验法，即心理测验法，就是采用标准化的心理测验量表或精密的测验仪器，对被试的某些或某个方面的心理品质做出测定、鉴别和分析的一种方法。在心理学中，测验法常用于智力、性格、态度、兴趣以及其他个性特征的测量。

使用测验法时要注意：选用的测量工具应适合研究目的的需要；主持测验的人应具备使用测验的基本条件，如口齿清楚，态度镇静，了解测验的实施程序和指导语，有严格控制时间的能力，并严格按测量手册上说明的实施程序进行测验等；应严格按测量手册上说明的方法记分和处理结果；测验分数的解释应有一定的依据，不能随意解释。

测验法能数量化地反映人的心理发展水平和特点；但测验的有效性在很大程度上取决于测验量表的可靠性，而各种测验量表尚在完善中。

### 4. 作品分析法

作品分析法是指研究者根据被试的各种形式的活动成果，如学前儿童的绘画、折纸、泥塑、舞蹈模型、创作的故事等，来分析和了解学前儿童的心理状况与特点的一种方法。儿童作品是表达他们认识和情感的重要方式，也是他们富有个性和创造性的自我表现的重要方式。在儿童的成长过程中，当他们还不会用文字来表达自己的心理活动时，作品就成了儿童内心世界最好的诠释。

应用作品分析法时可以让学前儿童参与其中。对作品的分析工作虽然主要由研究者完成，但是鉴于研究者对学前儿童活动的初始动机、活动中的真实感受等内在心理状态无法准确把握，对作品的分析可能会停留在表面，没有真正从儿童的角度考虑，因此，鼓励儿童参与到作品分析的活动中来，让儿童对作品进行解释，有助于研究者更加全面、准确地了解学前儿童的真实想法和感受。

## 单元 3 学前儿童心理发展的特点及影响因素

### 💬 情景导入

　　3 岁的曦曦在绘画之前说不出要画什么，拿起笔随手画了一个圆圈，才有所感悟地说："太阳。"4.5 岁的洋洋在绘画之前说要画一只小猫，刚画好它的耳朵，又开始画云彩和大树，但很快又能把小猫画完；6 岁的思思在绘画之前就说要画美丽的公园，并且按照主题画好了她眼中的公园。为什么孩子们会有如此明显的差别表现呢？

　　不同年龄阶段儿童的心理表现是不相同的。每一个年龄阶段都有各自独特的心理特征。我们可以通过了解学前儿童心理发展的特点来加深对学前儿童的理解，进而更好地对他们进行教育。

### ▶▶ 一、学前儿童心理发展的一般规律 >>>>>>>

　　心理学家经过长期、大量的研究，揭示了学前儿童心理发展的一般规律，即从简单到复杂、从具体到抽象、从被动到主动、从零乱到成体系。

**(一)从简单到复杂**

　　学前儿童最初的心理活动，只是非常简单的反射活动，后来在周围环境的影响下，神经系统逐渐发展，脑的机能逐渐完善，个体的各种心理现象也越来越复杂。

#### 1. 从不完善到完善

　　学前儿童的各种心理活动在刚出生时并不完善，是在后来的发展过程中先后形成的。各种心理过程的出现和个性特征形成的次序都是从无到有、从不完善到完善，遵循由简单到复杂的发展规律。例如，个体的发展过程：刚出生时不会认人；1.5 岁以前，还没有想象活动，也谈不上人类特有的思维；1.5 岁后开始真正掌握语言；2 岁认知过程全部产生；3～4 岁还没有建立起数字概念，对数字的认识要借助于实物；6 岁左右个性初步形成。

#### 2. 从笼统到分化

　　学前儿童最初的心理活动是笼统的、不分化的。无论是认知活动还是情感态度，其发展趋势都是从笼统到分化，也可以说是从最初的简单、单一，发展到后来的复杂、多样。例如，个体在几个月时只能笼统地分辨颜色的鲜明和灰暗，到了 3 岁左右才能辨别各种基本颜色。

学前儿童动作的发展表现为由笼统到分化、由粗到细。学前儿童先学会大肌肉、大幅度的粗浅动作，在此基础上逐渐学会小肌肉的精细动作。例如，四五个月的婴儿想要拿面前的玩具时，往往不是用手，而是用手臂甚至整个身体，更谈不上用手指去拿玩具了。随着神经系统和肌肉的发育，加之儿童的自发性练习，动作逐渐分化，儿童能逐步控制身体各个部位小肌肉的动作。儿童用手握铅笔自如地一笔一画写字，往往要到六七岁时才能做到。

### (二)从具体到抽象

学前儿童的心理活动最初是非常具体的，在发展的过程中变得越来越抽象和概括。学前儿童思维的发展过程反映了这一趋势。比如，学前儿童被问"2＋3等于几"的时候，他答不出来，但是被问"2个苹果加3个苹果是几个苹果"时，他很快就会答出来是"5个苹果"。再比如，学前儿童认为儿子就是小孩，他不会理解"长了胡子的叔叔"怎么能是儿子。抽象逻辑思维在学前末期才开始萌芽。

### (三)从被动到主动

学前儿童的心理活动最初是被动的，随着身体机能的不断发展、完善，心理活动的主动性才开始发展并逐渐提高，直到达到成人水平。

#### 1. 从无意向有意发展

学前儿童的心理活动是由无意向有意发展的。新生儿的动作是本能的反射活动，是对外界刺激的直接反应，完全是无意识的。例如，新生儿会紧紧抓住放在他手心的物体，这种抓握完全是无意识的本能活动。随着年龄增长和机能完善，学前儿童开始出现了自己能意识到的、有目的的心理活动。例如，处于学前末期的儿童，在学习一首儿歌时，不仅知道自己要记住什么，而且知道自己应该如何记住，这就是有意记忆。

#### 2. 从主要受生理制约发展到自己主动调节

学前儿童的心理活动在很大程度上受生理，特别是大脑和神经系统制约，年龄越小，制约性就越强。例如，3岁的儿童正在玩一个皮球，成人拿着拨浪鼓在他面前摇晃时，他很快就会转去要拨浪鼓了。随着生理的成熟，学前儿童心理活动的主动性也逐渐增加。到学前末期，学前儿童已经能够在一定时间和场合控制自己的情绪，如受了委屈，在幼儿园里不表现出来，回到家见到亲人才倾诉。

### (四)从零乱到成体系

学前儿童的心理活动最初是零散杂乱的，心理活动之间缺乏有机联系。例如，低龄幼儿一会儿哭，一会儿笑，一会儿说东，一会儿又说西，这是心理活动没成体系的表现。随着年龄的增长，学前儿童逐渐形成了自己的个性，并表现出相对的稳定性。例如，当学前儿童对音乐或是体育感兴趣时，就会在这方面持续较长时间。

## ▶▶ 二、 学前儿童心理发展的特点 >>>>>>>

学前儿童心理发展是一个完整的、连续的并且有自身规律的过程，因此，也具有其基本特点，主要表现在以下几方面。

### （一）具有方向性和顺序性

心理的发展总是从低级向高级、从简单向复杂、从不完善向完善发展，发展的总趋势是向上的。

学前儿童身心发展的顺序性一般表现为：心理现象的发生按顺序出现，心理发展的阶段按顺序出现，心理发展的顺序不可逆。学前儿童各大身体系统成熟的顺序是：神经系统、运动系统、生殖系统。大脑各区成熟的顺序是：枕叶、颞叶、顶叶、额叶。脑细胞发育的顺序是：轴突、树突、轴突的髓鞘化。这种方向性和顺序性在某种程度上体现出基因在环境的影响下不断把遗传程序显现出来的过程。心理发展的顺序是不可逆的，如个体动作的发展就遵循自上而下、由躯体中心向外围、从粗大动作到精细动作的发展规律，这些规律可概括为动作发展的头尾律、近远律和大小律。

### （二）具有连续性和阶段性

连续性表现在：首先，心理发展的前后阶段具有内在的必然联系，先前的发展是后面的发展的基础，而后面的发展是先前的发展的必然结果，如坐—站—走；其次，心理发展进入高一级水平后，原先的发展水平并不是简单地消亡了，而是被高一级水平所包容和整合了。

阶段性表现在：心理的发展是一个从量变到质变的过程。在量变期间，心理发展相对稳定，而当量变积累到一定程度时，便引起质变。不同的质构成了不同的发展阶段，表现为心理发展的阶段性。例如，学前儿童每天都在感知新事物，听到成人教他学说的词，这些知识经验在他的头脑中日积月累（量变），起先他可能只表现为理解词，但是到了一定时期，他就开始说出词，产生了语言发展的质变，即进入了其语言发展的新阶段。

### （三）具有不均衡性

#### 1. 不同年龄阶段的心理发展具有不同的速度

人一生的发展不是等速的，在不同年龄阶段发展的速度是不一样的。例如，学前期和青春期是心理快速发展的两个时期。但即使同为学前期，不同年龄的发展速度也是不一样的，儿童的年龄越小，发展的速度越快。

#### 2. 不同的心理过程具有不同的发展速度

学前儿童心理活动的各个方面并不是均衡发展的。例如，感知觉在儿童出生后发展迅速，儿童掌握语言的速度也是极快的，而思维的发展却要经过相当长的过程，直到 2 岁左右才真正发展起来，即使到了学前末期，仍处于比较低级的发展阶段——抽象逻辑思维的萌芽阶段。

### 3. 不同儿童心理发展不均衡

不同的学前儿童心理发展的速度往往有所差异。例如，有的儿童刚刚 1 岁多就会说话，有的已经 2 岁了还不会说话，这些现象都是正常的，是因为不同个体发展速度具有差异。

## ▶▶ 三、 学前儿童心理发展的年龄特征 >>>>>>>

学前儿童心理发展的年龄特征是指在一定的社会和教育条件下，儿童在每个不同的年龄阶段表现出来的一般的、本质的、典型的特征。儿童心理发展的阶段，往往是以年龄为标志的，所以又称年龄阶段。年龄是心理发展的一个维度。

心理年龄特征并不意味着每个年龄都有相同的年龄特征。心理发展的水平同年龄之间有大致对应的关系；心理的发展有一个随年龄的增长而上升的趋势；心理发展在不同的年龄阶段都会出现该阶段所特有的典型特征，这些特征具有相对稳定性；心理发展与年龄的关系不是因与果的关系。

在一定的条件下，心理年龄特征具有相对稳定性；随着社会生活和教育条件等的改变，也有一定程度的可变性。例如，"成熟期前倾"就典型地反映了物质生活条件改善导致青少年生理发育普遍提前，与此相对应的心理年龄特征也就提早出现了。

心理年龄的稳定性表现在：心理发展有固定的阶段顺序和变化的速度；不同文化背景中的儿童的心理发展同样具有诸多的共同性。例如，婴儿初期言语的发生发展、动作的发展、思维发展的阶段顺序等都遵循共同的规律。

心理年龄的可变性主要表现在：心理发展的速度可因社会、教育、生活条件的改变而有所变化。例如，有人运用智力测验法测定，1972 年儿童智龄的平均水平比 1960 年普遍提高 6 个月。良好的教育在一定范围内能促进心理的发展，不良的教育则会束缚心理的发展。

3～4 岁儿童的基本年龄特征：能够掌握各种粗大动作和一些精细动作，能够用语言与他人交往，认知依靠行动，情绪作用大，爱模仿。

4～5 岁儿童的基本年龄特征：活泼好动，思维具体形象，心理活动有意性增强，同伴关系开始占主导地位。

5～6 岁儿童的基本年龄特征：好奇心增强，好学好问，抽象能力明显萌发，开始掌握认知方法，个性初具雏形。

学前教育工作者应了解学前儿童的年龄特征，根据他们的年龄特征安排教学内容，选择教学方法，并注意学前儿童的个别差异，因材施教。

## 相关链接 ▶▶▶▶▶

### 与年龄阶段有关的几个概念

**1. 转折期与危机期**

在儿童心理发展的两个阶段之间，有时会出现心理发展在短时期内急剧变化的情况，被称为儿童心理发展的转折期。比如，儿童从家里进入幼儿园的时候，或儿童从幼儿园升入小学的时候，都可能出现明显的转折期。

儿童在心理发展的转折期，往往容易产生强烈的情绪表现，也可能出现儿童和成人关系的突然恶化。3 岁儿童常常表现出反抗行为或执拗现象，常常对成人的任何指令说"不""偏不"，以示反对。由于儿童在心理发展的转折期常常出现对成人的反抗行为，或出现各种不符合社会行为准则的行为，因此，也有人把转折期称为危机期。

儿童心理发展的转折期并不一定出现危机。应该把危机期和转折期这两个概念加以区别。转折期是儿童心理发展过程中必然出现的，但危机不是必然出现的。危机往往是由于儿童心理发展迅速而出现心理发展上的不适应。如果成人掌握了儿童心理发展规律，就能正确引导儿童心理的发展，危机便会在不知不觉中度过，或者说危机期可以不出现。

**2. 关键期**

奥地利动物习性学家劳伦兹(K. Z. Lorenz)在研究小鸭和小鹅的习性时发现，它们通常将出生后第一眼看到的对象当作自己的母亲，并对它产生偏好和追随反应，这种现象叫母亲印刻(imprinting)。

心理学家将母亲印刻发生的时期称为动物认母的关键期(critical period)。关键期的最基本特征是，它只发生在生命中一个固定的短暂时期。例如，小鸭的追随行为典型地出现在出生后的 24 小时内，超过这一时间，印刻现象就不再明显。

关键期是指儿童在某个时期最容易学习某种知识技能或形成某种心理特征，过了这个时期发展的障碍就难以弥补。

心理学家运用关键期时强调，人或动物的某些行为与能力的发展有一定的时间，如在此时给予适当的良性刺激，会促使其行为与能力得到更好的发展；反之，则会阻碍发展甚至导致行为与能力的缺失。

一些心理发展关键期列举：

0～2 岁，亲子依恋关键期；

1～3 岁，口语学习关键期；

4～5 岁，书面语学习关键期；

0～4 岁，形象视觉发展的关键期；

5 岁左右，掌握数概念的关键期；

5 岁以前，音乐学习的关键年龄；

10 岁以前，外语学习的关键年龄；

10 岁以前，动作技能掌握的关键年龄。

**3. 敏感期**

敏感期是指儿童学习某种知识和行为比较容易，儿童心理某个方面发展最为迅速的时期，错过这个时期则学习比较困难，发展比较缓慢。

从整个人生的心理发展来说，学前期是心理发展的敏感期。

2～4 岁是语音学习的敏感期；

4 岁前是智力发展最迅速的时期；

4～5 岁是坚持性发展最迅速的时期。

5～5.5 岁是掌握数概念的敏感期；

**4. 最近发展区**

维果茨基提出了最近发展区理论，认为儿童的发展有两种水平：一种是儿童的现有水平，指独立活动时所能达到的解决问题的水平；另一种是儿童可能的发展水平，也就是通过教学所获得的潜力。两者之间的差异就是最近发展区。教学应着眼于儿童的最近发展区，为儿童提供带有难度的内容，调动儿童的积极性，发挥其潜能，超越其最近发展区而达到下一发展阶段的水平，然后在此基础上进行下一个发展区的发展。

### ▶▶ 四、 影响学前儿童心理发展的因素 >>>>>>>

影响学前儿童心理发展的因素有很多，归纳起来主要有生物因素、社会因素和实践活动。

#### (一)生物因素

生物因素主要包括遗传素质和生理成熟。

#### 1. 遗传素质

遗传是一种生物现象。遗传是指祖先的生物特性传递给后代的现象。人的祖先的生物特性主要是指那些与生俱来的解剖生理特点，如人体的形态、构造、血型、头发和神经系统等的特征，其中神经系统的结构与机能对学前儿童的心理发展具有重要意义。遗传特性也叫遗传素质。

遗传素质对学前儿童心理的发展具有非常重要的作用。遗传素质是儿童心理发展的物质前提。学前儿童正是在这种生物的物质前提下形成了自己的心理。遗传作为基本的物质前提对学前儿童心理的形成与发展有着非常重要的作用。这好比一粒要生根发芽的种子，如果这粒种子是坏的，那么，就会影响到它的正常发芽和生长。有研究表明，即使具有优越的环境，如果先天存在生理障碍，儿童智力发展也会迟缓。例如，一个天生失明的儿童，想要学习绘画的基本技能，是很难做到的。

(1)遗传素质是学前儿童心理发展的物质基础

人类在进化的过程中，形成了高度发达的大脑和神经系统，这是人的心理活动最基本的物质基础。因为心理活动是大脑的机能，有了大脑，人的心理活动才能产生。正常的大脑和神经系统是学前儿童心理发展的基础。学前儿童正是具备了人类的结构、形态、感官和神经系统，特别是大脑结构和机能等生理解剖特征，在一定条件下才可能发展成为一个具有高度心理水平的人。

学习笔记

研究表明，黑猩猩在最好的训练和精心照顾下，其心理水平仍然很低，因为它只有动物的大脑和神经系统，而没有人的大脑和神经系统。这也决定了它的心理水平永远达不到人的心理水平。生下来就没有大脑的畸形儿，不能发育成正常的人，也不可能有正常的心理活动。由此也可以证明，没有正常的遗传素质就不可能有正常的心理，遗传素质是学前儿童心理发展的必要的物质基础。

（2）遗传素质为学前儿童心理发展的个别差异提供最初的可能性

心理学研究告诉我们，遗传素质的不同是造成个别差异的重要基础。它决定了每个儿童心理不同发展的可能性。由于遗传素质不同，每个婴儿出生时心理发展已经存在不同的可能性，具有各自心理发展特点的基础。英国心理学家西里尔·伯特（Cyril Burt）为研究遗传与环境对人的智力的影响进行了一系列的调查。他的调查结果表明，同卵双生子有近乎相同的智力，而在一起长大的、没有血缘关系的儿童的智力的相关性很小。有血缘关系的儿童，其智力的相关性则依其家族谱系的亲近和生活方式的接近而提高，其中，同卵双生子的相关性最高。

每个儿童都具有自己的遗传特性。这种不同的遗传特性是儿童心理发展与活动的个别差异的基础。这也是因材施教的心理学依据。

### 相关链接 ▶▶▶▶▶

#### 一两遗传胜过一吨教育吗？

中国有句谚语："龙生龙，凤生凤，老鼠生的孩子会打洞。"美国心理学家霍尔曾说过这样一句话："一两遗传胜过一吨教育。"

英国心理学家高尔顿为了证明人的心理和成就是由家族遗传因素决定的，做了名人家谱调查。他选出977位英国的名人，包括政治家、法官、文学家、艺术家和科学家等，调查他们有血缘关系的亲属中有多少是名人，结果发现，977位名人的父子兄弟中有332人也同样有名。另外，他又调查了977名普通人，结果发现普通人的亲属中，只有一位名人。

你觉得人的心理和成就真是由遗传决定的吗？

研究表明，遗传对心理发展确有影响。例如，遗传因素可从多方面影响一个人的智力发展：先天的神经系统或染色体病变直接引起智力落后；先天的生理缺陷，如先天性耳聋，干扰了正常生活，导致智力落后等。

然而，不能过高估计遗传对心理发展的影响，决不能把心理发展看成由遗传决定的，遗传素质只是心理发展的自然前提，遗传素质只为心理发展提供了可能性，个体心理能否得到发展，能否迅速而顺利地发展，发展到什么水平，不是遗传素质所能决定的，而由个人的生活条件、教育条件以及个人的主观努力决定。否定遗传对心理发展的作用是不符合事实的，夸大遗传对心理发展的作用也是片面的。

### 2. 生理成熟

生理成熟也称生理发展，是指身体结构和机能生长发育的程度与水平。由于遗传及后天环境的差别，儿童生理成熟的时间、速度等方面都存在个别差异。脑的成熟是儿童心理发展最直接的自然物质基础，每个儿童的成熟度也不同，儿童在1岁左右脑细胞接近成人，7岁左右脑重量接近成人。儿童生理成熟影响着心理发展。比如，大脑发育成熟影响着思维水平的发展。

婴儿出生时，具有一定遗传素质的身体各部分及其器官并没有发育好，还要经过一个长时期的生长发育过程才能达到结构上的完善和机能上的成熟。如果在某种生理结构和机能达到一定成熟程度时，给予适当的刺激，就会激发儿童相应的心理活动的出现和发展。如果机体尚未成熟，即使给予某种刺激，也难以取得预期的效果。格塞尔（Arnold Lucius Gesell）的双生子爬楼梯实验，有力地说明了个体发展的基本形式和顺序由神经系统的成熟来决定，过早的训练只能带来一时的效果，而真正的学习效果要在成熟之后才能出现。

### （二）社会因素

社会环境对学前儿童心理的发展非常重要，早期隔离（剥夺）实验就证明了这一点。早期隔离实验或称剥夺实验，是研究环境对心理发展的方法之一。所谓早期隔离（剥夺）实验，是使幼小动物失去或部分失去正常的生活环境，然后比较正常与非正常环境下长大的动物的行为差异，从而发现环境对行为发展的影响。在这类实验研究中，美国心理学家哈洛（Harry F. Harlow）关于恒河猴行为发展的研究很有影响。

哈洛发现，在实验室中孤独长大的猴子和野生猴子（有母亲和伙伴）的行为有很大不同。在实验室中长大的猴子（失去母爱）常常呆呆地坐着，两眼直视，在生人接近时，不会像野生猴子那样对生人做出恐吓或攻击行为，而只是自己打自己，甚至撕咬自己，社交行为的发展受到极大损害。

影响学前儿童心理发展的社会因素包括环境因素和教育因素。社会因素为学前儿童提供了心理发展的决定性条件。

### 1. 环境因素

环境因素是指学前儿童周围的客观世界，包括自然环境和社会环境。自然环境提供个体生存所必需的物质条件，如阳光、空气、水、食物等。社会环境指的是人们的社会生活条件，包括社会的生产发展水平、社会制度、生活水平、家庭状况等。环境对学前儿童发展的作用从受精卵就开始了，子宫是影响个人成长的最早的环境，又称宫内环境。许多研究表明，孕妇的身体健康状况、母亲的情绪以及分娩时的状况都可能直接或间接地影响学前儿童心理的发展。

### 2. 教育因素

社会物质生活条件对人的心理的决定性影响主要是通过教育实现的，尤其是通过有组织、有计划的教育实现的。根据受教育的时间和地点及规范程度不同，大体可以把教育条件分为两类。

（1）家庭教育

学前儿童最初在家庭接受早期教育。家庭的物质生活、家庭教养方式和社会交往，使学前儿童体验到自己在社会关系中所处的一定地位。更重要的是父母的思想行为、是非爱憎等，给予学前儿童心理发展以深刻影响。家庭是学前儿童学习的第一个场所，父母是学前儿童的第一任老师，学前儿童的心理发展在一定程度上与家庭有很大的关系，学前儿童在家庭教育影响下形成的心理特点是以后心理发展的基础。

（2）学校教育

学前儿童进入幼儿园和学校后，社会物质生活条件对心理发展的影响，集中地通过幼儿园或学校教育发生作用。他们在接受教育的过程中获得科学文化知识，发展智力和才能，形成健全的个性倾向。

### 相关链接 ▶▶▶▶▶

**不会说话的基尼**

基尼是美国加利福尼亚州的一个小女孩。她母亲双目失明，丧失了抚育孩子的基本能力；父亲讨厌她，虐待她。基尼自婴儿期起就几乎没听到过说话，更不用说有人教她说话了。除了哥哥匆匆地、沉默地给她送些食物外，可以说，基尼生活在一间被完全隔离的小房子里。她严重营养不良，胳膊和腿都不能伸直，不知道如何咀嚼，安静得令人害怕，没有明显的喜怒表情。基尼3岁时被发现后，被送到了医院。最初几个月，基尼的智商得分只相当于1岁正常儿童。多方面的重视使她受到了特殊的精心照顾。尽管如此，直到13岁，她都没有学会人类语言的语法规则，不能进行最基本的语言交流。据调查分析，基尼的缺陷不是天生的。

资料来源：刘梅，邹本杰. 幼儿心理学. 北京：中国农业出版社，2018。

基尼的事例说明：儿童心理发展是生物因素、社会因素、儿童的主观能动性等因素共同作用的结果；遗传因素为儿童心理的发展提供了前提和基础，是儿童心理形成和发展的可能；而社会环境是儿童心理形成和发展的现实基础，提供了心理形成和发展的现实性；特别是亲子关系对儿童一生的心理发展起基础和奠基作用。如果没有社会环境及教育的作用，儿童不可能形成正常人的心理。

基尼的事例还说明儿童各种心理的发展存在关键期。关键期是某种心理活动、机能在某个阶段发展最迅速、变化最快、可塑性最强的阶段，在此时期适时对儿童进行正确教育，儿童心理发展就会很快；如果失去了时机，可能使以后的教育非常困难或终生造成障碍。3岁前是儿童语言发展的关键期，失去了这一关键期，以后语言的发展就很困难了。

### （三）实践活动

人在周围世界中是积极活动者，在实践活动中反映客观事物，改造客观世界。人通过实践活动，提高了认识能力，加深了情感体验，锻炼了意志和性格，发展了各种心理现象。人所参加的实践活动越丰富多样，心理越能得到发展。反之，一个人不积极参加实践活动，或参加的活动极少，便会认识肤浅，情感淡漠，缺乏坚强意志，心理得不到充分发展。

学前儿童的活动有别于成人的活动。学前儿童最初只通过简单的动作和行为与周围世界发生关系，后来才参加学前期特有的实践活动，如游戏、学习和简单劳动等。在学前儿童发展的不同阶段，各种实践活动所起的作用并不相同。其中最适合某一阶段、能起最大作用的活动，就成为该阶段的主要形式的活动，或称主导活动。例如，游戏是学前儿童进入小学前这一阶段的主要形式的活动。学前儿童的心理首先是在主要形式的活动中得到充分表现和发展的。因此，成人要重视和积极组织学前儿童的实践活动，特别是主要形式的活动——游戏。在游戏中，学前儿童的身心积极活动，获得最大的满足，个性心理也获得全面发展。

各种各样的活动是学前儿童心理发展的基础和源泉。只有正确组织和引导学前儿童参加实践活动才能有效地调动学前儿童的积极性，促进学前儿童心理的发展。

## 活动设计

### 春姑娘来了

**活动目标**

1. 让幼儿了解春天的基本特征。

2. 培养幼儿的观察能力和比较能力（比较春天和夏天有何不同）。

3. 让幼儿体验春天游戏的快乐，增加对春天的喜爱之情。

**重点难点**

重点：让幼儿了解春天的基本特征。

难点：培养幼儿的观察能力和比较能力（比较春天和夏天有何不同）。

**学习方法**

观察法、游戏法。

**教学准备**

知识准备：幼儿先前已有的对春天的气温、植物生长情况、人们的穿着的了解。

物质准备：挂图、春天和夏天的图片、PPT课件。

**教学过程**

1. 导入。

教师提问：哪位小朋友可以告诉老师春天有什么特征？（可以用一句歌谣

回答。)这节课我们来认识一下春天的特征。

2.教师出示春天和夏天的图片，让幼儿分组观察、讨论春天和夏天有什么不同。

天气有什么不同？（春天的天气晴朗。）

树木有什么不同？（春天的树木刚刚长出嫩芽。）

人们的穿着有什么变化？（春天人们还是穿着厚厚的衣服。）

庄稼有什么变化？（春天庄稼刚刚露出头。）

3.教师小结：春天和夏天的不同(春天天气晴朗，春天的树木刚刚长出嫩芽，春天人们还穿着厚厚的衣服，春天庄稼刚刚露出头；夏天的天空多云，气候炎热，树木枝叶茂盛，人们穿着短袖，庄稼已经接近成熟。)

4.教师出示PPT课件，请幼儿观察图片上都有什么，然后提问："春天到底怎么来的呢?"幼儿欣赏课件，教师朗诵《春天是这样来的》，鼓励幼儿大胆地用动作表达自己的感受。

小溪是怎么来的？请幼儿学习小溪唱歌，发出哗啦啦的声音。

种子是怎么发芽的？请幼儿学种子发芽的样子。

引发幼儿展开丰富的想象，鼓励幼儿自由表现自己想象中的春天的景物。

5.教师带领幼儿到户外去寻找春天。

教师带领幼儿来到户外的草地上，让幼儿自由结合，手拉着手在户外感受春天的美好，寻找春天的踪迹。

**活动延伸**

让幼儿回家跟着爸爸妈妈一起出去寻找美丽的春天，尽情地表现迎接春天到来的喜悦心情。

### 思考与练习

**一、名词解释**

1.心理学

2.学前儿童心理学

3.年龄特征

**二、简答题**

1.科学心理学诞生的标志是什么？

2.心理现象的实质是什么？

3.学前儿童心理发展的一般规律和特点有哪些？

4.影响学前儿童心理发展的因素有哪些？

5.学前儿童心理的研究方法有哪些？

**三、分析题**

美国儿童心理学家曾说过："一两遗传胜过一吨教育。"而美国心理学家华生说："给我一打健康的婴儿，一个由我支配的特殊的环境，让我在这个环境里养育他们，我可担保，任意选择一个，不论他父母的才干、倾向、爱好如何，他父母的职业及种族如何，我都可以按照我的意愿把他们训练成为任何一种人——医生、律师、艺术家、大商人，甚至乞丐或强盗。"

试分析：

1. 你同意他们的观点吗？为什么？

2. 遗传和环境对学前儿童心理发展有哪些影响？影响学前儿童心理发展的因素有哪些？

## 实践与探究

1. 观察身边的一个同学在某一天的活动，分析他在每一个活动环节的心理表现。

2. 以小组为单位，从网站、书籍或是其他学习途径搜集有关学前儿童心理学研究方法的资料，然后进行交流。

## 国考同步

1.(2015 上)在儿童的日常生活、游戏等活动中，创设或改变某种条件，以引起儿童心理的变化，这种研究方法是（　　）。

A. 观察法　　　　　　　　　　B. 自然实验法

C. 测验法　　　　　　　　　　D. 实验室实验法

2.(2015 下)教师根据幼儿的图画来评价幼儿发展的方法属于（　　）。

A. 观察法　　　　　　　　　　B. 作品分析法

C. 档案袋评价法　　　　　　　D. 实验法

3.(2013 下)为了了解幼儿同伴交往的特点，研究者深入幼儿所在的班级，详细记录其交往过程的语言和动作等。这一研究方法属于（　　）。

A. 访谈法　　　　B. 实验法　　　　C. 观察法　　　　D. 作品分析法

云测试

# 模块二
# 学前儿童的感知觉

**学习目标**

1. 了解感知觉的基本知识与学前儿童感知觉发展的规律。
2. 掌握促进学前儿童感知觉发展的基本方法。
3. 学会应用所学知识观察并分析学前儿童感知觉发展现状。
4. 能够应用科学方法引导学前儿童感知觉的发展。
5. 提升辩证分析能力。

**学习导航**

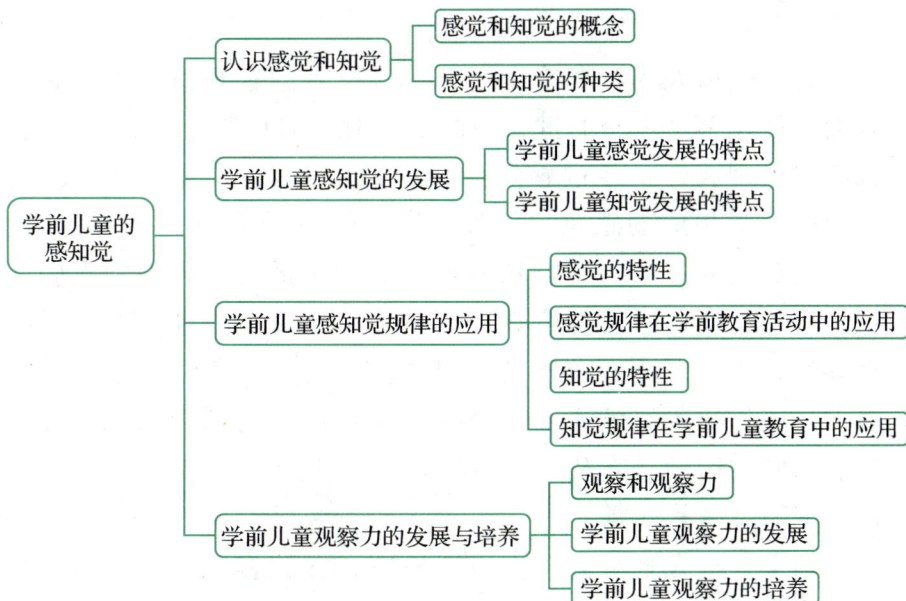

学前儿童的感知觉
- 认识感觉和知觉
  - 感觉和知觉的概念
  - 感觉和知觉的种类
- 学前儿童感知觉的发展
  - 学前儿童感觉发展的特点
  - 学前儿童知觉发展的特点
- 学前儿童感知觉规律的应用
  - 感觉的特性
  - 感觉规律在学前教育活动中的应用
  - 知觉的特性
  - 知觉规律在学前儿童教育中的应用
- 学前儿童观察力的发展与培养
  - 观察和观察力
  - 学前儿童观察力的发展
  - 学前儿童观察力的培养

　　婴儿脱离母体之后，开始进入一个纷繁复杂、不断变化又精彩纷呈的外部世界。在这个世界中，各种事物通过婴儿的感知觉通道向他们呈现各种各样的刺激与信息。感知觉是学前儿童探索外在世界的"窗口"。学前儿童是借助于形状、颜色、大小、声音等来认识周围的环境的，在学前儿童的认知活动中，感觉与知觉发挥着重要作用。本模块主要介绍学前儿童感知觉方面的基础知识、感知觉发展的特点与规律及其在教育中的应用。

## 单元 1　认识感觉和知觉

### 情景导入

　　2岁多的妮妮对声音有极大的兴趣，喜欢拿着物品到处敲敲打打，制造出各种各样的声音，并且一副很享受的样子。妮妮的妈妈很担心：这些无规律的声音会不会对妮妮造成不良影响？为什么妮妮会如此喜欢各种不同的声音？

　　《3—6岁儿童学习与发展指南》指出："幼儿通过直接感知、亲身体验和实际操作进行科学学习。"学前儿童正是在自己制造的声音中，感受着声音的长短、高低以及音色的不同，积累着听觉经验，促进听觉的发展。

### ▶▶ 一、感觉和知觉的概念 ＞＞＞＞＞＞＞＞

#### （一）什么是感觉

　　感觉是指人脑对直接作用于相应感官的客观事物的个别属性的反映。当我们在认识丰富多彩的世界中的某物时，将该物的颜色、声音、硬度、湿度、气味等个别属性，通过感觉器官反映到大脑中，使大脑获得各种外部信息，从而产生了相应的感觉。例如，当我们看到一个白色的、圆柱状的物体时，或闻到食物的香味，或尝到一种酸酸的味道时，我们的大脑接受、加工并认识了这些属性，这就是感觉。感觉是一切高级心理活动的基础，是我们认识世界的开端，是个体和环境之间的基本桥梁。感觉除了反映客观事物的个别属性，还反映我们机体各部分的情况及机体内部的状态，如感觉到身体的姿势、四肢的运动，以及身体的舒适与否等。

#### （二）什么是知觉

　　知觉是指人脑对直接作用于相应感官的客观事物整体属性的反映。当客观事物直接作用于感觉器官时，人们头脑中反映的不仅是事物的个别属性，还有事物的整体属性。例如，我们面前有一枝花，我们并不是孤立地反映它的颜色、香味等，而是通过大脑的分析与综合活动，从整体上反映出它是一朵玫瑰花。

#### （三）感觉与知觉的关系

　　感觉和知觉是两个既有区别又相互联系的概念。二者都是人脑对当前直接作用于感觉器官的客观事物的反映。离开了客观事物对人的作用，就不会产生相应的感觉与知觉。事物的整体是事物个别属性的有机结合，对事物的知觉，也是反映事物个别属性的感觉在人脑中的有机结合。由此看来，感觉是知觉的基础，没有感觉就没有知觉，感觉越精细、越丰富，知觉就越正确、越完整。感觉和知觉的关系如此密切，有时候几乎同时发生，统称感知觉。

但感觉与知觉又是认知的两个不同阶段。感觉是最简单的心理现象，个体通过感觉只能认识事物的个别属性，还不能把握事物的整体；知觉是一种较为复杂的心理现象，个体通过知觉可以对事物各种不同属性、各个不同部分及相互关系进行反映，从而认识事物的整体，揭示事物的意义。正是感觉和知觉有这样紧密的关系，所以在实际生活中，纯粹的感觉几乎是不存在的。

### 🔗 相关链接 ▶▶▶▶▶

#### 感觉剥夺实验

1954年，心理学家贝克斯顿（W. H. Bexton）、赫伦（W. Heron）和斯科特（T. H. Scott）等，在付给一些学生被试每天20美元的报酬后，让他们待在缺乏刺激的环境中。具体地说，就是在没有图形视觉（被试须戴上特制的半透明的塑料眼镜），限制触觉（手和胳膊上都套有纸板做的手套和袖头）和听觉（实验在一个隔音室里进行，用空气调节器的单调嗡嗡声代替其听觉）的环境中静静地躺在舒适的帆布床上。在刚开始的阶段，许多被试都是睡觉，或者考虑学期论文。然而，两三天后，他们便决意要脱离这单调乏味的环境。

实验的结果显示：感到无聊和焦躁不安是最基本的反应。在实验过后的几天里，被试注意力涣散，思维受到干扰，不能进行清晰的思考，智力测验的成绩不理想。另外，生理上也发生明显的变化。对脑电波的分析证明被试的全部活动严重失调，有的被试甚至出现了幻觉。

若学前儿童长期处于感觉剥夺的状态中，他们的运动和语言发展会明显滞后，智力普遍低下。因此，成人要多注意陪伴学前儿童，为学前儿童创设温馨、有爱的成长环境。

### （四）感知觉在学前儿童心理发展中的作用

#### 1. 感觉和知觉是人生最早出现的认知过程

感觉和知觉都属于认知活动的低级形式。感觉和知觉是人最早出现的认知过程，以后才相继出现记忆过程及与记忆相联系的表象，再进一步发展最简单的思维以及最初的想象。现代儿童心理学证明，新生儿已经具备人类的基本感觉与知觉。

#### 2. 2岁以前儿童依靠感觉和知觉认识世界

感觉和知觉是人对世界的感性认识。在人出生的第一年，婴儿是依靠视觉、听觉、肤觉等和外界接触的。2岁以前儿童也是依靠从感官得来的信息对周围世界做出反应的。

#### 3. 感觉和知觉在学前儿童的心理活动中仍占优势

学前儿童是借助于颜色、形状、声音和动作来认识世界的，对世界的认识处于感性认识阶段。同时，学前儿童的思维、记忆、情绪与意志等的发展与感知觉的发展密切相关。3岁后，学前儿童的思维虽然已有所发展，但是其思维依赖知觉形象。例如，同样数量的一堆珠子，如果集中堆在一起，学前儿童会认为较少，而如果把珠子分散开来，幼儿就会认为较多。这就是思维受直接的知觉所左右。学前儿童的记忆也直接依赖知觉的具体材料。学前儿童对直接感知的、形象的材料的记忆效果比对抽象的语词好得多。学前儿童的情绪和意志行为也常常受知觉的影响。学前儿童常有"破涕为笑"的表现，正在伤心时，看见了使他高兴的事物，会立即变得高兴。眼前没有诱惑物时，学前儿童可以坚持某种行为，但如果眼前有诱惑物，就不能坚持了。

## ▶▶ 二、感觉和知觉的种类 >>>>>>>

### （一）感觉的种类

根据分析器的特点及其反映的最适宜的刺激的不同，感觉可分为外部感觉和内部感觉（表2-1-1）。

表 2-1-1　感觉的种类

| 类别 | 感觉种类 | 适宜刺激 | 感受器 | 反映属性 |
|---|---|---|---|---|
| 外部感觉 | 视觉 | 可见光源 | 视锥细胞和视杆细胞 | 黑、白、彩色、明暗 |
| | 听觉 | 可听声音 | 耳蜗管内的毛细胞 | 声音 |
| | 味觉 | 溶解于水或唾液中的化学物质 | 舌与咽部的味蕾 | 甜、酸、苦、咸等味道 |
| | 嗅觉 | 有气味的气体 | 鼻腔黏膜的嗅细胞 | 气味 |
| | 肤觉 | 机械性、温度性刺激物 | 皮肤和黏膜上的冷点、温点、痛点、触点 | 冷、温、痛、压、触 |
| 内部感觉 | 机体觉 | 内脏器官活动变化时的物理化学刺激 | 内脏器官壁上的神经末梢 | 身体疲劳、饥渴和内脏器官活动不正常 |
| | 平衡觉 | 人体位置的变化（直线变速或旋转运动） | 内耳、前庭和半规管的毛细胞 | 身体位置的变化 |
| | 运动觉 | 骨骼肌运动、身体四肢 | 肌肉、肌腱、韧带、关节中的神经末梢 | 身体运动状态、位置的变化 |

（资料来源：钱峰，汪乃铭．学前心理学．2版．上海：复旦大学出版社，2012。）

### 1. 外部感觉

外部感觉是指感受外部刺激，反映外部事物个别属性的感觉，主要分为视觉、听觉、味觉、嗅觉和肤觉。

视觉。视觉是由外界物体所发出的或反射出的光波作用于视分析器而引起的感觉。眼睛的视网膜是视觉的感觉器官。

听觉。听觉是声波作用于听分析器所产生的感觉，内耳耳蜗是听觉的感觉器官。

味觉。味觉是对物质的某些特征，如酸、甜、苦、咸等味道的感觉，这些是基本的味觉，其他味觉都是由这四种味觉混合而来的。舌尖对甜味最敏感，舌中对咸味最敏感，舌的两侧对酸味最敏感，舌后对苦味最敏感。

嗅觉。嗅觉是对物质固有的气味的感觉。

肤觉。肤觉又叫皮肤觉，是对物质接触皮肤的情况及温度的感觉。皮肤觉主要包括触觉、压觉、温度觉和痛觉等。当外界有足够强度的机械、化学、温度或电的刺激作用于皮肤时，就会产生不同的皮肤觉。

### 2. 内部感觉

内部感觉是指感受内部刺激，反映机体内部变化的感觉，主要分为机体觉、平衡觉和运动觉。

机体觉。机体觉又叫内脏觉，是内脏器官的异常变化作用于内脏分析器时所产生的感觉，如饥渴、饱胀、窒息、疲劳、便意、恶心、疼痛等感觉。

平衡觉。平衡觉是对身体的感觉，也称姿势感觉或静觉。

运动觉。运动觉是关节肌肉的感觉。它是传递人们对四肢位置、运动状态及肌肉收缩程度的信号的。例如，它传递了手臂与肩部或其他关节扭曲程度的感觉。这种感觉器的器官散布在关节、肌肉和肌腱等神经纤维的深处。运动觉的发展对人的活动具有重大的意义。

### (二)知觉的种类

根据不同的分类标准，知觉可以分为不同的种类。

根据知觉过程起主要作用的分析器不同，知觉可分为视知觉、听知觉、嗅知觉、触知觉等。

根据人脑反映的对象的不同，知觉可分为物体知觉和社会知觉。物体知觉是指对物的知觉，包括空间知觉、时间知觉、运动知觉等；社会知觉是个体在生活实践中，对别人、对群体以及对自己的知觉，包括对别人的知觉、自我知觉和人际知觉。

#### 相关链接 ▶▶▶▶▶

**生物钟**

生物钟又被称为生理钟，是生物体内一种无形的"时钟"，由生物体内的时间结构所决定。

在非洲南部有一种叶子很大的树，每隔两小时其叶子就会翻动一次；在南美洲的阿根廷生长着一种能报时的花，初夏每天晚上8点左右就会开花；在南美洲的危地马拉有一种会报时的第纳鸟，每过30分钟就会叫上一阵子，且误差只有15秒；在非洲的密林里有一种报时虫，每过一小时就会换一种颜色。美国《自然》杂志介绍，某些单细胞生物体内不仅存在着生物钟，而且还十分准确。

## 单元 2 学前儿童感知觉的发展

### 情景导入

"六一"国际儿童节快到了，刘老师正在给中班的小朋友排练节目。她面向小朋友一边做动作，一边讲解动作要领："要先伸出左手……再伸出右脚……"可是刘老师发现大多数小朋友伸出了与自己同向的手或脚，分不清左右方向。

0～6 岁是人的认知能力发展的最佳时期。在学前儿童认知发展中，感知觉是最先发展的，在认知活动中占重要地位，学前儿童感知觉的发展有着自己的特点与规律。教育者应该掌握学前儿童感知觉发展的特点与规律，把它应用于学前儿童的教育与教学中。

### ▶▶ 一、学前儿童感觉发展的特点 >>>>>>>

**(一)学前儿童视觉的发展**

学前儿童视觉的发展主要表现在视觉敏锐度和颜色视觉两个方面。

#### 1. 视觉敏锐度

视觉敏锐度即视敏度，是指人分辨细小物体或远距离物体细微部分的能力，也就是人们通常所说的视力。随着学前儿童年龄的增长，视敏度也在不断提高，但其发展速度是不均衡的。5 岁是视敏度发展的转折期，5～6 岁与6～7 岁儿童视敏度水平比较接近，而 4～5 岁与 5～6 岁学前儿童的视敏度水平相差较大。研究者对 4～7 岁的儿童进行视敏度调查发现：在不同年龄阶段学前儿童面前出示同一幅有缺口的圆形图，测量他们刚能看出缺口的距离，发现 4～5 岁学前儿童的平均距离为 207.5 厘米，5～6 岁学前儿童的为 270 厘米，6～7 岁儿童的为 303 厘米。如果把 6～7 岁的儿童视敏度发展程度假设为100％的话，那么，4～5 岁学前儿童的为 70％，5～6 岁学前儿童的为 90％。

根据学前儿童视力发育的特点，4 岁以前，不宜让学前儿童在光线不足或光线很强的环境中做较精细的活动，不要让学前儿童看画面或字体很小的图书；为学前儿童准备教具时，应注意年龄越小，字、画应该越大；上课时，不要让学前儿童坐在离图片或实物太远的地方，以免影响其视力发育。

#### 2. 颜色视觉

颜色视觉是指区别颜色细微差异的能力，也称辨色力。学前儿童颜色视觉的发展主要表现在区别颜色细微差别能力的继续发展。与此同时，学前儿童对颜色的辨别往往和掌握颜色名称结合起来。研究表明，学前儿童的颜色视觉发展有如下特点：3～4 岁的学前儿童已能初步辨认红、橙、黄、绿、蓝等基本色，但在辨认紫色等混合色和蓝与天蓝等近似色时，往往较困难，也难以说出颜色的正确名称；4～5岁的学前儿童大多数能认识基本色、近似色，并能说出基本色的名称；5～6岁的学前儿童不仅能认识颜色，而且在画图时，能运用各种颜色调出需要用的颜色，并能正确地说出黑、白、红、蓝、绿、黄、棕、灰、粉红、紫等颜色的名称。

学前儿童对颜色辨别力的发展主要依靠生活经验与教育。研究表明，6岁前的中国的学前儿童基本上都喜欢亮度大的红、橙、黄色，性别差异不明显。7岁前的儿童对颜色的爱好基本上不受物体固定颜色的影响，7～8岁是转折期。

学前儿童视力的发展受遗传和环境等各种因素的影响。光线照明较差、户外活动和身体锻炼较少、坐姿不良等都会造成视力减退。在保教过程中保教人员要注意指导学前儿童掌握明确的颜色名称，通过近似色的对比指导学前儿童辨认，使学前儿童多接触各种颜色，并经常教育学前儿童能准确辨认各种颜色。学前儿童托育机构须为学前儿童提供色彩丰富的学习与生活环境。在教学和游戏中，教师应指导学前儿童认识和辨别各种色彩并调配各种颜色，同时把颜色名称教给学前儿童。这些对学前儿童辨色能力的发展将有直接促进作用。

### 相关链接 ▶▶▶▶▶▶

#### 弱视、色盲、色弱

弱视是指视觉发育期内由于单眼斜视、屈光参差、高度屈光不正以及形觉剥夺等异常视觉经验引起的单眼或双眼最佳矫正视力低于相应年龄正常儿童，且眼部检查无器质性病变。不同年龄儿童视力的正常值下限：年龄为3～5岁儿童视力的正常值下限为0.5，6岁及以上儿童视力的正常值下限为0.7。弱视是一种严重危害儿童视功能的眼病，如不及时治疗可引起弱视加重，甚至失明。治疗弱视的最佳时间是3～5岁，12～13岁以后弱视已经巩固，难以治疗。

先天性色觉障碍通常被称为色盲。色盲是指个体不能分辨自然光谱中的各种颜色或某种颜色；而对颜色的辨别能力差则称色弱。色弱者，虽然能看到正常人所看到的颜色，但辨认颜色的能力迟缓或很差，在光线较暗时，有的几乎和色盲差不多，或表现为色觉疲劳。色弱与色盲的界限一般不易严格区分。色盲与色弱多是先天性因素造成的，男性患者远多于女性患者。

#### (二)学前儿童听觉的发展

##### 1. 胎儿与新生儿的听觉

研究表明，在受孕后的第4周，胎儿的听觉器官已经开始发育，第8周时耳郭形成，第25周传音系统基本发育完成，第28周传音系统充分发育完成并可以发生听觉反应，具备了能够听到声音的所有条件。新生儿不仅能听见声音，还能区分声音的高低、强弱、品质和持续时间。新生儿从一出生就有声音的定向力。在新生儿醒觉状态，用一个小塑料盒，内装少量玉米或黄豆，在距新生儿耳朵10～15厘米处轻轻摇动，盒子发出声音，新生儿会变得很警觉，先转动眼接着转动头朝向声音发出的地方。新生儿喜欢听人的声音，尤其是母亲的声音。

### 2. 婴幼儿的听觉

婴幼儿的听觉感受性有很大的差异，有的感受性高一些，有的低一些。这些个别差异并不是天生不变的，婴幼儿的听觉是在生活条件与教育影响下不断发展的，听觉感受性随年龄增长而不断完善。婴儿在出生后一个月就已具备较完善的听觉，由于其鼓膜、中耳、内耳的听觉细胞十分娇嫩，对噪声就更为敏感。安静舒适的环境，有利于婴幼儿的健康成长，如果噪声超过70分贝，就会对婴幼儿的听觉系统造成损害；如果长期受到噪声刺激，婴幼儿就容易表现出情绪激动、缺乏耐受性、注意力不集中等。

成人要重视学前儿童听觉方面的障碍，尤其是"重听"现象。这种现象极易被忽视，但是它对学前儿童言语听觉、言语能力和智力的发展都会带来消极影响。

在学前儿童保教过程中，保教人员要注意保护学前儿童的听力，要尽量减少噪声，促进学前儿童的听力健康发展。学前儿童托育机构是学前儿童集中的地方，许多学前儿童在一起玩耍的时候，容易大声喧哗，教师应该加强对学前儿童的教育和组织工作，使学前儿童有秩序地活动，防止大声喧哗。有条件的话，应多让学前儿童进行户外活动。

### (三)学前儿童触觉的发展

触觉是皮肤受到刺激时产生的感觉，是学前儿童认知世界的重要手段。触觉可以使人在触摸中感知物体的大小、形状、软硬、轻重、粗细、光滑或粗糙等属性。学前儿童触觉的绝对感受性在很小的时候就开始发展起来了。1岁前，口腔是主要的触觉器官；1岁之后，手成为主要的触觉器官。

### 1. 口腔触觉

个体从出生时就有触觉反应，许多种天生的无条件反射都有触觉参加，如吸吮反射、防御反射、抓握反射等。个体对物体的触觉探索最早是通过口腔的活动进行的。口腔触觉作为探索手段早于手的触觉探索。在相当长的时间内(3岁前)，婴幼儿是以口腔的触觉探索作为手的触觉探索的补充。例如，在这一时期，我们经常发现婴幼儿拿到什么东西都要送进嘴里。因此，成人要注意婴幼儿周围环境和玩具的安全与卫生，避免婴幼儿接触小的、坚硬的或有毒的物体。

### 2. 手的触觉

当个体的手的触觉探索活动发展起来以后，口腔的触觉探索逐渐退居次要地位。手的触觉是通过触觉认识外界的主要渠道。个体出生后就有了手的本能反应，这是一种先天的无条件反射。随着发育，婴儿的手无意地碰到东西，如被子的边缘时，他会沿着边缘抚摸被子。这是一种无意的触觉活动，也是一种早期的触觉探索。手的探索阶段，是学前儿童学习、认知这个世界的重要时期。学前儿童往往看见什么东西都想去摸一摸、碰一碰，有时越不想让他动的东西，他越想动，家长和教师应尊重并引导学前儿童的这种学习方式，允许和鼓励学前儿童通过自己的方式认识世界。

## ▶▶ 二、　学前儿童知觉发展的特点 >>>>>>>

### (一)形状知觉

形状知觉是对物体几何形体的知觉，它依靠运动觉和视觉的协同活动。

研究证明，出生不久的婴儿已能知觉形状。他们对不同图形的注视时间不同，这说明他们已能辨别这些图形。研究发现，婴儿对靶心图和线条图注视时间最长，而对几对简单的图形注视时间较短；婴儿最喜欢看靶心图，对棋盘图的注视时间又超过正方形。

学前儿童的形状知觉发展很快，一般在小班时已能辨别圆形、方形和三角形；中班时能把两个三角形拼成一个大三角形，把两个半圆拼成一个圆形；到大班时还能认识椭圆形、菱形、五角形、六角形和圆柱形等，并能把长方形折成正方形，把正方形折成三角形。学前儿童掌握形状的次序，由易到难依次为圆形、正方形、三角形、长方形、梯形、菱形、平行四边形、椭圆形。

为了更好地促进学前儿童形状知觉的发展，教师在教学中，一方面要使学前儿童掌握关于几何图形的词语，另一方面要让学前儿童在看与摸的结合中学习几何形体。

### (二)方位知觉

方位知觉即对自身或物体所处方向的知觉。学前儿童方位知觉的发展，主要表现在对上、下、左、右、前、后、东、西、南、北方位的辨别。

婴儿出生后已有对方向的定位能力，会对来自左边的声音向左侧看或转头，对来自右边的声音则向右看或转头。研究发现，6个月以前的婴儿在黑暗中能够依靠听觉指导去抓物体。例如，让一个婴儿坐在黑暗的房间里，在他面前放一个发出响声的物体，婴儿能准确地抓住它。一般来说，3岁学前儿童仅能辨别上、下方位，4岁学前儿童开始能辨别前、后方位，5岁学前儿童开始能以自身为中心来辨别左、右方位，6岁学前儿童虽能完全正确地辨别上、下、前、后四个方位，但以自身为中心来判断左、右时仍有困难，左、右方位的相对性要到七八岁后方能掌握。

学前儿童方位知觉发展的顺序是：上、下、前、后、左、右。而左、右方位的辨别，是从以自身为中心逐渐过渡到以其他客体为中心。因此，教师要求学前儿童使用左、右手或左、右脚或左、右腿做动作时，或者要求幼儿向左、右转时，要考虑学前儿童的发展特点，先正确做出示范。例如，让面对面站立的学前儿童举起右手，教师在示范时要举起左手，即其动作要以学前儿童的左右为基准，即镜面示范；或者举具体的事实说明，如说"伸出右手，就是伸出拿勺子的那只手"，不要抽象地说"左右"，避免引起混乱。

### （三）大小知觉

大小知觉是人的头脑对物体的长度、面积、体积在量的方面变化的反映。它是靠视觉、触摸觉和动觉的协同活动实现的，其中视知觉起主导作用。

6个月前的婴儿已经能辨别大小。婴儿已经具有对物体形状和大小的知觉恒常性。所谓知觉恒常性，是指客体的映像在视网膜上的大小变化，并不导致对客体本身知觉的变化。例如，一块积木离开观察者的距离越远，在视网膜上的映像也越小，但观察者知觉到积木大小并未变化。2.5～3岁的学前儿童已经能够按语言指示拿出大皮球或小皮球，3岁以后学前儿童判断大小的精确度有所提高。

学前儿童判断大小的能力还表现在判断的策略上。4～5岁的学前儿童在判断积木大小时，要用手去逐块地触摸积木的边缘，或把积木叠在一起去比较。而6～7岁的学前儿童由于经验的作用，已经可以单凭视觉指出一堆积木中大小相同的积木。

### （四）深度知觉

深度知觉即距离知觉，也是对物体空间位置的知觉。它是对同一物体的凹凸程度和同一物体的近远距离的知觉。学前儿童可以分清他们所熟悉的物体或场所的远近，已经能在一定程度上区分物体和自己的距离；但是对于比较开阔的空间距离，他们还不能正确地辨认。学前儿童不懂得近大远小的视觉信号，所以，画出的物体大小不分，也不善于在图画中把实物的距离、位置、大小等特征表现出来，不能正确判断图画中人物的远近位置。

视觉悬崖实验

### （五）时间知觉

时间知觉是对客观现象的延续性、顺序性和速度的反映。实际上，人们是通过某种衡量时间的媒介来反映时间的。这些媒介有现代人发明的计时工具，也有宇宙环境的周期性变化，如太阳的东升西落、四季的更替等；也有机体内部一些有节奏的生理活动，如心跳的节律等。

时间知觉的精确性与年龄呈正相关，即年龄越大，精确性越高。学前儿童最早的时间知觉，主要以人体内部的生理状态来反映时间。例如，婴儿到了吃奶的时间，会自己醒过来或开始哭喊。

3～4岁的学前儿童已经有一些初步的时间概念，但是往往与他们的具体的生活活动联系在一起。例如，早晨是起床的时间，上午是幼儿园上课的时间，下午是爸爸妈妈接自己回家的时间，晚上是睡觉的时间。一般来说，他们只懂得现在，不理解过去和将来。

4～5 岁的学前儿童可以理解昨天、今天和明天，也会运用早晨、中午和晚上等词语，但对前天和后天不是很理解。他们对时间单元的知觉和理解的发展趋势是"从中间向两端""由近及远"。学前儿童先理解了"今天"，即现在，才会理解"昨天"和"明天"；先理解了"天"和"小时"，才会理解"周""月""分钟""秒"。

5～6 岁的学前儿童可以辨别昨天、今天和明天等一些时间概念，也开始能辨别大前天、前天、后天和大后天，也能分清上午和下午，知道星期几，知道四季，但对于更短的或更远的时间观念，就很难分清，如从前、马上等。

学前儿童的时间知觉在教育过程中得到了发展。有规律的幼儿园生活能帮助学前儿童建立时间概念，音乐和体育活动使学前儿童掌握有节奏和有节律的动作，观察有时间联系的图片，如蝌蚪变青蛙等，有助于学前儿童时间观念的形成；通过讲故事，可以使学前儿童掌握从前、古时候、后来及很久等有关时间的词汇。

## 单元 3　学前儿童感知觉规律的应用

### 情景导入

在幼儿园中，几个幼儿发现了一个鸟窝，里面有几只小鸟。这一发现成为幼儿一天中最主要的讨论话题，他们无论是在吃饭时，还是在活动中，都在谈论小鸟，都想去看一看小鸟，对小鸟充满了好奇心。诚诚老师决定借此机会组织开展一个以认识小鸟为主题的活动。

幼儿对世界的感知与认识是在许多不经意间的发现中表现出来的。幼儿教师要懂得把握教育机会，调动幼儿的感知觉，使幼儿能够充分地认知、感受、体验世界与环境，促进幼儿身心各方面都得到充分发展。

#### ▶▶ 一、感觉的特性 ＞＞＞＞＞＞＞

**（一）感受性**

感受性即感觉器官对适宜刺激的感觉能力。不同的人对同等强度刺激物的感觉能力是不一样的。感受性高的人能感觉到的刺激不一定能被感受性低的人感觉到。例如，有经验的染色工人能辨别出几十种不同的黑色，而一般人则很难分辨。一个人的感受性高低不是一成不变的。同一个人在不同条件下，对同一刺激物的感受是不同的。

**（二）感觉阈限**

感受性的变化一般用感觉阈限来衡量。感觉阈限是指能引起感觉持续一定时间的刺激量或刺激强度。感受性越强，感觉阈限越小；感受性越弱，感

学习笔记

觉阈限越大。每一种感觉都有两种感受性和感觉阈限：绝对感受性与绝对感觉阈限，差别感受性与差别感觉阈限。

绝对感受性是指刚好能觉察出最小刺激强度的能力，绝对阈限是刚好能引起感觉的最小刺激量。绝对感受性可以用绝对感觉阈限来衡量。绝对阈限的值越小，绝对感受性越大；绝对阈限的值越大，绝对感受性越小。

差别感受性是刚能察觉出两个同类刺激物之间最小差异量的能力。差别阈限是刚能引起差别感觉的两个同类刺激物之间的最小差别量。差别感受性可以用差别阈限来衡量。差别阈限的值越小，差别感受性越大；差别阈限的值越大，差别感受性越小。

### （三）感受性的变化

感受性的变化有下列几种情况。

#### 1. 感觉适应

适应是在刺激物持续作用下引起感受性的变化。这种变化可以是感受性提高，也可以是感受性降低。通常，强刺激可以引起感受性降低，弱刺激可以引起感受性提高。此外，一个持续的刺激可引起感受性下降。例如，我们从光亮处走进电影院时，起初伸手不见五指，要过一段时间才能慢慢看清周围的东西，这是视觉感受性提高的暗适应；反之，从暗处到光亮的地方，最初强光使人目眩，我们什么也看不见，但过一会儿视力就恢复正常，这是视觉感受性降低的明适应。除了视觉适应外，还有嗅觉、味觉等其他感觉的适应。古语说："入芝兰之室，久而不闻其香；入鲍鱼之肆，久而不闻其臭。"这是嗅觉的适应现象。适应现象具有很重要的生物学意义，使人能在变化万千的环境中做出准确的反应。

#### 2. 感觉对比

感觉对比指同一感官受到不同刺激的作用时，其感觉会发生变化，可分为同时对比与继时对比。几个刺激物同时作用于同一感受器的对比现象为同时对比。例如，左手泡在热水里，右手泡在凉水里，然后同时放进温水里，结果左手感觉凉，右手感觉热。刺激物先后作用于同一感受器产生的对比现象被称为继时对比，也称先后对比或相继对比。例如，吃过糖再吃山楂，就会感觉山楂特别酸。

#### 3. 感觉的相互作用

感觉的相互作用一般是指一种感觉的感受性，因其他感觉的影响而发生变化的现象。这种变化也可以在几种感觉同时产生时发生，也可以在先后几种感觉中产生影响。一般的变化规律是：微弱的刺激能提高对同时起作用的其他刺激的感受性，而强烈的刺激则降低这种感受性。例如，轻微的音乐声可提高视觉的感受性，强烈的噪声可以引起对光的感受性降低。感觉的相互作用也可以发生在同一种感觉之间，最明显的就是对比现象。例如，"月明星稀"，天空上的星星在明月下看起来比较稀少，而在黑夜里看起来就明显地增多；灰色的长方形放在黑色背景上看起来要比放在白色背景上更亮些。教师教学时，应充分考虑感觉的相互作用和对比规律。例如，浅色的教具可放在黑板前演示，深色的教具可放在白墙前演示；要使学生区分出地图上的不同部位，就可以着上红绿或黄蓝等对比色。

## ▶▶ 二、 感觉规律在学前教育活动中的应用 >>>>>>>

根据感受性变化的规律，教师在组织教育和生活活动时，要有效利用感觉的各种适应现象。由光线较强的户外进入光线较暗的室内时，要让学前儿童有适应的过程，以免学前儿童发生摔跤、踩踏等安全事故；当让学前儿童闻某种气味时，不要闻得太久，以免因适应而分辨不出；播放音乐给学前儿童听时，不应过响，以免学前儿童的听觉感受性下降，甚至损伤听力。在保教活动中，应避免单一的刺激持久作用于学前儿童，否则，会使学前儿童对刺激变得不敏感，影响他们参与活动的兴趣。

掌握对比规律，对提高学前儿童感受性方面具有重要意义。例如，用颜色的对比，可以使活动室的美术装饰互相衬托；制作多媒体课件时，可以利用视觉对比，突出要演示的对象，使学前儿童看得清楚，印象深刻。

## ▶▶ 三、 知觉的特性 >>>>>>>

知觉具有选择性、理解性、整体性和恒常性等特性。

### (一)知觉的选择性

知觉的选择性在于把一些对象(或对象的一些特性、标志、性质)优先地区分出来，如图2-3-1所示。客观事物是多种多样的，人总是有选择地以少数事物作为知觉的对象，对它们的知觉格外清晰，被知觉的对象好像从其他事物中突出出来，出现在前面，而其他的事物就退到后面去了。知觉的选择性依赖个人的兴趣、态度、需要以及个体的知识经验和当时的心理状态，还依赖刺激物本身的特点(强度、活动性、对比)和被感知对象的外界环境的特点(照明度、距离)。

图 2-3-1  知觉的选择性

### (二)知觉的理解性

知觉的理解性表现为人在感知事物时，总是根据过去的知识经验来解释它、判断它，把它归入一定的事物系统之中，从而能够更深刻地感知它，如图2-3-2所示。从事不同职业和有不同经验的人，在知觉上是有差异的。例如，成人的图画知觉与儿童的相比，能更深刻地反映图画的内容和意义，知觉到儿童所看不到的细节。知觉的理解性对人的知觉既有积极的影响，又有消极的影响。教师在从事教学活动时，一方面要联系学生已有的知识经验，增进知觉的理解性，提高教学效果；另一方面也要注意已有的知识经验对当

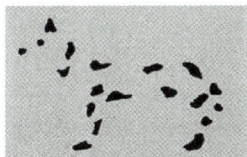

图 2-3-2  知觉的理解性

前知觉活动所产生的消极定势作用。

### (三)知觉的整体性

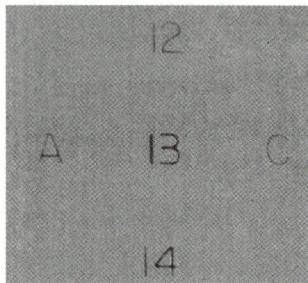

图 2-3-3　知觉的整体性

人在知觉客观对象时，总是把它作为一个整体来反映，这就是知觉的整体性，如图 2-3-3 所示。知觉对象是由许多部分组成的，各部分具有不同的特征，但是人们并不把对象感知为许多个别的、孤立的部分，而总是把它知觉为一个统一的整体。例如，走进教室，人们不是先感知桌椅后感知黑板、窗户等，而是同时完整地感知它们。知觉的整体性是多种感知觉器官相互作用的结果。知觉的整体性与感知的快慢，同过去经验和知识的参与有关。例如，阅读速度就是随着人的阅读经验的积累及把较小的单元(词)组成较大的单元(句子)而逐渐加快的。

### (四)知觉的恒常性

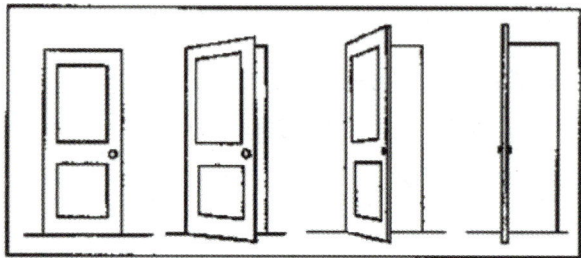

图 2-3-4　知觉的恒常性

当知觉的条件在一定范围内发生改变时，知觉的映像仍然保持相对不变，就是知觉的恒常性。例如，一首熟悉的歌曲，人们不会因它高八度或低八度而感到生疏，或因其中个别曲子走调而认为是别的歌曲；无论是清晨、中午、傍晚，人们都会把国旗看作鲜红色的。如图 2-3-4 所示，无论我们从哪个角度来看，都知道门是长方形的。知觉的恒常性对生活有很大的作用，正确地认识物体的性质比单纯地感知局部的物理刺激物有更大的实际意义，它可以使人们在不同情况下，按照事物的实际面貌反映事物，从而能够根据对象的实际意义去适应环境。

## ▶▶ 四、 知觉规律在学前教育活动中的应用 >>>>>>>

教师在教学活动中，应尽可能地利用知觉的四种特性。

教师要利用背景与对象关系的规律，教师的板书、挂图和演示应当突出重点，加强对象与背景的差别。在视觉刺激中，凡是距离上接近或形态上相似的各部分容易组成知觉的对象；在听觉上，刺激物各部分在时间上的组合，即"时距"的接近也是分离知觉对象的重要条件。例如，为了让学前儿童观察红花，就以绿树为背景；教师应尽量多地利用活动模型、活动玩具及幻灯、录像等，使学前儿童获得清晰的知觉。

教师要注意言语与直观材料的结合。人的知觉是在两种信号系统的协同中实现的，只有直观材料加教师讲解，学前儿童才能很好地理解新知识。

要使学前儿童能够正确而迅速地理解当前的知觉对象，平时就必须从各方面丰富学前儿童的知识经验，并注意通过讲解，联系学前儿童已有的知识经验，这样可收到较好的效果。

## 单元 4　学前儿童观察力的发展与培养

### 情景导入

　　幼儿园里，明明正要抓一只蝴蝶。小丽老师看到后赶紧制止道："明明，不可以这样，昆虫也是生命，我们要爱护它们。"明明很委屈。这时，诚诚老师上前问明明："你为什么要抓蝴蝶呢？"明明说："我想看看它跟蜻蜓有什么不一样。"

　　学前儿童对整个世界充满好奇，愿意观察所有感兴趣的事物，成人要能够理解他们所出现的一些"过分"的行为，并根据实际情形进行引导，为学前儿童创造一个良好的环境，培养学前儿童良好的观察习惯，促进其观察力的发展。

### 一、观察和观察力 >>>>>>>>

#### (一)观察

　　观察是一种有计划、有目的、有组织且比较持久的高级知觉过程，是人类对客观世界的主动认识过程。观察的全过程与注意、思维等密切联系。

#### (二)观察力

　　观察力是个体的观察受到系统的训练和培养而形成的稳定的智力构成。观察力的高低，决定着个体观察水平的高低，是智力结构的重要组成部分。感知觉的发展集中体现在观察力上。3 岁前的学前儿童缺乏观察力，他们的知觉主要是被动的，是由外界刺激物引起的。而且，他们对物体的知觉往往是和摆弄物体的动作结合在一起的。

### 二、学前儿童观察力的发展 >>>>>>>>

#### (一)学前儿童观察力发展的表现

　　学前儿童在 3 岁以后观察力的发展比较明显，幼儿期是观察力形成的时期。观察力的发展主要表现在以下四个方面。

#### 1. 目的性增强

　　随着年龄的增长，学前儿童观察力的目的性逐渐增强。任务越具体，学前儿童观察的目的就越明确，观察的效果就越好。例如，让学前儿童找出两幅图画的不同之处，如果明确告知他们有几处不同，观察的效果就会显著提高。

#### 2. 持续性延长

　　观察持续的时间短，与学前儿童观察的目的性不强有关。对于喜欢的东西，学前儿童观察的时间就长些。学前儿童观察持续的时间随着年龄的增长显著提高。

### 3. 细致性增加

学前儿童的观察一般是笼统的，看得不细致是学前儿童观察的特点和突出的问题。学前儿童在观察时，只看事物的表面和较明显的部分，而不去看事物较隐蔽、细致的特征；只看事物的轮廓，不看内在的关系。例如，6岁左右的学前儿童往往在认识"n"和"m"、"士"和"土"等相似的符号时经常出现混淆。学习活动要求观察要细致，所以教师要系统地培养学前儿童的观察力，提高其观察的细致性。

### 4. 概括性提高

观察的概括性是指能够观察到事物之间的联系。研究表明，学前儿童对图画的观察逐渐概括化，可以分为四个阶段。

①认识个别对象阶段：只有对图画中各个事物零碎的知觉，不能把事物有机地联系起来。

②认识空间关系阶段：只能直接感知到各个事物之间的外表、空间位置的联系，不能看到其中的内部联系。

③认识因果关系阶段：观察各个事物之间的不能直接感知的因果联系。

④认识对象总体阶段：观察到图画中事物的整体内容，把握图画的主题。

### (二)观察方法的掌握

学前儿童观察的特点，是从依赖外部动作，向以视觉为主的内心活动发展的。由于受思维能力发展的限制，3岁以前的学前儿童没有形成观察能力，只是对周围的事物感兴趣。学前儿童的观察能力在进入幼儿期以后发展比较明显。在幼儿初期，学前儿童观察时常常要边看边用手指点，也就是说，视知觉要以手的动作为指导；之后，有时用点头代替用手指点，有时用自言自语的方式来帮助观察；在幼儿末期，可以摆脱外部动作，借助内部言语来控制和调节自己的知觉。

学前儿童的观察是从跳跃式的、无序的逐渐向有顺序性的观察发展的。经过教育与培养，学前儿童能够学会有顺序地从左向右、从上到下，或从外到里进行观察。

## ▶▶ 三、 学前儿童观察力的培养 >>>>>>>>

### (一)培养学前儿童观察的兴趣

兴趣是最好的老师。教师在向学前儿童提出观察的目的和任务时，要以生动的语言和饱满的情绪来感染学前儿童，激发其观察的兴趣、愿望；在观察过程中，教师也要以良好的情绪和精神状态影响学前儿童。同时，教师也要引导学前儿童注意观察周围的事物，使学前儿童对自然界、对社会生活产生浓厚的兴趣。例如，在一次户外活动中，一名学前儿童发现了一只蜗牛，这立刻引起了大家的兴趣，他们争着看，七嘴八舌地议论。根据学前儿童的这一兴趣点，教师可以利用问题引导学前儿童有目的地观察蜗牛，从观察五官到观察爬行，再到观察蜗牛的食物等，整个过程中，大家始终积极主动、兴趣浓厚。

**(二)帮助学前儿童确定观察任务的目的**

观察的效果如何，取决于观察任务的目的是否明确。观察任务的目的越明确，学前儿童观察时的积极性就越高，对某一事物的感知就越完整、越清晰。例如，在观察柳树和杨树时，教师要帮助学前儿童提出观察任务，杨树的树叶、树枝、树干是什么样子的，柳树的树叶、树枝、树干是什么样子的，比较杨树和柳树有什么不同，这样学前儿童的观察效果会明显提高。

**(三)教给学前儿童正确的观察方法**

学前儿童并不是天生就善于观察，学前儿童的观察条理性差，所以，教会学前儿童观察的方法，培养学前儿童有目的地、自主全面地、细致地观察事物的能力，是很有必要的。

**1. 顺序法**

顺序法即按一定的顺序来进行观察，如从远到近、从整体到局部、从上到下等，这种顺序适合观察一个事物或同一个事物在不同时间的变化。

**2. 比较法**

比较法即对两个或两个以上的事物或现象进行比较，比较它们的相同点和不同点，适合观察多种事物间的异同。

**3. 追踪观察法**

追踪观察法即对某一事物或现象的变化发展进行间断性的、有系统的观察，适用于同一事物不同时间的变化，如观察植物、动物的生长过程。

**(四)创造机会，培养学前儿童勤于观察的习惯**

教师在一日活动中要以学前儿童自己去观察和发现为教育目标，为学前儿童提供观察的机会，培养学前儿童勤于观察的习惯。通过实物、教具、语言、自然现象及环境等，激发学前儿童观察周围事物的兴趣，培养他们注意观察周围事物的习惯。

### 活动设计

#### 春天的花

**活动目标**

1. 通过看一看、闻一闻，让幼儿了解花朵的各种形态与美。

2. 带领幼儿在社区环境中寻找春天的各类花。

**情感目标**

激发幼儿亲近大自然、热爱大自然、保护大自然的情感。

**活动准备**

贴板一块、黑色记号笔一支。

**活动过程**

1. 导入。

教师：小朋友们知道现在是什么季节吗？春天里有许多美丽的花开放了，我们今天就出去找找看哪些花已经开放了。

2. 走进大自然，进一步感知大自然。

教师带领幼儿去室外，边散步边寻找美丽的花。

教师：小朋友们，你们认识这种花吗？它叫什么名字？看看花瓣是什么颜色的，像什么？

教师可以捡起地上的花瓣，把花瓣分给幼儿，然后问他们有什么感觉。教师让幼儿将收集的花标上序号和花名，然后返回室内。

3. 小结。

教师：小朋友们，我们一起来数一数今天找到了几种花。你们最喜欢哪种呢？周末可以让爸爸妈妈带着你们去公园观赏更多种类的花。

**思考与练习**

1. 知觉的特性有哪些？

2. 如何培养学前儿童的观察力？

3. 感知觉规律在学前儿童教育活动中如何运用？

**实践与探究**

请观察见习幼儿园里的孩子们是如何不断地观察、探索周围的环境的。

**国考同步**

1.（2013下）由于幼儿是以自我为中心辨别左右方向的，幼儿园教师在动作示范时应该（　　）。

A. 背对幼儿，采用镜面示范　　　　B. 面对幼儿，采用镜面示范

C. 面对幼儿，采用正常示范　　　　D. 背对幼儿，采用正常示范

2.（2017下）下面几种新生儿的感觉中，发展相对最不成熟的是（　　）。

A. 视觉　　　　　　　　　　　　　B. 听觉

C. 嗅觉　　　　　　　　　　　　　D. 味觉

3.(2018 下)下列哪一种不属于《3—6 岁儿童学习与发展指南》倡导的幼儿学习方式?(　　)

A. 强化学习　　　B. 直接感知　　　C. 实际操作　　　D. 亲身体验

云测试

## 模块三
# 学前儿童的注意

📅 **学习目标**

1. 理解注意的概念及种类。
2. 掌握学前儿童注意发展的特点。
3. 掌握学前儿童注意的特点。
4. 学会分析和评价学前儿童注意分散的原因及预防。
5. 能够运用有效策略促进学前儿童注意的发展。
6. 学会运用科学的方法培养学前儿童的注意能力。
7. 培养科学严谨的注意品质。
8. 增强文化自信，发展专注力。
9. 树立耐心、细心和一丝不苟的职业精神。

🖋 **学习导航**

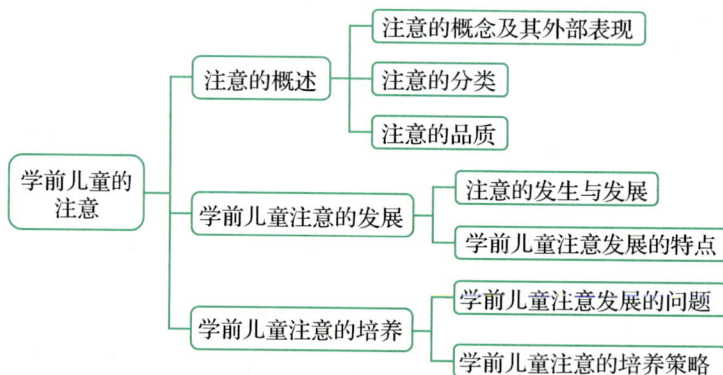

任何一种心理过程都离不开注意，注意是在感觉、知觉、记忆、想象、思维、情感、意志等心理过程中表现出来的，是各种心理活动的共性，它不能离开一定的心理过程而独立存在。注意对人们获取知识、掌握技能、思考问题、完成各种智力活动和实际操作活动有着至关重要的作用。

## 单元 1 注意的概述

### 情景导入

张老师到果果家家访的时候，夸奖果果是个懂事的好孩子，同时也向果果妈妈介绍了果果在幼儿园的一些表现，特别提到了果果在美术活动中很认真地倾听老师的讲解，能做到目不转睛，观察事物也非常细致，而且画的画也比其他小朋友的有特点。

注意不是一个独立的心理过程，它依附在感觉、知觉等认识过程中。幼儿在注意发展过程中有很多的特点，我们要了解幼儿注意的外部表现，科学发展幼儿的注意品质。

### ▶▶ 一、注意的概念及其外部表现 >>>>>>>>

#### （一）什么是注意

注意是指人的心理活动对一定对象的指向和集中。它并不是一个独立的心理过程，而是伴随在许多心理活动中的，是这些心理活动共有的一种特征。指向性与集中性是注意的两个特点。

指向性，是指人在某一瞬间选择某个对象，忽略其他对象。个体的注意指向就是选择一部分事物作为活动对象的过程，这个过程受自身知识经验、兴趣爱好的影响，不同的指向会获得不同的反映。

集中性，是指当人的心理活动或意识指向某个对象的时候，他们会在这个对象上集中起来，即做到全神贯注。例如，画家在绘画时选择并确定了绘画的景物（指向性），然后开始创作，这时，画家把精力全部集中于绘画的过程中，而与之无关的事物则处于画家的意识之外，这就是注意的集中性。人在注意力高度集中时，往往会出现视而不见、听而不闻的现象，注意的范围大幅度缩小。

#### （二）注意的外部表现

人在注意某个对象时，常常伴随着特定的生理变化和表情动作，常见的外部表现有以下几种。

##### 1. 适应性运动

人在注意状态下，感觉器官一般是朝向注意对象的。例如，人在观察某个物体时，把视线集中在该物体上，即所谓"举目凝视"；注意倾听一个声音时，把耳朵转向声音的方向，即所谓"侧耳倾听"；当沉浸于思考或想象时，眼睛常常"呆视"，好像看着远方，却没有感知周围对象。

### 2. 无关运动停止

人在高度集中注意力时，无关运动会暂时停止。例如，当听到故事的精彩之处时，学前儿童会目不转睛地看着老师。

### 3. 呼吸的变化

人在集中注意力时，呼吸会变得轻微而缓慢，呼与吸的时间比例也会发生变化，一般是吸短呼长；当注意力高度集中时，甚至会出现呼吸暂时停止的现象，即"屏息"现象。

此外，注意紧张时，人们还会出现心跳加速、牙关紧闭、握紧拳头等现象。

## ▶▶ 二、 注意的分类 >>>>>>>

根据注意过程中有无预定目的和是否需要意志努力的参与，可以把注意分为无意注意、有意注意和有意后注意。

### (一)无意注意

无意注意是指没有预定目的，也不需要意志努力的注意。无意注意一般是在外部刺激物的直接刺激下，个体不由自主地给予关注。例如，正在上课的时候，突然有一只蝴蝶飞进来，学前儿童立即被蝴蝶吸引住了。

引起无意注意的原因可以分为两种。

### 1. 刺激物的特点

①刺激物的强度是引起无意注意的重要原因。强烈的刺激物，如巨大的声响、强烈的光线等都容易引起人的无意注意。刺激物的相对强度对引起注意也有重要意义。例如，在喧嚣的地方，很大的声音都很难引起人们的注意，而在寂静的夜晚，轻微的虫鸣也能引起人们的注意。

②刺激物之间的对比关系也是影响注意的重要因素。例如，绿草丛中的红花更容易引起人们的注意，而绿草丛中的青蛙就不容易引起人们的注意。

③刺激物的活动和变化也是影响注意的重要因素。活动的、变化的刺激物更容易引起人们的注意。例如，教师讲课时声音抑扬顿挫，并配有手势，目的就是引起学生的注意。

④新奇的东西很容易成为注意的对象，千篇一律的、刻板的、多次重复的东西则很难引起人们的注意。例如，平时要求的"教师不能穿着款式奇特的服装、要提前几分钟去教室"等，就是为了避免上课过程中过多地引起儿童的注意而影响授课效果。

### 2. 人本身的特点

一是人对事物的需要、兴趣、态度。

二是情绪和精神状态。人在精神饱满、情绪愉悦的时候，就容易产生无意注意；反之，精神萎靡、没精打采的时候，就很难产生无意注意。

此外，无意注意也和一个人的经验、对事物的理解以及机体状态（如饿、渴等）有关。例如，学前儿童在饥饿的时候，就会对食物格外关注。

学前儿童以无意注意为主，一切新奇、多变的事物都能吸引他们，干扰他们正在进行的活动。例如，活动室的布置过于花哨，更换的次数过于频繁，教学辅助材料过于复杂，教师的衣着打扮过于新奇，都可能分散学前儿童的注意。所以，在教育中，学前教育工作者要根据儿童的年龄特点安排活动和教学工作。在教学活动中，教师要正确地运用语调的抑扬顿挫、语气的停顿、姿态表情的变化，适当地运用直观教具、演示或表演活动，掌握好时间长度，以引起和保持儿童的无意注意；也要用明白易懂的语言，使儿童明确活动的任务目的、了解活动可以得到的结果，并且随时激励他们专心工作、坚持活动，以引起和保持儿童的有意注意，从而提高活动效果。

### (二)有意注意

有意注意是指有预定目的，也需要意志努力的注意。我们工作和学习中的大多数心理活动都需要有意注意。有意注意是一种积极主动、服从于当前活动需要的注意，属于注意的高级形式。它受意识的调节和控制，是人类所特有的一种心理活动。引起和保持有意注意的主要条件有以下几个。

### 1. 加强对任务目的的理解，培养间接兴趣

间接兴趣是指对活动本身和活动的最近结果可能没有兴趣，但对活动的最后结果有很大兴趣。间接兴趣对保持有意注意具有很大的作用。间接兴趣存在于人们自觉进行的每一项工作中。例如，家长和儿童一起种了一颗豆，放在窗台上。最初几天，儿童出于好奇经常来看一看，但时间久了，兴趣淡化，慢慢就不看了。但是如果家长能在种豆之前对儿童说："这颗豆不久就会发芽，还会长出嫩嫩的绿色的叶子，你要是看到它发芽了，就赶紧来告诉妈妈，好吗?"这样就等于交给了儿童一个任务，为了完成妈妈交给的任务，他就会经常去注意那颗豆的变化情况。

### 2. 合理的组织活动

在明确目的的前提下，合理地组织活动，有助于集中有意注意。教师在课堂上的提问以及小组讨论等都比单一的讲课更容易引起儿童的注意。例如，安排儿童在户外活动后马上坐下来学习儿歌，儿童是很难有效维持注意的。智力活动与实际操作活动结合起来，则有利于维持注意。例如，计算时同时点数桌上的小木棒，观察时同时翻看面前的实物，对儿童有意注意的维持起

到了有效的作用。

### 3. 用坚强的意志和干扰做斗争

为了保持儿童的注意，要尽可能地排除外界的干扰，这就需要用坚强的意志和干扰做斗争，这样既能够锻炼儿童的意志，又能够培养他们的有意注意。

人一般在安静的环境里容易集中注意力，但是某些微弱的刺激不仅不会干扰人们的有意注意，相反还会加强有意注意。例如，学习时听着轻音乐则会加强有意注意。研究表明，人处于绝对的安静环境下并不能有效地工作，反而会逐渐地进入睡眠状态。

### （三）有意后注意

有意后注意是指有预定目的，但不需要意志努力的注意。它是在有意注意的基础上，经过学习、训练或培养个人对事物的直接兴趣达到的。在有意注意阶段，主体从事一项活动需要意志努力，但随着活动的深入，个体由于兴趣的提高或操作的熟练，不用意志努力就能够在这项活动上保持注意。例如，一个会驾车的人在初学阶段上路驾车时，主要是有意注意，这样很容易感到疲倦；随着练习的深入，驾车水平不断提高，就能够毫不费力地在各种路况下驾车，可以说这就达到了有意后注意的状态。

有意后注意是一种更高级的注意。它既有一定的目的性，又因为不需要意志努力，在活动进行中不容易感到疲倦，这对完成长期性和连续性的工作有重要意义。但有意后注意的形成需要付出一定的时间和精力。

## ▶▶ 三、 注意的品质 >>>>>>>

### （一）注意的广度

注意的广度又称注意的范围，是指一个人在同一时间内能够清楚地把握注意对象的数量，反映的是注意品质的空间特征。

心理学家很早就开始研究注意的广度问题。1830年，心理学家汉密尔顿（Hamilton）最先做了这方面的实验。他在地上撒了一把石子，发现人们很难在一瞬间同时看到六颗以上的石子。如果把石子两个、三个或五个组成一堆，人们能同时看到的堆数和单个的数目一样多。通过速示器进行的研究表明，成人在1/10秒内一般能注意到8～9个黑色的圆点或4～6个没有联系的外文字母。

扩大注意广度，可以提高工作和学习的效率。在生活中，排字工人、打字员、汽车驾驶员等职业都需要有较大的注意广度。影响注意广度的因素主要有以下三个方面。

### 1. 注意对象的特点

注意的广度因注意对象的特点的变化而有所不同。一般来说，注意对象的组合越集中，排列越有规律，相互之间能成为有机联系的整体，注意的范围就越大。

### 2. 活动的性质和任务

活动任务越复杂，越需要关注细节的注意过程，注意的广度会大大缩小。例如，用速示器呈现一些英文字母，其中有些存在书写错误，要求一组学生在短时间内判断哪些字母书写有误，并报告字母的数量；要求另一组学生报告所有字母的数量。结果，前者知觉到的字母数量要比后者少得多。

### 3. 个体的知识经验

一般来说，个体的知识经验越丰富，整体知觉能力越强，注意的范围就越大。专业素养深厚的人在阅读专业资料时可以做到"一目十行"，非专业人士即使逐字逐句阅读也不一定能正确理解。例如，围棋高手扫视一下棋盘，就能把握双方的形势和局面变化，这就借助了良好的注意广度；一个初学者由于经验欠缺，就只能一步一步来关注棋势。

### （二）注意的稳定性

注意的稳定性也称注意的持久性，是指注意在同一对象或活动上所保持时间的长短，这是注意的时间特征。但是衡量注意的稳定性，不能只看时间的长短，还要看这段时间内的活动效率。

注意的稳定性有狭义与广义之分。狭义的稳定性是指注意在某一事物上所维持的时间，如长时间看电视、读书等。但人在注意同一事物时，很难长时间地对注意对象保持固定不变。例如，有研究者把一只表放在被试耳边，保持一定距离，使被试能隐约听到表的滴答声，结果被试时而听到表的滴答声，时而又听不到。注意这种周期性变化的现象，即注意的起伏。

广义的注意的稳定性是指注意在某项活动上保持的时间。在广义的稳定性中，注意的具体对象可以不断变化，但注意指向的活动的总方向始终不变。例如，学生在听课的时候，跟随教师的教学活动，一会儿看黑板，一会儿记笔记，一会儿读课文，虽然注意的对象不断变换，但都服从于听课这个总任务。在学习和工作中，我们都强调广义的注意的稳定性。影响注意的稳定性的因素有以下三个方面。

### 1. 注意对象的特点

注意对象本身的一些特点影响到个体维持注意的时间的长短。一般来说，内容丰富的对象比单调的对象更能维持注意的稳定性。相对于一个透明的玻璃茶杯，人们可能会花更多的时间来关注一幅色彩丰富的图画。此外，活动的对象比静止的对象更能维持注意的稳定性。相对于一幅画，人们可能会花更多的时间关注活动的电视画面。对新生儿的研究表明，新生儿注视人脸和复杂图形的时间远比注视墙壁与灯光的时间长。但是过于复杂、变幻莫测的注意对象反而容易使人感到疲劳，导致注意的分散。

### 2. 个体的精神状态

除了外部刺激物的特点之外，个体的主观状态也影响注意的稳定性。一个人身体健康，情绪良好，精力充沛，就会在学习和工作中全力投入，不知疲倦。相反，一个人处于失眠、疲劳或疾病的状态，或者在情绪受挫的情况下，注意无法保持稳定，活动效率也会大大降低。

### 3. 个体的意志力

注意的稳定性实际上就是保持良好的有意注意，因此也需要有效地抗拒各种干扰。个体具备坚强的意志力，就可以战胜各种困难，克服自身的缺点和不足，始终如一地保证活动的进行和活动过程的高效率。

### (三)注意的分配

注意的分配是指在同一时间内把注意指向不同的对象和活动。注意的分配在人的实践活动中有重要的现实意义。例如，教师需要一边讲故事，一边注意儿童的反应；司机需要一边驾车，一边观察路况。事实证明，注意的分配是可行的，人们在生活中可以做到"一心二用"，甚至"一心多用"。注意的分配是有条件的。

### 1. 同时进行的几种活动至少有一种应是高度熟练的

当一种活动达到自动化的熟练程度时，个体就可以集中大部分精力去关注比较生疏的活动，保证几种活动同时进行。我们可以做到边听报告边记笔记，是因为写字已经达到熟练甚至自动化的程度；驾驶技术高超的司机可以边驾车边为乘客报站名，是因为驾车的技术熟练。

### 2. 同时进行的几种活动必须有内在联系

有联系的活动才便于注意分配，这是因为活动间的内在联系有利于形成固定的反应系统，经过训练就可以掌握这种反应模式，同时兼顾几种活动。例如，歌唱演员有时自弹自唱同一首歌，甚至能够边唱歌边剪纸，也是借助了活动间的内在联系或人为建立起的活动间的联系，以达到注意的分配。

### (四)注意的转移

注意的转移是指根据活动任务的要求，主动地把注意从一个对象转移到另一个对象。例如，在学校的课程安排上，如果先上语文课，再上数学课，学生就应根据教学需要，把注意主动、及时地从一门课转移到另一门课。

良好的注意转移表现在两种活动之间的转换时间短，活动过程的效率高。影响注意转移的因素有以下四个方面。

### 1. 对原活动的注意集中程度

个体对原来活动的兴趣越浓厚，注意力越集中，注意的转移就越困难。例如，很难让一个沉迷于电脑游戏的儿童把注意力转移到书本上。当然，如果对原活动的注意力本来就不够集中，就比较容易随活动任务的要求而转移。

### 2. 新注意对象的吸引力

如果新的活动对象引起个体的兴趣，或能够满足他的心理需要，注意的转移就比较容易实现。比如，正在玩玩具的儿童，听到自己喜欢的电视动画片开演了，就会将注意力转移到电视上。

### 3. 明确的信号提示

在需要注意转移的时候，明确的信号提示可以帮助个体的大脑处于兴奋和唤醒状态，灵活迅速地转换注意对象。例如，文艺演出中报幕员的角色，其实也发挥着这方面的作用。这种提示信号，既可能是物理刺激（如铃声、号角），也可以是他人的言语命令，甚至是自己内部言语的提醒。

### 4. 个体的神经类型和自控能力

神经类型灵活性高的人比不灵活的人更容易实现注意的转移，自控能力强的人比自控能力弱的人更善于主动、及时地进行注意的转移。

主动而迅速地进行注意的转移，对工作和学习都十分重要。有些工作要求在短时间内对各种新刺激做出迅速、准确的反应，对注意转移的要求尤其高。例如，一名优秀的飞行员在起飞和降落时的五六分钟之内，注意的转移就达 200 次之多。

#### 🔗 相关链接 ▶▶▶▶▶

#### 注意力训练的方法——舒尔特方格法

舒尔特方格（Schulte Grid）是在一张方形卡片上画上 1cm × 1cm 的 25 个方格，格子内任意填写上 1～25 共 25 个阿拉伯数字（图 3-1-1）。训练时，要求被测者用手指按 1～25 的顺序依次指出其位置，同时诵读出声，施测者在一旁记录被测者所用时间。数完 25 个数字所用时间越短，注意力水平越高。

| 14 | 1 | 23 | 15 | 5 |
|----|----|----|----|----|
| 3 | 25 | 10 | 16 | 18 |
| 4 | 7 | 20 | 21 | 2 |
| 19 | 9 | 22 | 17 | 24 |
| 13 | 11 | 8 | 6 | 12 |

舒尔特方格是全世界范围内最简单、最有效，也是最科学的注意力训练方法之一。寻找目标数字时，注意力是需要极度集中的，把这短暂的、高强度的集中精力过程反复练习，大脑的集中注意的能力就会不断地提高，注意水平也越来越高。

**图 3-1-1　舒尔特方格**

资料来源：刘梅，邹本杰. 幼儿心理学. 北京：中国农业出版社，2018。

## 单元 2　学前儿童注意的发展

#### 💬 情景导入

亮亮 3 岁了，刚刚上幼儿园小班，爱玩、好动。每到晚上妈妈给亮亮讲故事时，亮亮一会儿说外面有小猫在叫，一会儿说要玩皮球，一会儿又要喝水，总是不能专注地听妈妈讲故事。

在学前儿童心理的发展过程中，教师和家长应该了解学前儿童注意发生与发展的特点，学会应用科学的方法促进学前儿童注意的发展。

## ▶▶ 一、 注意的发生与发展 >>>>>>>

学前儿童出生后就出现注意现象。随着学前儿童成长，注意不断发展。

### (一)原始的注意行为——定向性注意

新生儿有一种无条件反射：大的声音会使他暂停吸吮的动作，明亮的物体会引起他们的视线的片刻停留。这种无条件反射可以说是最原始的初级的注意，即定向性注意，这主要是由外界事物的特点引起的。

这种本能的定向性注意在儿童直至成人的活动中不会消失。例如，突然出现的巨响，总是会引起个体本能的"是什么"的反射。但是这种定向性注意随着年龄的增长在儿童的注意中所占据的地位日益减弱。

### (二)选择性注意的发生与发展

继儿童最初的定向性注意之后出现的便是选择性注意。所谓选择性注意是指儿童偏向对一类刺激物注意得多，而在同样的情况下对另一类刺激物注意得少的现象。选择性注意在新生儿时已经出现。

#### 1. 新生儿的选择性注意

研究表明，新生儿对外界事物已有选择性注意，而且其选择性带有规律性倾向，这些倾向主要表现在视觉方面，也称视觉偏好。

美国发展心理学家罗伯特·范兹(Robert Fantz)对新生儿视觉注意的选择性做了一系列的研究，发现新生儿对成形的图案比不成形的、零乱的图案注视时间要长些。范兹等人还发现，相对于较大的婴儿，新生儿较多偏好简单的、包含成分相对少些的图案，以及线条较粗的图案，原因在于受新生儿感知觉发展的局限，感知发展的低水平限制了他们注意较复杂的图案。此外，还有人研究发现，新生儿对人脸的注意多于对其他物体的注意，原因在于人脸有更多吸引和保持新生儿注意的特点，包括脸的轮廓等。新生儿的视觉偏好表现为对偏好图形注视时间更长，这反映了其注意的主动选择性的特征。

#### 2. 婴儿的选择性注意

出生后第一年，婴儿清醒的时间不断延长，觉醒状态也较有规律，这时期的注意迅速发展。1岁前儿童注意的发展主要表现在注意选择性的发展。

(1)婴儿选择性注意的特点

研究发现，婴儿注意的选择有以下偏好：偏好复杂的刺激物；偏好曲线多于直线；偏好不规则的模式多于规则的模式；偏好密度大的轮廓多于密度小的轮廓；偏好集中的刺激物多于分散的刺激物；偏好对称的刺激物多于不对称的刺激物。

（2）婴儿选择性注意的变化

婴儿的选择性注意变化和发展主要表现在以下两个方面。一是选择性注意性质的变化。在儿童发展的过程中，注意的选择性最初取决于刺激物的物理特性，如刺激物的物理强度（声音的强度、颜色的明度等），以后逐渐转变为主要取决于刺激物满足儿童需要的程度。二是选择性注意对象的变化。这种变化包括两个方面。一方面是选择性注意范围的扩大，注意的事物日益增加。沙拉帕切克（Salapatek）于 1975 年的研究发现，3 个月大的婴儿对简单几何图形的注意，有两个明显的发展趋势。一是从注意局部轮廓到注意较全面的轮廓。新生儿在注意简单的形体时，把焦点集中在形体外周单一的、突出的特征上，如方形的边、三角形的角，偶尔也出现对轮廓较完全的扫视，但其组织程度比较差。二是从注意形体外周到注意形体的内部成分。新生儿在注视某个形体时，如果该形体既有外部成分又有内部成分，很少去注意其内部成分，注意倾向于外部成分；但是 2 个月大的婴儿的注意就发生了变化，他们开始有规律地注视形体的内部成分。婴儿选择性注意变化的另一方面是选择性注意对象的复杂化，即从更多注意简单事物发展到更多注意较复杂的事物。

（三）有意注意的萌芽

无意注意在整个婴儿期是占主导地位的注意形式，前面提到的定向性注意和选择性注意都属于无意注意。研究表明，婴儿的注意出现以下两个特征就标志着有意注意的萌芽。一是婴儿的注意开始表现出预期性特征。研究发现，婴儿不会追踪、寻找在他的视线内消失的物体，七八个月以后，能够注视物体藏匿的地方，甚至能把它找出来。用视线引导寻找的动作，这说明婴儿的注意已带有预期性。预期性的出现，使婴儿的无意注意开始带有某种目的性。二是婴儿开始出现服从外部指令的注意情况。由于言语的作用，婴儿的注意开始能服从成人提出的活动任务，因而也出现了有意注意。学前儿童有意注意的形成大致经过以下三个阶段。

第一阶段，学前儿童的注意由成人的言语指令引起和调节。成人常常自觉或不自觉地用言语引导学前儿童的注意，"宝贝，看，花！"一边说，一边用手指向花。成人用言语给儿童提出注意的任务，使之具有外加的目的。这时，学前儿童的注意就不再完全是无意的了，开始具有有意的色彩。

第二阶段，学前儿童通过自言自语控制和调节自己的行为。掌握言语之后，儿童经常一边做事，一边自言自语："这个图形放在房子里的哪个地方呢？""不要忘了画上奥特曼。"在这种情况下，学前儿童已能自觉运用言语使注意集中在与当前任务有关的事物上。

第三阶段，运用内部言语指令控制行为、调节行为。随着内部言语的形成，学前儿童学会了自己确定行动目的、制订行动计划，使自己的注意主动集中在与活动任务有关的事物上，并能排除干扰，保持稳定的注意。这已经是高水平的有意注意。

可见，有意注意是在无意注意的基础上产生的，是人类社会交往的产物，是和学前儿童言语的发展分不开的。

## ▶▶ 二、 学前儿童注意发展的特点 >>>>>>>>

新生儿刚开始接触外部环境，就出现无条件反射，这是无意注意发生的标志。婴儿期的注意主要是无意注意，但注意的对象逐渐增加，6个月以后，他们不仅注意具体事物，也注意周围的语言刺激。幼儿前期学前儿童随着言语的发展，逐渐学会调节自己的心理活动，主动地将注意力指向应该注意的事物，开始出现了有意注意。幼儿前期学前儿童的有意注意主要是由成人提出的要求所引起的，其表现如下。

### （一）无意注意占优势

幼儿期，无意注意占据优势地位。学前儿童无意注意主要有以下特点。

#### 1. 刺激物的物理特性是引起学前儿童无意注意的主要因素

刺激物鲜艳的颜色、动听的声音、奇异的造型及显著的变化等，都是学前儿童注意的焦点。精彩的动画节目、形态各异的动物及有趣的社会现象，都可以引起学前儿童的无意注意；空中的飞鸟、水里的游鱼及草中的昆虫也都因为它们的活动变化多而引起学前儿童的无意注意。随着经验的丰富和认知能力的发展，学前儿童能够发现许多新奇的事物。

#### 2. 与学前儿童的兴趣和需要有密切关系的刺激物，逐渐成为引起学前儿童无意注意的原因

随着学前儿童知识经验的增加，个性特征的形成，符合学前儿童兴趣爱好的事物也开始引起他们的无意注意。例如，有的学前儿童对水产生了兴趣，那么在其生活中关于水的事物和现象，就会引起学前儿童的无意注意。学前儿童会观察水的形态、味道及不同温度下水的变化。

#### 3. 学前儿童无意注意的发展呈现出阶段性的特点

幼儿早期，无意注意占优势。新颖、奇特、剧烈变化着的事物，都会引起他们的无意注意。这时期学前儿童的无意注意容易随着兴趣而转移。学前儿童虽然有时能专心致志地从事某项活动，但是，这种注意并不稳定。例如，学前儿童在扮演医生的角色看病时，玩得很投入，可是当周围出现新鲜刺激时，很容易被新鲜刺激吸引。

幼儿中期，无意注意有所发展，学前儿童能够对自己感兴趣的游戏活动保持较长时间的注意，与幼儿早期相比更加稳定，并且注意的集中性也有所增强，对外界的干扰具备一定的抵抗能力。

幼儿后期，无意注意进一步发展，与幼儿中期相比，注意保持时间继续延长。在这个时期，学前儿童已经可以进行一项完整的游戏，对外界干扰因素的排除能力也在提高。

### (二)有意注意初步发展

幼儿期，有意注意处于发展的初级阶段，其发展水平低，而且不稳定，需要在成人的引导下逐步发展。影响学前儿童有意注意发展的因素主要有如下四个方面。

#### 1. 学前儿童的有意注意受大脑发育水平的影响

额叶是有意注意的控制中枢所在，7岁的儿童才能达到成熟的水平。因此，学前儿童的有意注意尚处于初步形成时期。一般而言，小班学前儿童的有意注意只能保持3~5分钟；中班学前儿童在正确的指导下，能保持10分钟；大班学前儿童能保持15~20分钟。可见，学前儿童有意注意的发展水平低于无意注意。因此，在幼儿园开展教学时，学前教育工作者一方面应该充分利用学前儿童的无意注意，另一方面要努力培养学前儿童的有意注意。

#### 2. 学前儿童注意发展受生活制度与规范的影响

进入幼儿园，学前儿童到了一个全新的环境，生活角色发生改变，开始受到一些行为规范的约束。幼儿园是集体环境，这就要求学前儿童必须遵守一定的行为和活动规则。这些规则就要求学前儿童形成和发展有意注意，因为只有这样，学前儿童才能更好地适应幼儿园生活。

学前儿童的有意注意需要成人的帮助和引导。成人的作用在于帮助学前儿童明确注意的任务和目的，产生有意注意的动机，即自觉地、有目的地产生注意，并且用意志努力去保持有意注意。成人可以用提问的方式引导学前儿童注意的方向，使学前儿童有意地去注意某些事物。

#### 3. 学前儿童有意注意的发展是在一定活动中实现的

学前儿童非常喜欢角色扮演游戏、模仿游戏。作为学前儿童活动的主要方式，这些游戏有一定的规则和要求，学前儿童只有遵守这些规则和要求，才能保证游戏的顺利进行。这些游戏对学前儿童有意注意的发展有明显的促进作用。

#### 4. 学前儿童逐渐学习一些注意的方法

保持有意注意需要克服一定的困难，因此，有意注意要有一定的方法。学前儿童在成人的教育和培养下，能够逐渐学会一些保持有意注意的方法。例如，为了更好地看书，用手指着每一幅图。

## 单元 3　学前儿童注意的培养

### 情景导入

　　早上 8 点，幼儿园中班老师带领小朋友们做活动，其他小朋友在老师的指导下都完成了动作，只有馨馨小朋友眼睛四处看，脸上也没有任何表情，站在那里一动不动。老师问馨馨："你为什么不活动？"馨馨不说话，四处看了看，转身去了放器械的地方，手里拿了一个球。老师以为她会玩一会儿，但馨馨还是站在那里一动不动。

　　学前儿童在成长的过程中，会出现注意分散和多动现象，幼儿教师应该了解学前儿童注意发展过程中出现的问题，"对症下药"，因材施教。

### ▶▶ 一、学前儿童注意发展的问题 >>>>>>>>

#### （一）学前儿童注意分散的原因及其防止措施

##### 1. 学前儿童注意的分散与防止

　　注意的分散，又称分心，是指在注意的过程中，由无关刺激的干扰或者单调刺激的持续作用引起的偏离注意对象的状态。注意的分散是与注意的稳定相反的注意品质。

　　由于生理原因以及经验不足，学前儿童还不善于控制自己的注意，如果再加上教育上的疏忽失当，学前儿童就容易出现注意分散现象。引起学前儿童注意分散的原因主要有以下几个。

　　（1）无关刺激过多

　　学前儿童无意注意占优势，易被新异、多变的或强烈的刺激物吸引，加上他们注意的稳定性较差，容易受无关刺激的影响。例如，活动室的布置过于繁杂，环境过于喧闹，甚至教师的服饰过于新潮，这些无关刺激都可能引起学前儿童注意分散。研究表明，让学前儿童自己选择游戏时，一般以提供四五种不同的游戏为宜。提供太多的游戏，儿童既难选择，也很难集中注意玩好。

　　（2）疲劳

　　学前儿童神经系统发展尚不完善，机能还未充分发展，长时间处于紧张状态或从事单调活动，便会疲劳，出现"保护性抑制"，起初表现为没精打采，随之注意开始涣散。因此，学前教育活动要注意动静结合，时间不能过长，内容与方法力求多变，这样能引起学前儿童的兴趣，也能防止疲劳和注意分散。

　　造成疲劳的另一个重要原因，是缺乏严格的生活制度。有的家长不重视学前儿童的作息时间，晚上不培养孩子早睡的习惯，孩子睡眠不足，导致第二天没精打采，不能集中精力进行学习活动。

（3）教师目的要求不明确

教师对学前儿童提出的要求不具体，或者活动的目的不能被学前儿童理解，也是学前儿童注意分散的原因。学前儿童在活动中常常因为不明确应该干什么而无所事事，从而不能积极地进行活动。

（4）注意不善于转移

学前儿童注意的转移品质还没有充分发展，因而不善于依照要求主动地调动自己的注意。例如，学前儿童听完一个有趣的故事后，可能长时间受到某些生动的内容的影响，注意难以迅速地转移到新的活动上，因而在从事新的活动时，往往还"惦记"着前一个活动而导致注意分散。

（5）无意注意和有意注意没有并用

教师只组织学前儿童一种注意形式的活动，也会引起学前儿童注意分散。例如，只用新异刺激来引起学前儿童的无意注意，当新异刺激失去新异性时，学前儿童便不再注意。如果只调动有意注意，让学前儿童长时间地主动集中注意，也很容易引起疲劳，结果注意更容易分散。

**2. 防止学前儿童注意分散**

对于学前教育工作者来说，防止学前儿童注意分散，要从以下几方面考虑。

（1）避免无关刺激的干扰

组织游戏时不要一次呈现过多的刺激；活动开始前应先把玩具、图画书等收起；活动进行中使用的挂图等教具不要过早呈现，用过后应即时收起；对年龄较小的学前儿童不要出示过多的教具；教师的服饰要整洁大方，不要有过多的装饰，以免分散学前儿童的注意。

（2）制定合理的作息制度

应制定合理的作息制度，使学前儿童有充分的睡眠和休息时间。晚上不要睡得太晚；周末不要让学前儿童外出玩的时间过长。要使学前儿童的生活有规律，保证他们有充沛的精力从事学习活动，防止注意分散。

（3）培养良好的注意习惯

成人应该培养学前儿童"集中注意学习""集中注意活动"的良好习惯，使他们在学习或参加其他活动时不要随便行动。在活动时，成人也不要随便打扰他们，使他们在实践活动中养成集中注意的习惯。

（4）灵活地交互运用无意注意和有意注意

教师可以运用新颖、多变、强烈的刺激，激发学前儿童的无意注意。但无意注意不能持久，而且学习等活动也不是专靠无意注意所能完成的，还要培养和激发学前儿童的有意注意。教师可以向学前儿童讲明学习本领和做其

学习笔记

他活动的意义与重要性，明白集中注意的道理，使学前儿童逐渐能主动地集中注意，即使对不感兴趣的事物也能努力注意，自觉地防止分心。教师应该灵活使用两种注意形式，并能交替使用，使儿童能持久地集中注意。

（5）提高教学质量

教师要积极提高教学质量，这是防止学前儿童注意分散的重要保证。教师要多方面改善教学内容，改进教学方法。所用的教具要色彩鲜明，能吸引学前儿童的注意；所用挂图或图片要突出中心；所用的语词要形象生动，为学前儿童所能理解。这样做容易引起学前儿童的注意。此外，教师要积极激发学前儿童的兴趣，激发他们强烈的求知欲和好奇心，以促进学前儿童持久集中注意力，防止受到干扰而分散注意力。

**（二）儿童的"多动"现象与注意**

儿童注意的稳定性比较差，主要特征之一就是"多动"，表现为注意力不集中。"多动"与"多动症"是不同的概念。

多动即爱动，是儿童的一个特点。多动症即注意缺陷多动障碍，是儿童的一种行为问题。多动症儿童与其他同龄儿童相比，注意力更不稳定，动作显得更多，严重的还容易出现过失行为。这样的儿童注意分散现象非常严重，只有在成人的严格要求下和不断督促中才能进行活动。

在上述多动症的特征中，注意力不稳定只是其中一个方面的表现。不能以一两个特征就给学前儿童冠以"多动症"的结论，医学的临床诊断、神经系统检查、心理测验等都不能从表面看出来。因此，家长和教师不能随便地对学前儿童的多动行为下结论。教师要审慎对待学前儿童的多动现象，既不能轻率地把学前儿童的爱动、多动现象归为多动症，也不能忽视学前儿童注意的不稳定现象。教师要善于分析学前儿童注意不稳定的原因，注重学前儿童良好习惯的养成，在活动中逐渐提高学前儿童的注意水平。

▶▶ **二、 学前儿童注意的培养策略** >>>>>>>>

学前儿童的注意力是在成人的教育下逐步发展的，我们应通过日常生活的各个环节有意识地针对学前儿童注意发展的不同水平给予培养和指导。

**（一）创设良好的环境，防止学前儿童注意分散**

在班级环境的创设中尽可能温馨、简洁，引起儿童无意注意的内容减少了，儿童的注意力就容易集中在教师的教学活动中。例如，在阅读活动中教师可以运用教学挂图或者有趣的头饰来吸引学前儿童的注意，但不要在同一张图片中呈现过多的内容，而是仅仅呈现当下讲解的内容，呈现的方式也应该讲究一定的顺序，可以按照从上到下或者从左到右的方式，切记不可以凌乱，以免让学前儿童不知从哪里开始看、往哪个方向看。

### (二)培养学前儿童广泛的兴趣

俗话说，兴趣是最好的老师。兴趣也是产生和保持注意的主要条件。学前儿童对自己感兴趣的活动，大多可以集中注意力。培养学前儿童的兴趣，要采取启发、诱导的方式。例如，培养学前儿童识字的兴趣，可以利用学前儿童喜欢故事的特点，给学前儿童提供些图文并茂的故事书，让学前儿童一边听故事，一边看书，并且告诉他们这些好听的故事都是用书中的文字编写的，如果认识文字了就可以自己读故事了，从而引发学前儿童识字的兴趣，使学前儿童的注意力在有趣的识字活动中得到培养。

### (三)充实学前儿童的生活内容，丰富学前儿童的知识经验

教师要不断充实学前儿童的生活内容，丰富学前儿童的知识经验，让学前儿童在生活中、在获取知识中发展各种兴趣，培养注意力。例如，教师可以在带学前儿童逛植物园、动物园、博物馆时，让他们边看边玩，边问边答，使学前儿童集中注意力。比如，在逛动物园时，看到各种动物可以问学前儿童"长颈鹿和大象有什么地方长得不一样""狼和羊长得一样吗""河马的鼻子能干什么"等。学前儿童接触的范围越广，知识经验越丰富，注意的范围也就越大。

### (四)让学前儿童明确活动目的，自觉集中注意力

在活动开始之前可以先调动学前儿童的已有经验，教师应该明确地提出此次活动的目的及活动的方式，激发学前儿童完成任务的积极性，从而提高学前儿童的自我控制力。例如，阅读活动开始之前，教师可以先说明此次活动过程当中的一些安排，如"听一听""说一说""玩一玩"，并且提出接下来希望学前儿童能够仔细听的内容，如"仔细听一听故事里面有谁""等会告诉老师故事中的他都经历了什么"。

### (五)在游戏中训练学前儿童的注意力

游戏是最适合学前儿童身心发展的一种活动形式，也是学前儿童最喜爱的活动。教师可以通过游戏训练学前儿童的注意力。在游戏中，学前儿童不仅心情愉快，兴趣浓厚，心理活动处于积极状态，而且注意力集中。

例如，要培养学前儿童注意的广度，教师可以和学前儿童一起玩"藏猫猫"的游戏。先在学前儿童面前摆放上他们喜欢的各种玩具，让学前儿童观察几秒，然后让他们闭上眼睛，教师趁机悄悄拿走其中的几件，让学前儿童说出哪些玩具不见了。这个游戏要求学前儿童在观察时，能快速地注意到几个物品，从而锻炼了学前儿童的注意广度。值得注意的是呈现物品的数量、观察时间的长短存在明显的个体差异，要因人而异。

### (六)针对个别差异，让每个学前儿童都有发展

教育对学前儿童的注意发展起着重要的作用，教师应根据学前儿童注意发展的特点和规律，进行有计划的教育。由于目前我国幼儿园的教育活动的

组织方式主要是集体的形式，因此有的教师会"以一把尺子衡量所有的幼儿"。然而，每个学前儿童的身心发展速度不一样，所以在注意的稳定性、选择性、广度等特性上会有不同的表现。教师在教学过程中既要关注所有学前儿童的情绪状态和学习完成情况，也要对一些注意困难的学前儿童进行单独指导。例如，对于好动、注意不稳定的学前儿童，教师可以给他们在游戏中安排合适的角色（如交通警察、医生等），并进一步根据角色提出任务、要求，游戏结束时对他们所担任的角色给予评价。这样有利于培养学前儿童注意的稳定性，改掉好动的不良习惯。

## 相关链接 ▶▶▶▶▶

### 儿童注意力缺失的标准

专家认为，家长至少要证实儿童已有以下症状中的 6 项才可以确定自己的孩子注意力缺失：

(1)经常不注意细节，在学校课业、日常生活或其他活动中常犯粗心大意的错误；

(2)注意力无法长时间集中于课业或游戏上；

(3)当别人和他说话时，他常常不注意听；

(4)常常无法完全执行他人的指令，且无法完成学校课业或任务；

(5)对于组织任务与活动经常感到困难；

(6)经常逃避、厌恶或不情愿地从事比较花费心思的任务；

(7)经常遗失所需之物（如玩具、书本等）；

(8)较容易被外在刺激转移注意力。

## 相关链接 ▶▶▶▶▶

### 儿童注意力训练的方法

1. 拼图

让幼儿玩拼图，从最初的两三块起，逐渐增加拼图的块数。拼图要选幼儿熟悉的、喜欢的形象，如小动物、卡通形象等，让他们完成后有惊喜、亲切的情感收获。如果幼儿入门困难，可以让他们对照着完整图形进行拼搭，指点他们注意图块拼接处的特点。

目标：完成拼图。

解释：拼图游戏需要高度集中注意力，喜欢拼图的幼儿，有时能达到十分入迷的程度，可在相当长的一段时间里持续研究、拼搭。注意，拼图的难度要逐渐加大，要让幼儿有成就感，才能保持他对拼图的热情。

2. 小帮手

幼儿对妈妈的日常用品很关注，利用这个特点可设计一些游戏。比如，出门前，让他帮忙找妈妈的手袋。手袋要一直放在规定的地方，待幼儿熟悉后，悄悄挪动位置，但不要藏匿，让他稍加寻找就可以看见。幼儿找到后，要感谢他，并引导他说出手袋应该放在何处。同样的游戏，可转换成找拖鞋、找衣服等。

目标：一心一意找到物件。

解释：寻找物件的游戏目标明确，有益于幼儿提高注意力，同时收获良好的习惯。

### 3. 找相同

一堆三种颜色的三角形积木，拿出其中一块，让幼儿找出同这个一样颜色的积木；或者一堆三种形状的同色积木，拿出其中一块，让幼儿找出同这个一样形状的积木。当幼儿能够掌握颜色和形状概念时，可以提高难度，让他们找出同样颜色和形状的积木。

目标：找出相同物件。

解释：从观察物件单一特性到两重特性，需要一个过程，不要急于求成。在幼儿对单一特性充分注意和掌握后，再提进一步的要求，以免幼儿厌倦。

### 4. 找不同

在一幅图片中，有长耳朵动物，如兔子等，有短耳朵动物，如熊猫等，长耳朵和短耳朵动物各两三种。让幼儿找出长耳朵动物，再找出短耳朵动物。这个游戏可以改成找长尾巴动物和短尾巴动物、找有烟囱的屋子和没有烟囱的屋子……

目标：不遗漏地完成分类。

解释：分类时需要注意事物不同的特性。给幼儿做的分类游戏要特征分明、要求单一，使他们的注意力容易集中到需要观察的地方。

### 5. 合作

家长和幼儿合作进行"美术创作"。家长用深色粗笔画一些单线条的、有趣的脸蛋图，眉毛、头发等简单的线条改用浅色粗笔画，让幼儿用深色的粗笔直接在浅色线条上描摹。当幼儿能顺利完成后，可以将描摹改为临摹，图画则改为横线条、竖线条等简单的线条图。

目标：完成图画。

解释：临摹比描摹更需要全神贯注地观察样本。幼儿即使把线条画得歪歪扭扭也没有关系，基本走向正确就可以。

### 6. 一模一样

和幼儿面对面，家长一边报"眼睛""鼻子""嘴巴""耳朵""手""脚"……一边触摸自己的相关部位，让幼儿模仿着做，比一比谁正确、速度快。开始时一个部位一个部位地报，随着幼儿熟练程度的加强，可以连续报三个部位，如"眼睛、鼻子、嘴巴"，让幼儿连续触摸，报的速度也可逐渐加快。

目标：在有一定速度的前提下做到动作无误。

解释：这个游戏在高度兴奋中使幼儿集中注意力。游戏不强调左和右。比如，家长触摸左耳朵，幼儿可以因面对面而模仿着触摸自己的右耳朵。但游戏的要求须一致，不能时而以右耳朵为准，时而以左耳朵为准。

### 7. 戴帽子

找笔帽与笔杆相同材质的毛笔、钢笔、圆珠笔等，将笔杆和笔帽分别摆放，让幼儿自己找笔帽，给这些笔"戴帽子"。如果是几支相同的笔，如毛笔，粗细区分要明显。这是一个配对游戏，也可用盖瓶盖等来代替，当然，瓶盖的大小也要区分明显。

目标：配对成功。

解释：让幼儿在动手操作中加强观察的注意度。

8. 小信使

让幼儿传话。比如，让幼儿对爸爸说："妈妈说，报纸在书桌上。"让幼儿对妈妈说："爸爸说，知道了，谢谢!"在游戏中要让幼儿觉得自己是一个不可缺少、无人替代的小信使而感到自豪，激发起他对游戏的高度关注。传话的内容从简单到稍复杂，从单句到两三句。

目标：不遗漏内容。

解释：如果幼儿更改词语，但意义准确也达到了目标。

9. 有声有色

每天为幼儿读有简单情节的图画书，以动物为主角的童话更好。读的时候要有声有色。比如，读到"高兴"两个字时，可以添加"哈哈哈"的笑声，并做出笑的样子。即使幼儿对词汇不懂也不要着急，这是一个刺激思维和理解力的过程。读的时候除了让幼儿看图以外，还要指点文字，让他知道读的是这些美丽的文字。

目标：听完故事。

解释：从关注故事到关注抽象的文字，对注意力的发展是一个飞跃。注意，不要演变成让幼儿认字。

10. 旅游

带幼儿在小区活动，指定一条路线。比如，从小径到乐园，再到游泳池边……家长先当"导游"："我们旅游去! 穿过大花园(小径两旁的绿化)，翻过高山(爬滑梯)，啊，看到大海喽(游泳池)……"再让幼儿当"导游"，说说"旅游风光"。

目标：给地形命名。

解释：想象能激发幼儿的兴趣，扩大对事物的注意范围。如果幼儿自行对"旅游地点"命名，不要去更正他，因为这不但能发展他们的想象力，而且能发展他们关注事物特点的能力。

资料来源：刘梅，邹本杰. 幼儿心理学. 北京：中国农业出版社，2018。

## ✏️ 活动设计

## 旧报纸的玩法(中班健康教育活动)

**活动目标**

1. 锻炼幼儿动作的敏捷性，提高幼儿的奔跑能力。

2. 发展幼儿投掷、跑的能力，提高他们的动作的灵活性。

3. 让幼儿感受与同伴合作游戏的快乐。

**活动准备**

1. 物质准备：大量旧报纸，装旧报纸的筐子 2 个，轻松快乐的音乐。

2. 经验准备：幼儿学习过跑、爬、投掷等技能。

**活动过程**

1. 导入部分。

教师带领幼儿做简单的热身运动，活动手脚和胳膊。

2. 基本部分。

(1)幼儿探索报纸的多种玩法。

①教师提问：报纸不仅可以让我们知道很多的事情，旧报纸还能够用来玩游戏，小朋友们现在开动脑筋，想一想旧报纸可以玩什么游戏呢？

②教师小结：旧报纸有多种玩法，可以把报纸揉成纸团做投掷游戏，可以把报纸摆在地上练习跳远等。

(2)教师给幼儿展示报纸玩法并让幼儿练习，教师适时指导。

(3)教师组织幼儿玩"小小八路军传信息"的游戏。

①创设"小小八路军传信息"的游戏情境。

②讲解游戏规则。幼儿手中的报纸团里面包着八路军的秘密信息，需要投送出去。幼儿分为两组，距离每组幼儿2米处有2个幼儿抬着筐子接纸团，每组共有30个带着信息的纸团。每个幼儿投3次，投出去的纸团以远处的2个幼儿抬着筐子接住为准，接到纸团后第三个幼儿迅速打开纸团把信息送到八路军办事处。哪一组传递的信息多，哪组获胜。告诉幼儿投掷时一定要集中注意力。

③讲解游戏注意事项。必须按规定的动作投掷，必须站在标记线以内投掷。若未遵守规则，则最后需要扣除投进筐里的两个纸团。

3. 活动结束。

教师播放轻松快乐的音乐，带领幼儿做放松练习。

**活动延伸**

幼儿在活动区自由尝试报纸的更多玩法。

### 思考与练习

1. 学前儿童有意注意的特点有哪些？

2. 引起学前儿童注意分散的原因有哪些？如何防止注意分散？

3. 教师应如何培养学前儿童的注意？

4. 阅读下列材料并回答问题。

某幼儿园来了一名实习教师，她担任的是小班音乐课和中班绘画课的教学工作。她初步计划第一堂音乐课以自己的示范表演为主，15分钟后孩子们可以休息；绘画课主要让孩子们画太阳，20分钟后孩子们可以休息。虽然她做了精心的准备，但效果不理想。孩子们有的讲话，有的跑出去，不理会她的要求，使这名实习教师非常沮丧。

(1)试分析导致这种结果的原因。

(2)你觉得怎样做效果会好些？

**实践与探究**

请举例说明，教师在幼儿园教育活动中应该如何培养幼儿的注意力。

**国考同步**

1.(2019上)幼儿认真、完整地听完老师讲的故事，这一现象反映了幼儿注意的什么特征？（　　　）

A. 注意的选择性　　　　　　B. 注意的广度

C. 注意的稳定性　　　　　　D. 注意的分配

2.(2019上)简答题：教师可以从哪些方面观察幼儿的注意是否集中？

云测试

# 模块四
# 学前儿童的记忆

## 学习目标

1. 了解记忆的概念。
2. 掌握记忆的种类。
3. 掌握学前儿童记忆发展的特点。
4. 能够应用学前儿童记忆的特点培养其记忆能力。
5. 能够根据记忆的规律组织科学的复习。
6. 树立科学文化观，培养科学严谨的记忆品质，为成为"四有"好老师打下基础。
7. 关注职业传承，认真学习专业知识，做学前儿童良好记忆力的培养者。

## 学习导航

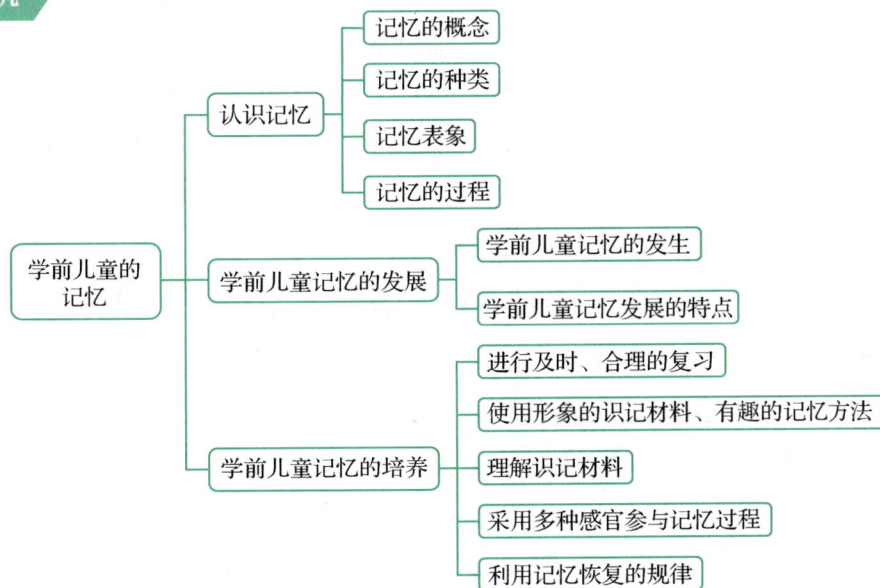

记忆是学前儿童认知发展中的重要内容，它影响着学前儿童的感知觉、思维、言语以及个性的形成与发展，对学前儿童的成长有着重要的意义。本模块重点介绍学前儿童记忆的基础性知识和学前儿童记忆的培养。

## 单元 1 认识记忆

### 💬 情景导入

在一次活动课上，老师拿出几张小狗的图片，当她出示一张金毛犬的图片时，楷楷兴奋地说："老师，我知道，这个是大毛毛!"老师有些奇怪，但还是微笑地教孩子："这是金毛犬。"可是楷楷依然坚持自己的说法。当楷楷的妈妈来接他离园时，老师才了解其中的原因。楷楷的邻居家养了一只金毛犬，楷楷给它取名为大毛毛，以后只要看到金毛犬就大喊："大毛毛!"

学前儿童记忆的发展有什么特点？如何培养学前儿童的记忆能力？我们首先需了解记忆的相关知识。

#### ▶▶ 一、 记忆的概念 >>>>>>>>

记忆是人脑对过去经历过的事物的识记、保持、再认与回忆的过程。记忆不仅是人们积累经验的"工具"，而且对其他心理活动的发展，如知觉、思维、想象、言语、情绪情感和意志等都具有非常重要的作用。

记忆与感觉、知觉一样，都是人脑对客观事物的反映，都属于人的认识过程。但记忆与感觉、知觉又有区别，感觉、知觉是人脑对直接作用于感觉器官的客观事物的反映；而记忆是对过去经历过的事物的认知，是客观事物作用于人脑后留下的印象和"痕迹"。比如，我们在聊天的过程中，想起了以前的同学，进而想起了以前自己做过的趣事；路上偶然遇到以前的同学，冥思苦想后终于记起了对方的名字，避免了一次尴尬的相遇。

#### ▶▶ 二、 记忆的种类 >>>>>>>>

**(一)根据记忆的内容和经验的对象，可以将记忆分为形象记忆、逻辑记忆、情绪记忆和动作记忆**

##### 1. 形象记忆

形象记忆是以我们感知过的事物形象为内容的记忆，通常以表象的形式存在，所以又被称为表象记忆。它是对客观事物的形状、大小、颜色、体积、气味、声音、软硬、滋味、冷热等具体形象和状态的直接记忆，直观形象性是形象记忆的显著特点。形象记忆按照主导分析器的不同，可以分为视觉形象记忆、听觉形象记忆、触觉形象记忆、味觉形象记忆和嗅觉形象记忆等。人的形象记忆发展的水平受到社会实践活动的制约。比如，音乐家更擅长听觉形象记忆，画家更擅长视觉形象记忆，而大多数人的形象记忆均属于混合型的。

### 2. 逻辑记忆

逻辑记忆是个体以词语所概括的事物之间的关系以及事物之间的意义和性质为内容的记忆。这种记忆保持的不是事物具体的形象，而是反映客观事物本质和规律的定义、定理、公式、法则等。例如，我们对数学中勾股定理的掌握、对弧长公式的掌握等。逻辑记忆是人类所特有的记忆，是一种高度理解性、复杂性的记忆形式，对我们学习理性知识有非常重要的作用。

### 3. 情绪记忆

情绪记忆是个体以曾经体验过的情绪或情感为内容的记忆。虽然引起情绪和情感的事情已经过去，但对情绪和情感的体验仍可以保存在人们的记忆当中，在一定的情境下，这种情绪和情感又可能被重新体验到。例如，当某位抗日英雄回想起以前一次战斗胜利的情景时，当时的情绪和情感也会再现，他好像再一次体验到了胜利的喜悦。因此，比较强烈的、对人有重大意义的情绪和情感会保持较久并且容易被再次记起。

情绪记忆可能是积极、愉快的体验，也可能是消极、不愉快的体验。情绪记忆的性质和强度会发生变化，这是由过去引起情绪体验的事物与主体当前需要的程度决定的。情绪记忆对人来讲具有动机作用：积极、愉快的情绪记忆可以激励人的行动；消极、不愉快的情绪记忆可能降低人的活动能力和效率。情绪记忆对文学家和艺术家具有特别重要的意义，对文学艺术的欣赏和艺术趣味的培养也是必需的。

### 4. 动作记忆

动作记忆是以过去做过的运动或动作为内容的记忆，又称运动记忆。例如，对学过的游泳、体操、骑自行车等的记忆，都属于动作记忆。动作记忆是形象记忆的一种特殊形式，它是以操作过的动作所形成的动作表象为前提的，虽然识记时比较困难，但一经记住就会比较容易保持，不易遗忘。动作记忆对舞蹈演员、运动员和技术工人尤为重要。它在个体发展中比其他记忆发展得都早，是人们获得言语、掌握和提高各种生活技能的基础。

**(二)根据记忆保持时间的长短，可将记忆分为瞬时记忆、短时记忆和长时记忆**

### 1. 瞬时记忆

瞬时记忆也叫感觉记忆，是指当客观刺激停止作用后头脑中仍能保持瞬间映像的记忆。当作用于我们感觉器官的各种刺激消失后，感觉并不会随着刺激的消失而立刻消失，仍有一个极为短暂的感觉信息保持过程，故而称瞬时记忆。它是记忆系统的开始阶段，存储时间为 0.25～2 秒。瞬时记忆的信息是未经加工的原始信息，如视觉后像就属于这种记忆。

## 2. 短时记忆

短时记忆是一种认知资源集中于一小部分心理表征的内在机制，是感觉记忆和长时记忆的中间阶段，保持时间为 2 秒至 1 分钟。例如，电话接线员接线时对用户信息在脑中存储不超过 1 分钟，属于短时记忆，接线完成后一般来说就不会把相关信息保存在大脑中。

短时记忆的编码方式以言语听觉形式为主，也存在视觉和语义的编码，短时记忆的信息经过编码进入长时记忆。短时记忆的容量，也称短时记忆的广度，大约是 7±2 个组块，即 5～9 个组块（组块是指人们熟悉的记忆单位，可以是一个数字、一个字母、一个词组或一个句子）。

组块能够有效地扩大短时记忆的容量。块是一个有意义的信息单元；组块是一个重复组织项目的过程，是基于相似性或其他组织原则进行组织，或者基于存储在长时记忆中的信息将它们组成一个更大的块。例如，要记住 3652282460 这个数字，若把它分成 4 个组块：365（一年的天数），228（2 月有 28 天），24（每天 24 小时），60（每小时 60 分钟），就能减轻记忆的负担，扩大记忆的容量。

## 3. 长时记忆

长时记忆是指信息经过充分和一定深度的加工后，在头脑中长时间保留下来的记忆，这是一种永久性的存储。它的保存时间比较长，从一分钟以上到许多年甚至终生，容量是没有限制的。长时记忆的信息是以有组织的状态被储存起来的，有词语和表象两种信息组织方式，即言语编码和表象编码。言语编码通过词来加工信息，按意义、语法关系、系统分类等方法把言语材料组成组块，以帮助记忆；表象编码利用视觉形象、声音、味觉和触觉形象组织材料来帮助记忆。

综上所述，感觉记忆、短时记忆、长时记忆在记忆持续时间、记忆容量上均有差别，如图 4-1-1 所示，三种记忆在信息加工水平、信息编码的方式上区别也非常大。

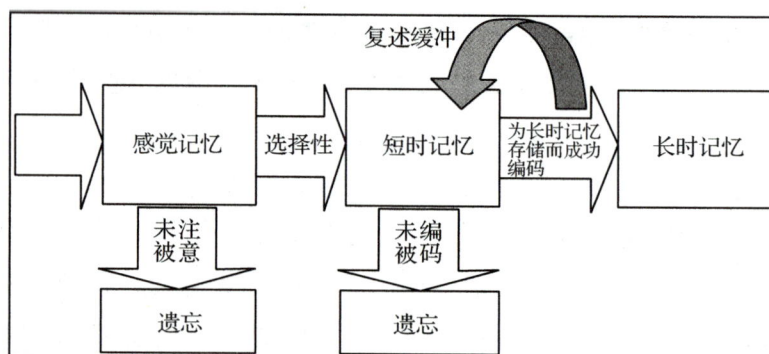

图 4-1-1　记忆的信息流程图

### (三)根据记忆时意识参与的程度，可将记忆分为外显记忆和内隐记忆

#### 1. 外显记忆

外显记忆是指个体有意识或主动地收集某些经验用以完成当前任务时所表现出来的记忆。它对行为的影响是个体能够意识到的，因此，又称受意识控制的记忆。比如，我们想要回忆昨天学过的英语单词，需要有意识地去回忆，这就是外显记忆在发挥作用。

#### 2. 内隐记忆

内隐记忆是指在不需要意识参与或不需要有意回忆的情况下，个体的已有经验自动对当前任务产生影响而表现出来的记忆。比如，儿童无须系统地学习语词和语法规则，就能不知不觉地学会说母语，这就是内隐记忆在发挥作用。

内隐记忆强调的是信息提取过程的无意识性，也就是说，个体在内隐记忆时没有意识到信息提取这个环节，也没有意识到所提取的信息内容是什么，但仍能自动完成当前任务。

## ▶▶ 三、 记忆表象 >>>>>>>>

### (一)什么是表象

表象是保存在人的头脑中的曾感知过的客观事物的形象。我们把表象分为记忆表象和想象表象两类。通常所说的表象，是记忆表象的简称。

我们把头脑中出现的过去感知过的事物的形象称为记忆表象。它是同形象记忆有关的回忆结果。例如，儿童在游戏时，虽然看不到医生和病人，但头脑中会出现医生和病人的形象。表象是在感知觉的基础上发生的，根据产生的感觉器官的种类不同可以分为视觉表象、听觉表象、嗅觉表象等。

### (二)表象的特征

#### 1. 形象性

记忆表象是通过对现实的对象或现象的知觉过程获得的。记忆表象与知觉密切联系，知觉映像越丰富，记忆表象就越多样，因此，表象是直观的感性反映，和原物体有相似之处。和感知觉相比，表象中的形象带有不完整性和不稳定性。比如，头脑中公园的表象，不如直接感知时的形象那样鲜明、具体，而仅仅是一个大致的印象。

#### 2. 概括性

记忆表象与知觉映像又有本质的区别，知觉映像是由事物本身直接引起的，而记忆表象往往是由其他的事物，特别是在有关词语的作用下引起的。表象是多次知觉后概括的结果，它具有感知的原型，却不限于某个具体原型，这就是表象的概括性。例如，表象中树的形象，一般很难具体到现实中的一棵树上，而是关注树根、树干、树枝、树叶等树所共有的特征。

表象和思维都具有概括性，表象的概括性用的是形象，思维的概括性体现的是语词；表象概括的既有事物的本质属性，又有非本质属性，而思维概括的都是事物的本质属性。因此，我们可以把表象看作由感知向思维过渡的中间环节。

## ▶▶ 四、记忆的过程 >>>>>>>

记忆是大脑系统活动的过程，一般可以分为识记、保持、再认与回忆三个阶段。其中，识记是记忆过程的开端，是对事物的识别和记忆，并形成一定印象的过程；保持是对识记内容的一种强化过程，使之能更好地成为人的经验；再认与回忆是对过去经验的两种不同的再现形式。

### (一)识记

#### 1. 什么是识记

识记是人脑通过对事物的特征进行区分、识别留下一定印象的过程，是记忆的起始环节，它是将我们感知到的或思考的信息进行编码，然后转化为持续记忆的过程。识记过程是一个主动建构的过程，是获得事物映像和经验的首要过程。识记是记的环节，它的任务是通过感知觉、思维、体验和操作等活动获得知识和经验。识记的效果直接影响着以后的保持、再认与回忆。因此，了解识记的规律，有助于改善记忆的效果。

#### 2. 识记的分类

(1)根据识记的目的是否明确，识记可分为无意识记和有意识记

①无意识记。无意识记也叫不随意识记，是指事先没有预定目的，也不需要意志努力，自然而然发生的识记。在日常生活中，有时虽然没有给自己提出明确的识记目的和任务，也没有付出特殊的意志努力和采取专门的措施来识记某些事物，但这些事物都自然而然地保存在大脑中，成为一个人知识经验的组成部分，这就是无意识记。所谓"潜移默化""耳濡目染"等都是无意识记的结果。无意识记在人的实际活动中具有积极的意义和作用，人的相当一部分知识经验是通过无意识记获得的。人在生活中遇到的许多事件，所从事过的活动、看过的书籍、听过的故事等，常常被无意地识记下来，甚至有的终生不忘。无意识记是学前儿童记忆的主要形式，它对学前儿童获得许多前科学概念、学习和生活有重要的意义。无意识记虽然对人的生活、工作和学习有重要的作用，但由于它缺乏有意识的目的性，是一种偶然而又被动的识记，所以它不能帮助人积累起系统的科学知识和技能。

在教学中正确组织学生的无意识记，可以让学生轻松愉快地学习，收到良好的记忆效果。因此，在教学中适当地运用无意识记是必要的。一般情况下，进入无意识记的内容具有两个特点。一是作用于人的感觉器官的刺激具有重要的意义，在活动中占有重要的地位。与人的需要、兴趣有密切联系的

内容，往往容易被无意地记住。例如，高考被录取和刚入大学的情景，作为教师首次登台讲课的情景，参加的一次激动人心的活动等，由于对一个人具有重大意义，往往很容易被记住。二是符合人的需要、兴趣以及能产生强烈情绪体验的内容。比如，美食家遇到难得一见的美食会回味很长时间。具备这些条件的信息才能进入无意识记，但是，无意识记具有极大的偶然性、片面性，单凭无意识记不能获得系统的科学知识和经验。

②有意识记。有意识记也叫随意识记，是事先有预定目的，必要时还需要一定意志努力的识记。有意识记有明确的目的、具体的任务、灵活的方法，又伴随着积极的思维和意志努力，因此它是一种主动而又自觉的识记活动。

在教学过程中教师让学生识记某些定理、公式、历史事件或英语单词的时候，学生不仅有了明确的识记目的，而且会运用一定的方法，需要经过一定的意志努力进行识记，这种识记就属于有意识记。人们掌握系统的科学文化知识，主要靠的就是有意识记，因此，有意识记在学习和工作中起着非常重要的作用。

就识记效果而言，有意识记是优于无意识记的。幼儿教师了解识记的这一规律，有助于在教学过程中明确学前儿童的学习目的，合理地给学前儿童布置任务，使有意识记和无意识记结合起来，以产生良好的教学效果。

(2)根据理解的程度，可把识记分为机械识记和意义识记

①机械识记。机械识记是在识记材料本身无内在联系或对识记材料没有理解的情况下，按照材料的顺序，通过机械重复的方式进行的识记。机械识记的基本条件是多次重复或复习，如对人名、地名、电话号码、外文生词、元素符号、历史年代、商品或仪器型号、不理解的词语等的识记，由于材料之间无内在联系或材料本身无意义，只得根据外在的时空顺序去强记。这种识记具有被动性，但能够防止对记忆材料的歪曲。对学生而言，这种识记是必要的，因为有些学习内容，如历史名称、专有名词等需要以机械重复的方式才能记住。也有些内容，由于学生知识经验的局限性，暂时不能完全理解，也必须进行机械识记。机械识记的基本条件是多次重复、强化。它的优点是能保证记忆的准确性；缺点是花费时间较多，消耗精力较大，对材料很少进行加工。机械识记的效果远不如意义识记。尽管如此，它在人的生活、学习和工作中仍是不可或缺的。因为总是有一些材料是无意义的，或一时难以理解而又必须记住的，用机械识记，先储存在记忆中，以后逐步加以理解，可备以后实践之用。

②意义识记。意义识记也称理解识记，是在对识记内容理解的基础上，依据事物的内在联系所进行的识记。意义识记的基本条件是理解。理解是通过思维进行的，如了解一个词的含义、明确一个科学概念、弄懂公式的由来

和推导，把握课文的中心思想和段落大意等，都属于理解。理解是对材料的一种加工，根据人们已有的知识和经验，通过分析、比较、综合、概括，来反映识记材料的内涵以及各部分之间的关系，并将它们纳入已有的知识体系中。理解了的识记材料，记得快、记得牢，也容易提取。例如，语文材料有两种：一种是本身具有明显的意义，学生利用已有的知识去理解材料的意义和内在联系，以便于识记；另一种是材料本身虽没有或很少有意义，但可以人为地编造意义，以便于识记。

实验研究证明，意义识记的效果优于机械识记。意义识记保持时间长，也比较容易提取，但不一定十分精确。总之，在全面性、速度和牢固性等方面，意义识记均优于机械识记。所以在教学过程中，教师应该引导学生理解教学内容，尽量进行意义识记，同时布置一些机械识记的内容作为必要补充，使意义识记与机械识记充分结合起来。

### 3. 影响识记效果的因素

（1）识记的目的和任务

有无明确的识记目的和任务对识记的效果有非常重要的影响。因为有了明确的识记目的和任务，人们就会把全部的精力集中到所要识记的对象上，而且会采取各种各样的方式和方法去实现它们，所以识记的目的和任务越明确，识记的效果越好。在教学中，教师要求学生对课文进行逐字逐句识记和要求学生对课文大意进行识记相比，其效果和重视的情形就有显著的不同。例如，有这样一个研究，研究者让四年级学生识记一篇课文，对甲组学生提出尽可能精确地识记课文的任务；而对乙组学生则要求识记课文的故事内容，并用自己的话说出来。结果，在其他条件相同的情况下，甲组学生平均能记起该课文 31 个字，而乙组学生则平均只能回忆起 23 个字。由此可见，我们在记忆时漫不经心地阅读十遍，不如有意识地去记两三遍。明确识记的目的和任务，有利于提高记忆效果。教师在教学实践过程中，不仅应当使学生知道要记什么，记到什么程度，保持多长时间，而且应当使他们知道长久记忆学习材料的必要性，或者实行一种定期检查的制度，使学生主动地设定长期记忆的任务，否则，学生会使用力气去识记一切东西，没有重点，影响学习效果。

（2）识记的内容与性质

人对事物的识记是在活动中进行的，因此，无论是无意识记还是有意识记，在很大程度上都依赖识记的内容和性质。有人做过编写识记提纲和不编写识记提纲的对比实验。识记同一段文章，9 天后检查，不编写识记提纲组遗忘 43.2％，编写识记提纲组只遗忘 24.8％。可见，让学生直接操作识记对象，可以提高识记效果。当识记的材料成为人的活动的直接对象和活动的内容时，识记的效果就好。所以有经验的教师总是设法将课堂教学设计成活动课，并在教学过程中发挥教师的主导作用，启发学生积极思考，参与活动，在实践中进行识记，使学生的注意力高度集中到课堂教学中来。

（3）识记的方式和方法

首先，无论是无意识记还是有意识记，识记材料是直接操作时，识记的效果就好。因此，教师应设法要求学生把识记的材料融入活动中，利用理论与实践相结合的方式加深识记的效果。其次，多种感官协同参加识记活动能提高识记效果。每种分析器都有专门的神经通道。识记中有多种分析器协同活动，把眼、耳、口、手、脑等的活动结合起来，可以使同一内容在大脑皮层建立多个通道联系，从而大大提高识记效果。例如，在学习地理时，如果学生仅看现成的地图，只专注于视觉，往往难于记住山脉、河流、城市等的名称。如果让学生通过绘制地图的活动来记，把眼、手、脑等多个器官调动起来，那么效果就要好得多。最后，识记方法直接影响识记效果。无论是在全面性和深刻性上，还是在精确性和长久性上，以理解为基础的意义识记比机械识记效果好。只有理解了的材料才能在头脑中长期保持，才能在以后使用它们时很快地被提取出来。这是因为理解了的东西与过去巩固了的知识经验建立了内在的联系。相反，不理解的东西即使暂时记住了，很快也会被遗忘。根据这些规律，教师在教学活动中应根据学生的年龄、个性差异以及学习科目和记忆材料的不同，指导学生利用正确的识记方法，增强识记效果。

（4）识记材料的数量和性质

材料的数量和性质对识记效果有明显的影响。一般来说，在学习程度相等的情况下，识记需要的时间常常随着材料数量的增加而增加。识记材料越多，需要的时间越长；识记材料越少，则需要的时间越短。因此，学习时要根据材料的数量来确定学习的时间，一般不要贪多求快。根据这一规律，教师在教学中应该注意适当地安排学生识记材料的数量，在一定时间内要求识记材料的数量不宜过多。如果过分加大数量，会降低识记效果，也影响学生的积极性。材料的性质对识记效果也有很大的影响。一般来说，识记直观形象材料的效果优于识记抽象的材料，视觉优于听觉，熟练和理解的识记材料优于不熟练和无意义的识记材料。根据这一规律，教师可以多利用视觉，利用直观形象材料，加深学生对材料的理解，从识记材料的性质上提高学生识记的效果。

（5）识记时的情绪状态

识记时的情绪状态对人的识记效果会产生影响。一般来说，在积极的情绪状态下，人的识记效果较好；在消极的情绪状态下，则识记效果较差。有人曾做过实验，让被试在不同的心境下识记 6 个句子的内容，结果发现，识记效果有随心境水平上升而提高的趋势。通常，人们对愉快的经历记忆得比较牢固。但是，如果情绪波动非常强烈，兴奋性高，很激动，无论情绪是积极的还是消极的，记忆同样深刻。

### (二)保持与遗忘

#### 1. 什么是保持

保持是识记过的知识经验在头脑中积累、储存和巩固的动态过程，是记忆过程的中心环节。通过保持，人们可以主动地加工识记的信息，使自己的知识随时间和环境的变化而不断地丰富与更新。认知心理学认为，保持时间的长短主要取决于大脑对识记信息的加工程度。联想主义心理学家认为，保持时间与大脑皮层形成的暂时神经联系的强度有关。生理心理学的研究表明，一些皮层外组织也与保持密切相关。

#### 2. 保持的规律

识记的内容被储存后，并不是一成不变的，其变化有质变和量变两种形式。

(1)保持内容在量的方面的变化

记忆内容的量变包括遗忘和记忆回涨两个方面。保持在数量上的变化一般表现为，识记的内容随着时间的进程呈减少的趋势，甚至遗忘。例如，对于教师讲课的内容，当天回忆可能很清楚，可一周或一个月后再去回忆，效果就不一样了。我们可以用回忆、再认和重读时节省的学习时间三种记忆指标来测量识记过的材料在我们头脑中保持的情况。对识记过的材料能回忆，保持效果最好；不能回忆或回忆中有错误，但能再认，保持效果次之；如果材料既不能回忆，也不能再认，我们则通过重新学习时节省的时间多少来测定识记材料在我们头脑中的保持量。重新学习时节省的时间越多，保持效果越好。

记忆回涨也称记忆恢复，指识记某种材料经过一段时间后测得的保持量大于识记后立即测得保持量的现象。这种现象一般发生在学前儿童身上和不完全的学习(没有达到透彻理解、牢固记忆的学习)上，并且有一定的时间限制。这是美国心理学家巴拉德(P. B. Ballard)在学前儿童身上发现的。他通过实验得到：学前儿童最好的回忆成绩不在当时，而在识记后2～3天内。他从实验中测得，学前儿童在识记后的2～3天内的保持量比识记后即时的保持量要高6%～9%。这种现象在学习较困难的材料时(与学习容易的材料相比)、学习程度较低时(与学习纯熟相比)要明显。记忆恢复现象表现为：学前儿童比成人明显；无意义材料比有意义材料明显；完全不熟悉的材料比不够熟悉的材料明显。

相关链接 ▶▶▶▶▶

**记忆恢复现象产生的原因**

记忆的恢复现象发生的原因比较复杂，一般认为有以下原因。

(1)学习者理解水平低。识记时不能立即把新知识纳入已有的知识体系，通过知识经验的逐渐积累，新旧知识间才建立了内在联系。

(2)材料的相互干扰。识记后的即时测验由于受前后材料的相互干扰，各部分之间不易建立有机联系，不能形成对材料的整体认识。过一段时间后，干扰消失以及材料间联系增多，整体性加强，识记的材料变成了一个有机的整体。

(3)识记时的累积抑制。连续学习产生了神经疲劳，出现了累积抑制，经过一段时间的恢复后，疲劳解除，抑制消失，引起回忆量的回升。

(2)保持内容在质的方面的变化

记忆内容质的变化主要指由于主体已有的知识经验以及对材料的认识、加工能力的影响而发生的改变，有以下表现。首先，内容更加简洁、概括，不重要的细节被省略。例如，让一名学生复述所看过的一部电影的故事情节，一般只能讲个大概。其次，内容变得更加完整、具体、合理和有意义。例如，有研究者在续写故事实验中发现，被试在复述时增加了识记时没有的细节，使故事内容更绘声绘色，更接近具体事物。最后，内容变得更为夸张和突出。

相关链接 ▶▶▶▶▶

**记忆保持中信息的变化**

图 4-1-2　实验图

记忆保持在质的方面的变化，可以通过下面的实验说明。巴特利特(Bartlett)在实验中让第一个人看一张图(图 4-1-2 中的 0)，然后要他默画出来给第二个人看(图 4-1-2 中的 1)，再让第二个人默画出来给第三个人看(图 4-1-2 中的 2)……依次下去直至第 18 个人画出第 18 幅图(图 4-1-2 中的 18)为止，结果图形从一只枭鸟变成了一只猫。可见记忆图形在质的方面发生了显著的变化。

资料来源：郭秀艳. 实验心理学. 北京：人民教育出版社，2004.

### 3. 遗忘及其规律

(1)什么是遗忘

遗忘是对识记过的材料不能再认或回忆，或者错误地再认或回忆，是与保持相反的过程，是记忆内容的消失。

遗忘是一种自然的、正常的心理现象，是保持的对立面，也是巩固记忆的一个条件。如果不遗忘那些不必要的内容，要想记住和恢复那些必要的材料是困难的。因为感知过的事物没有必要全部记忆，任何识记的材料都有时效性，同时遗忘也是人类心理健康和正常生活所必需的。

遗忘的规律

（2）遗忘的分类

根据不同的标准可把遗忘分为不同的种类。

①根据遗忘时间的长短，可把遗忘分为暂时性遗忘和永久性遗忘。暂时性遗忘指遗忘的发生是暂时的，在适当的条件下还能重新回忆起来。例如，提笔忘字，一时想不起熟人的名字等。永久性遗忘指不经过重新学习，识记的内容就不能恢复的遗忘现象。

②根据遗忘的内容，可把遗忘分为部分遗忘和整体遗忘。部分遗忘是指对识记材料部分内容的遗忘，如对材料细节的遗忘；整体遗忘是指对识记材料整个内容的全部遗忘。

（3）遗忘的规律

艾宾浩斯（Hermann Ebbinghaus）最早对遗忘现象进行了研究。为了使记忆尽量避免受旧经验的影响，他用无意义音节作为记忆的材料，自己做被试，把识记材料学到恰能背诵的程度，经过一定时间间隔再重新学习，以重学时节省的朗读时间或次数作为记忆的指标，测量遗忘的进程。他将实验结果绘制成一条曲线，这就是心理学上著名的艾宾浩斯遗忘曲线（图 4-1-3）。该曲线反映了遗忘变量和时间变量的关系，揭示了遗忘在数量上受时间因素制约的规律：遗忘的进程是不均衡的，遗忘量随时间的增加而递增，在识记后的最初阶段遗忘速度快，以后逐渐减慢，即遗忘的进程是先快后慢。

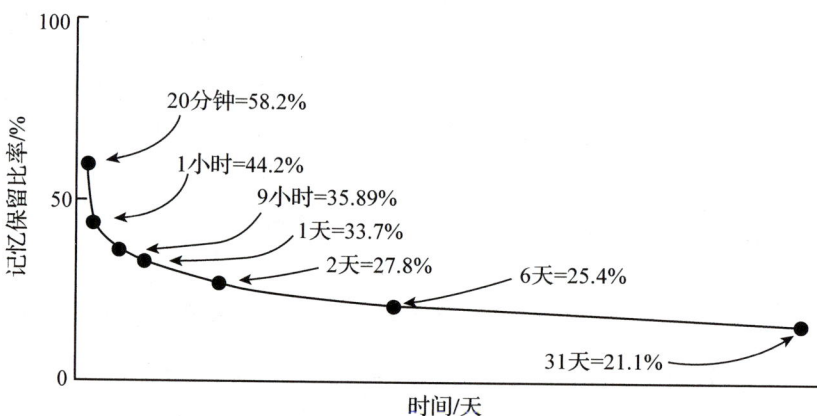

图 4-1-3　艾宾浩斯遗忘曲线

艾宾浩斯之后，许多人用无意义材料和有意义材料对遗忘的进程进行了进一步的研究，并采用不同的测量方式，遗忘曲线有所不同，但它们的总趋势还是和艾宾浩斯的遗忘曲线一致，这表明了人类遗忘过程的基本趋势。

（4）遗忘的影响因素

①识记材料的性质和数量对遗忘有显著影响。熟练的技能遗忘得最慢；形象材料比抽象材料容易长久地保持；有意义材料比无意义材料遗忘慢些；理解了的内容遗忘慢，不理解的内容遗忘快；识记材料数量较多时遗忘快，

较少时遗忘慢。

②学习程度对遗忘的影响。学习程度越高，遗忘得越慢；对材料记得越牢固，遗忘得自然就越慢。研究证明，过度学习能提高保持的效果，减少遗忘。过度学习也叫超额学习，是指在学习进行到刚刚能回忆起来的基础上进一步地学习。研究表明，过度学习使记忆保持的效果良好。假如把材料刚能背诵时所花的时间定为100％，一般过度学习花的时间则以150％为宜。150％的过度学习是提高保持效果的经济有效的选择。克鲁格（Krueger）在实验中让被试识记12个名词，识记程度分别为100％，150％和200％，并在1～28天后测其保持效果，其结果表明，超过150％并不能更多地改善保持状态。150％的过度学习既不浪费学习时间，也能取得较好的保持效果。

③识记材料的系列位置对遗忘影响较深。对于系列材料，材料的起首和末尾部分要比中间部分记得牢固，即系列位置效应。这是因为开头部分只受倒摄抑制的影响，结尾部分也只受前摄抑制的影响，所以首尾容易记住。中间部分则同时受前摄抑制和倒摄抑制的影响，所以保持的效果最差。

④识记者的态度影响遗忘的进程。识记者对识记材料的需要、兴趣等，对遗忘的快慢也有一定的影响。研究表明，在人们的生活中不占主要地位的、不引起人们兴趣的、不符合人们需要的事情，首先被遗忘，而人们需要的、感兴趣的、具有情绪作用的事物，则遗忘得比较慢。另外，人们经过努力，对于积极加以组织的材料遗忘得较少，而对于单纯的重复材料，识记效果较差，遗忘得也较多。

（5）遗忘的原因

遗忘既有生理方面的原因，如疾病、疲劳等因素造成的遗忘，也有心理方面的原因。

①消退说。这种理论认为，遗忘是记忆痕迹得不到强化而逐渐衰退，以致最后消退的结果。遗忘就是记忆痕迹消退到不能再激活的程度下发生的。消退说主要强调生理活动过程对记忆痕迹的影响。从巴甫洛夫的条件反射理论来看，记忆痕迹是人在感知、思维、情绪和动作等活动时大脑皮层上有关部位所形成的暂时神经联系，联系形成后在神经组织中会留下一定的痕迹，痕迹的保持就是记忆。在有关刺激的作用下，会激活痕迹，使暂时神经联系恢复，保持在人脑中的过去经验便以回忆或再认的方式表现出来。有些没有被强化的痕迹，随着时间的推移而逐渐衰退产生遗忘。比如，我们经常学习的内容不时常复习就会忘记。这种理论一般用以解释永久性遗忘。

②干扰说。这种理论认为，遗忘是所识记的先后材料之间的相互干扰造成的。暂时性遗忘多由材料或情绪的干扰所致。前摄抑制和倒摄抑制都是支持干扰说的有力例证。由于这两种抑制是引起遗忘的重要原因，因此受到许

学习笔记

多心理学家的注意。

③压抑说。这种理论认为，遗忘是情绪或动机的压抑作用造成的，如果压抑被解除，记忆就能恢复。这种理论主要用以解释与情绪有关的暂时性遗忘。这一理论是由弗洛伊德（Sigmund Freud）在临床实践中提出的。他认为，那些给人带来不愉快、痛苦、忧愁的体验常常会发生动机性遗忘。人总是想办法忘记那些给人带来不愉快、痛苦、忧愁的往事，把它们压抑到潜意识中去，如考试时由于紧张而对学习过的知识回忆不起来。有人认为，人对愉快事件的回忆明显高于对不愉快事件的回忆就是压抑的结果。

④同化说。这种理论认为，遗忘是知识的组织和认知结构简化的过程。这是奥苏贝尔（David Paul Ausubel）根据他的有意义言语学习理论对遗忘提出的一种独特的解释。他认为，当人们学到了更高级的概念与规律之后，高级的观念可以代替低级的观念，使低级的观念被遗忘，从而简化了认识并减轻记忆。在真正的有意义学习中，前后相继的学习不是相互干扰而是相互促进的，因为有意义学习总是以原有的学习为基础，后面的学习则是对前面学习的加深和补充。

⑤提取失败说。这种理论认为储存在长时记忆中的信息是永远不会丢失的，我们之所以对一些事情想不起来，是因为我们在提取有关信息时没有找到适当的提取线索，而一旦有了正确的线索，经过搜索所需要的信息就能被提取出来。

**（三）再认与回忆**

再认与回忆是记忆的一个基本过程，是和识记、保持两个过程相互联系、相互统一的记忆过程，也是识记和保持过程的表现与结果。在心理学中，再认与回忆被认为是评价记忆巩固水平的重要指标。

### 1. 再认及其规律

再认是指过去经历过的事物再次出现时能够被识别出来的过程。再认一直被实验心理学家用来测验人类记忆的效果。实验通常是这样做的：先让被试学习一张词表，学完后让他看另一张词表，其中有的词是学过的，有的则是新词，让他指出哪些词是学过的，哪些是新的，由此就可测出他再认的成绩。学习的项目可以是单词或语句，也可以是无意义音节或图画等。例如，在考试中经常出现的选择题就是考查再认的能力。

再认是一种比较简单的心理过程，不同的人对不同材料再认的速度和正确程度有一定的差异，这与影响再认的因素有关。一般认为影响再认的因素有五个。一是对原有材料的识记和保持的程度。识记得越充分，保持得就越牢固，再认也就越容易；识记得模糊，当然保持得也不稳定，再认时必然会困难或出现错误。二是时间间隔。识记和再认的时间越短，再认的效果就越

学习笔记

好。三是当前出现的事物和经历过的事物之间的相似程度。如果当前呈现的事物与以前识记的事物相似程度高，则容易再认，否则难以再认；如果当前的事物和过去的印象不完全相同，就不易把它再认出来。四是当前呈现事物的环境与过去被识记时环境的相似程度。一般来说，当前出现的事物与过去感知它时的环境差别越小，越容易再认，否则，再认就会有一定的困难。事过境迁，对往事难以识别就是这个道理。五是主体的身心状态。再认者的思维活动积极主动，或者对事物存在着期待心理，则容易再认。另外，具有独立性个性特征的人比具有依存性个性特征的人再认迅速、准确。

### 2. 回忆及科学回忆方法的应用

回忆也叫再现，是指在一定诱因的作用下，过去经历的事物在头脑中独立地再现出来的过程。例如，学生根据考题回忆起过去学过的内容，简答题考查的就是回忆的能力。

根据回忆时是否需要中介物，可将回忆分为直接回忆和间接回忆。直接回忆指不需要中介物直接回忆起过去感知过的某一个事物，如学生对十分熟悉的公式、单词、课文，通常都可以直接回忆起来；间接回忆指需要中介物才能想起过去感知过的某一个事物。间接回忆总是和思维活动密切地联系在一起，借助于判断、推理才能回忆起所需内容。

根据有无预定目的和是否需要意志努力，可把回忆分为有意回忆和无意回忆。有意回忆指有明确的目的并需要一定意志努力的回忆。例如，学生在课堂上对教师提问的回答就属于有意回忆。无意回忆指事先没有预定目的也不需要意志努力的回忆，如"睹物思人""触景生情"等。

有意回忆有时不需要太大的意志努力就可以实现，有时需要较大的意志努力才能实现。当有意回忆需要较大的努力，需要进行复杂的思索，才能在头脑中呈现过去感知过的事物，这时的回忆叫追忆。要顺利地进行追忆，一要保持平静的情绪状态，二要根据中介线索进行正确的联想。由一个事物想起另一个事物的心理活动叫联想，联想是事物普遍联系规律在头脑中的反映。追忆时常用的联想有以下几种。①接近联想：由一个对象联想到在时间、空间上与之接近的另一个对象，如由小河想到大桥、由笔墨想到纸砚、由春夏想到秋冬等。②类似联想：由事物之间的相似性而进行的联想，如由李白想到杜甫、由酷暑想到炎热等。文学中常用的比喻就是类似联想。③对比联想：由一个对象联想到与之对立的或相反的另一个对象，如从上想到下、从好想到坏、从错误想到正确等。④因果联想：由事物之间内在的因果关系展开的联想，如由下雪想到寒冷、由勤奋想到成就、由生病想到吃药等。

## 单元 2 学前儿童记忆的发展

### 情景导入

在一次家访时，3 岁的曦曦认字给老师看，她能毫无差错地认识一整盒识字卡片上的字。但当老师把卡片上的图画盖住再问曦曦时，曦曦就不认识了。曦曦的妈妈觉得很奇怪，为什么会这样呢？老师解释道："不用担心，这是 3 岁左右孩子的正常表现。"

3 岁左右的学前儿童主要的记忆类型是形象记忆，随着年龄的增长，学前儿童的记忆形式会逐渐变化，记忆会得到进一步发展。

### ▶▶ 一、 学前儿童记忆的发生 >>>>>>>>

#### (一)新生儿记忆的发生

从认知心理学观点看，记忆包括信息的输入、储存和提取的过程。我们根据识记和保持的情况来判断记忆是否发生。新生儿的记忆方式和成人不同，他们记不起视野以外的东西，这就是为什么在新生儿时期，只要新生儿的需要得到满足，他们就乐于和任何人待在一起。前语言时期儿童的记忆一般采用三个指标进行判断。

#### 1. 条件反射

条件反射的建立可以作为记忆的一种指标，对条件刺激物做出条件性反射，表明再认的存在。心理学研究发现，新生儿的第一个条件反射活动是被妈妈抱在怀里喂奶时，表现出寻找、张嘴、吮吸等一系列的动作反应。这种现象说明新生儿能记住并再认吃奶的姿势。以此为指标，就可以说明新生儿在 2 周左右就已经出现了记忆。

#### 2. 习惯化

习惯化是指随着刺激物出现频次的增加，个体对刺激物注意的时间逐渐减少甚至出现忽视的现象。新生儿的习惯化可以作为他们对事物是否熟悉，也就是是否可以再认的指标。当一个新异刺激出现时，新生儿会产生定向反射——注意一段时间。如果同样的刺激反复出现，对它注意的时间会逐渐减少甚至完全消失。习惯化可以作为一种方法和指标来了解新生儿的感知能力——看他能否发现刺激物的差别；也可以用来调查其记忆能力——看他对刺激物的熟悉程度。许多研究表明，即使出生几天的新生儿，也能对多次出现的图形产生习惯化，似乎因熟悉而丧失了兴趣。凯森（Kessen）等人采用感觉偏爱法研究新生儿对熟悉图形的视觉习惯化，发现出生 1~3 天的新生儿已经有了原始的记忆。

### 3. 重学记忆

学前儿童在学习了一种知识或技能之后，经过一段时间记忆消失，再重新用同样的方法学习，第二次学习的时间和次数，比第一次要少一些，表明其记忆的存在，这就是重学记忆。

尽管研究者采用的指标不同，确定记忆发生的时间有早有晚，但是个体在新生儿时期就已经出现记忆是毋庸置疑的。

#### (二)婴儿记忆的发展

当注视的物体从眼前消失时，2～3个月的婴儿会用眼睛寻找，这说明婴儿已经有了短时记忆。学前儿童的短时记忆是随月龄的增加而发展的。有人曾做过这样一个实验：当着8～12个月婴儿的面将玩具放在同样两块布的一块下面，用一块幕布遮挡一下，遮挡的时间分别是1秒、3秒和7秒，然后让婴儿找玩具，结果发现，8个月大的婴儿间隔1秒就记不得了，找不出玩具；12个月大的婴儿间隔3秒都能记住并找出玩具；间隔7秒时，70％的12个月大的婴儿能记住并找出玩具。

3～4个月的婴儿开始出现对人与物的认识。6个月时，婴儿能辨认自己的妈妈、平日用的奶瓶等，能把熟悉的人和陌生的人区别开来，表现出明显的"怕生"，这就是再认。婴儿在9个月或早一些时，出现"客体永久性"的观念，即认为见不到的客体仍继续存在。研究者观察发现，婴儿往往在经过很长的一段时间后仍记得熟悉物体通常所处的位置。到1岁左右，多数婴幼儿表现出对熟悉位置的长时记忆。

大约1.5岁后，言语的发展使学前儿童的记忆具备了新的特点。第一，学前儿童的再现能力开始发展起来。约2岁时，学前儿童能回忆几天前去过的地方；3岁时，则可以回忆几星期前发生的事情。学前儿童往往是凭借词、言语来恢复过去的印象。第二，学前儿童的有意识记开始萌芽。成人向3岁左右的学前儿童提出记忆的任务，如洗手和刷牙的步骤等，学前儿童已出现了有意记忆。

## ▶▶ 二、 学前儿童记忆发展的特点 >>>>>>>>

#### (一)无意识记占优势，有意识记逐渐发展

##### 1. 无意识记占优势

3岁以前的学前儿童基本上只有无意识记，他们不会进行有意识记。在整个幼儿期，无意识记的效果要优于有意识记，学前儿童无意识记的效果随年龄的增长而增强，到了小学阶段，有意识记才赶上无意识记。例如，给小班、中班、大班三个年龄段的学前儿童讲同一个故事，事先不要求记忆，过了一段时间以后进行检查。结果发现，年龄越大的学前儿童无意识记的效果越好。

学前儿童无意识记的效果受多种因素的影响，主要有以下几种。

（1）客观事物的性质

直观、形象、具体、鲜明的事物，能够以其突出的物理特点，引起学前儿童的集中注意，也更容易被学前儿童在无意中记住。

（2）客观事物与学前儿童的关系

对学前儿童的生活具有重要意义、符合其兴趣、能激起强烈情绪体验的事物，都比较容易成为学前儿童注意和感知的对象，也更容易成为他们无意识记的内容。例如，家长绘声绘色地给儿童讲《狼来了》的故事，会比简单地告诉他们撒谎不好更容易让他们记住。

（3）是否为学前儿童认知活动的主要对象或活动所追求的事物

如果使识记对象成为学前儿童活动的主要对象，那么学前儿童对这种事物的无意识记效果就会比较好。例如，日常生活中，学前儿童在小区院子里玩，他们很少能记住院子里有哪几种树、哪几种花，但是如果教师组织专门观察植物的活动，他们能自然记住周围植物都有哪些。

（4）活动中感官参与的数量

教师可以通过调动学前儿童的眼、耳、口、鼻、手的参与，让学前儿童与事物进行充分的接触，多种感官参与的无意识记效果更好。

### 2. 有意识记逐渐发展

有意识记的发展是学前儿童记忆发展中最重要的质的飞跃。学前儿童有意识记的发展具有以下特点。

（1）学前儿童的有意识记是在成人的教育下逐渐产生的

成人在日常生活和组织学前儿童进行各种活动时，经常向他们提出记忆的任务。在讲故事前，预先向学前儿童提出复述故事的要求；背诵儿歌时，要求他们尽快记住。这一切，都是促使有意识记发展的手段。

（2）有意识记的效果依赖对记忆任务的意识和活动动机

学前儿童能否意识到识记的具体任务，影响学前儿童有意识记的效果。比如，学前儿童在玩"开商店"游戏时扮演顾客的角色，顾客必须记住应购物品的名称。角色本身使学前儿童意识到这种识记任务，因而他就会努力去识记，记忆效果也有所提高。

活动的动机对学前儿童有意识记的积极性和效果都有很大影响。相关实验研究证明，学前儿童在游戏中进行有意识记比单纯地进行有意识记的效果要好。在实际生活中，如果成人提出的要求恰当，使学前儿童明确识记的目的，那么，在完成任务中，有意识记的效果甚至超过游戏的效果。这种情况发生的原因在于：在完成生活中的实际任务时，学前儿童的记忆效果能够得到成人的评价，或者受到赞许，或者得到奖励。这种赞许或奖励是识记的强化。

（3）学前儿童有意再现的发展先于有意识记

研究表明，学前儿童达到有意再现或追忆的年龄略早于有意识记。在不同的活动条件下，学前儿童有意识记和有意再现的水平有所不同。在实验室条件下，水平最低；在游戏和完成识记任务的条件下，水平较高。

（4）有意识记的发展速度更加明显

3岁以后，学前儿童的有意识记和无意识记的效果都随着年龄的增长而增强，但有意识记的发展速度更为明显。

**（二）记忆的理解和组织程度逐渐提高**

**1. 机械记忆用得多，意义记忆效果好**

与成人相比，学前儿童常常运用机械记忆，他们反复背诵一些自己并不了解的材料，显得不是那么困难。学前儿童相对较多地应用机械记忆，出于两个原因：一是学前儿童大脑皮质的反应性较强，感知一些不理解的事物也能够留下痕迹；二是学前儿童对事物理解能力较差，对许多识记材料不理解，不会进行加工，只能死记硬背，进行机械记忆。

许多研究证明，学前儿童对理解了的材料记忆效果较好。在日常生活中，学前儿童识记儿歌比识记不理解的诗歌效果好。曾有研究者对学前儿童识记常见物体和识记不熟悉的无意义图形的效果进行比较，结果发现学前儿童识记常见物体的效果明显优于识记不熟悉的无意义的图形。另外，学前儿童对理解了的内容记忆保持的时间也较长。

**2. 机械记忆和意义记忆都在不断发展**

在整个幼儿期，无论是机械记忆还是意义记忆，其效果都随着年龄的增长而有所提高。年龄较小的学前儿童意义记忆的效果比机械记忆要高得多，随着年龄的增长，两种记忆效果的差距逐渐缩小，意义记忆的优越性似乎降低了。这种现象并不表明机械记忆的发展越来越迅速，而是由于年龄增长后，意义记忆和机械记忆效果的差异缩小，机械记忆中加入了越来越多的理解成分，机械记忆中的理解成分使机械记忆的效果有所提高。比如，学前儿童对一些不熟悉的词，有时会按自己的理解来识记。可见两种记忆效果差距的缩小是由于两种记忆的区别越来越小，两种记忆越来越多地相互渗透，主要是意义记忆渗透到机械记忆中。

**（三）形象记忆占优势，语词记忆逐渐发展**

儿童形象记忆与语词记忆效果的比较如表 4-2-1 所示。

表 4-2-1　儿童形象记忆与语词记忆效果的比较

| 年龄/岁 | 熟悉的物体/个 | 熟悉的词/个 | 两种记忆效果比较 |
|---|---|---|---|
| 3～4 | 3.9 | 1.8 | 2.2∶1 |
| 4～5 | 4.4 | 3.6 | 1.2∶1 |
| 5～6 | 5.1 | 4.6 | 1.1∶1 |
| 6～7 | 5.6 | 4.8 | 1.2∶1 |

### 1. 形象记忆的效果优于语词记忆

形象记忆是根据具体的形象来记忆各种材料。在学前儿童语言发生之前，其记忆内容只有事物的形象，即只有形象记忆。在学前儿童语言发生后，直到整个幼儿期，形象记忆仍然占主要地位。相关研究表明，学前儿童对熟悉的物体的记忆效果优于熟悉的词，而对生疏的词，记忆效果显著弱于熟悉的物体和熟悉的词。学前儿童对熟悉物体的记忆依靠的是形象记忆。形象记忆所借助的形象具有直观性、鲜明性，所以学前儿童对它们的识记效果最好。熟悉的词在学前儿童头脑中与具体的形象相结合，因而识记效果也比较好。至于生疏的词，在学前儿童头脑中完全没有其形象，因此识记效果最差。

### 2. 形象记忆和语词记忆都随着年龄的增长而发展

学前儿童形象记忆和语词记忆都随着年龄的增长而发展，但语词记忆的发展速度逐渐超过形象记忆的发展速度。这是因为随着学前儿童言语能力的提高，第二信号系统在记忆中开始发挥主要作用，所以学前儿童对语词材料的记忆效果也得到了提高。

### 3. 形象记忆和语词记忆的差别逐渐缩小

随着年龄的增长，形象和词不再单独在学前儿童的大脑中起作用，它们的相互联系越来越密切，两种记忆效果逐渐缩小。一方面，学前儿童对熟悉的物体能够叫出其名称，表明物体的形象和相应的词紧密地联系在一起；另一方面，学前儿童所熟悉的词，也必然建立在具体形象的基础上，词和物体的形象是不可分割的。

形象记忆和语词记忆的区别只是相对的。在形象记忆中，物体或图形起主要作用，语词在其中也起着指代物体形象的作用。在语词记忆中，主要的记忆内容是语言材料，但是记忆过程要求语词所代表的事物的形象做支柱。随着学前儿童语言的发展，形象和语词的相互联系越来越密切，两种记忆的差别也相对缩小。

### (四)学前儿童记忆的意识性和记忆策略逐渐发展

学前儿童有意记忆和意义记忆的发展，意义记忆对机械记忆的渗透，语词记忆对形象记忆的渗透，以及它们的日益接近，都反映了学前儿童记忆过程的意识性的发展，同时记忆策略也在不断发展。

记忆策略是人们为有效地完成记忆任务而采取的方法或手段。随着年龄的增长，学前儿童会逐渐发现并使用一些策略来帮助自己对信息进行编码、存储和提取。一般来说，儿童在 3 岁以前没有记忆策略，在 5～7 岁处于过渡期，10 岁以后记忆策略逐步稳定发展起来。常见的儿童记忆策略有以下两种。

### 1. 复述策略

复述策略是一种促进陈述性知识学习的策略，指儿童为了保持信息而对信息进行多次重复。为了牢固并准确地记住信息，复述是最常见的策略之一，也是将短时记忆转化为长时记忆的必要手段。例如，教师要求儿童记忆一串数字或字母，在回答之前，经常会听到他们在读或背诵给自己听，然而这种现象在儿童 7 岁之前很少发生，8～10 岁的儿童则经常会通过复述来进行记忆。

通过训练，学前儿童也能学会使用复述策略。但是，他们可能并没有真正掌握这种策略，或者说这种掌握不是自发的。因为即使他们在教师的要求下学会在某个任务中使用复述策略，如果给他们另一个新的任务但没有对他们提出复述的要求，他们也不会自己去通过复述进行记忆，所以，这种策略的掌握对学前儿童来说是不够灵活的。

### 2. 组织策略

组织策略是整合所学新知识之间、新旧知识之间的内在联系，形成新的知识结构的策略。组织策略即根据知识经验之间的关系，对学习材料进行系统、有序的分类、整理与概括，使其结构合理化。应用组织策略可以对学习材料进行深入的加工，进而促进对所学内容的理解和记忆。

组织是学习和记忆新信息的重要手段，其方法是将学习材料分成一些小的单元，并把这些小的单元置于适当的类别之中，从而使每项信息和其他信息联系在一起。许多研究表明，组织有序的材料比杂乱无章的材料易学、易记。假如我们周末上街买东西，东西很多很杂，我们难免会买不全，这是因为短时记忆一时难以承受如此多的信息。但如果我们用某种逻辑方式将这些东西组织起来，如将这些具体的东西归入主食、蔬菜、肉类、水果、饮料、调味品之中，这些东西就会变得有意义，从而容易被记住。

研究表明，存储在长时记忆中的信息是以金字塔的结构组织的，在金字塔结构里，具体的东西归在较一般的题目之下，这种结构对学生的理解特别有帮助。鲍尔(G. H. Bower)等人做了一个研究，他们教学生识记 112 个矿物方面的词。一组学生是以随机的顺序识记的，另一组学生是以一定的顺序识记的，结果，后一组学生平均回想出 100 个词，而前一组学生平均只能回想出 65 个词，这说明了组织呈现材料的效果。

大多数儿童要在 7 岁以后才能逐渐表现出这种策略，学前儿童通常不会

学习笔记

使用。而且，随着年龄的增长，对于年龄较大的学前儿童来说，尽管他们可能会自发地使用这种策略，但是并不能明显地增强记忆的效果。

## 单元 3　学前儿童记忆的培养

### 情景导入

　　曦曦3岁时，妈妈为了培养她对国学的兴趣，在家里对她进行了早期经典诵读训练。曦曦进步很快，没多久就能背诵很多唐诗宋词了。爸爸妈妈都夸奖曦曦记性好、聪明。后来妈妈外出学习了两个月，回来后再检查，那些诗词曦曦基本上都忘记了。但对于半年前去动物园喂孔雀的情景，曦曦的印象却十分深刻。

　　记忆是儿童获得经验、巩固知识的重要方式。记忆的发展直接影响儿童的认知和心理发展水平。幼儿教师应根据学前儿童记忆发展的特点，探索促进学前儿童记忆发展的途径。

### ▶▶ 一、进行及时、合理的复习 >>>>>>>

　　学前儿童记忆保持的时间较短，记忆的正确性差，容易遗忘，因此，帮助学前儿童及时复习是十分重要的。同一内容要多次复习才能被学前儿童所掌握。例如，学前儿童在活动中学习了某些儿歌后，可在活动的延伸"渠道"中让他们复习。复习的方式应灵活多样，避免单调，否则会引起儿童神经细胞的疲劳，从而使效果减弱。

### ▶▶ 二、使用形象的识记材料、有趣的记忆方法 >>>>>>>

　　学前儿童的记忆以无意的形象记忆为主，因此在学前儿童教育活动中，教师应选择那些色彩鲜明、形象具体的内容，以此来吸引学前儿童。在解释抽象的概念时，教师应以具体的教具、玩具来协助演示，以一定的形象为支柱，使学前儿童加深对抽象的语词、概念的记忆，从而增强记忆效果。

　　此外，教师还要采用生动、活泼的教学形式来开展教育活动。例如，木偶戏、录像、录音等，都比较容易引起学前儿童的兴趣，使他们在轻松愉快的氛围中获得深刻印象，从而增强记忆效果。

### ▶▶ 三、理解识记材料 >>>>>>>

　　学前儿童意义记忆的效果优于机械记忆。例如，在学习古诗《悯农》时，教师先将内容以图画的形式呈现，并给予讲解，使儿童理解"锄禾""汗滴禾下土""辛苦"的含义，并结合学前儿童的生活经验让学前儿童自己来讲，学前儿童会获得较好的记忆效果。

### ▶▶ 四、采用多种感官参与记忆过程 >>>>>>>

　　实验证明，在识记活动中，有多种感官参与的记忆效果较好。例如，关于认识小白兔，学前儿童可以观察小白兔的外形，摸小白兔的皮毛，学小白兔的蹦跳，从而对小白兔获得比较"立体"的、形象的认识，记忆效果就会比较好。

#### ▶▶ 五、 利用记忆恢复的规律 ▷▷▷▷▷▷▷▷

学前儿童有一种特殊的记忆恢复现象，即学前儿童在学习某种材料后，相隔一段时间所测量到的保持量，比学习后立即测量到的保持量要高。这在学前儿童的学习和日常生活中经常可以看到。教师要注意利用这一规律对学前儿童进行教育。

---

🔗 **相关链接** ▶▶▶▶▶▶

**幼儿期健忘**

很多成年人很少能回忆起3～4岁以前发生的事，心理学上把这种幼年时的记忆不能永久出现的现象叫作幼儿期健忘。这与脑的发育有关，脑的各区域的成熟不是同时完成的，先发育的脑区域在3岁左右承担了记忆的任务，但随着脑的其他区域的发展，晚成熟的脑区域控制了先成熟的脑区域，从而妨碍了原先所学习的内容，使人回忆不起更早发生的事情，表现出幼儿期健忘。

由于每个人脑的发育不同，一般人只能回忆起3～4岁的事情，个别人最早只能回忆到9岁左右的事。但是并不表明3岁以前的事永远不可能被想起，在某些特殊的环境中，如在个体遭遇大祸丧失意识前，这些记忆可能会再现。虽然这部分记忆在个体成年后不能被想起来，但是它是构成儿童大脑思维能力的基础，必不可少。

---

📝 **活动设计**

### 彩虹桥

**活动目标**

1. 激发幼儿对大自然的热爱——培养幼儿团结协作的精神。

2. 让幼儿认识彩虹的自然现象——了解彩虹色彩的组成。

3. 让幼儿记忆儿歌《彩虹桥》。

**重点难点**

活动的重点：让幼儿认识彩虹的七种颜色(红、橙、黄、绿、青、蓝、紫)。

活动的难点：让幼儿记忆儿歌《彩虹桥》。

**学习方法**

观察法、游戏法、复述法。

**教学准备**

1. 幻灯片(彩虹图片)。

2.《彩虹桥》儿歌视频。

**活动过程**

1. 导入。

教师：今天我们班里来了一个非常漂亮的小姐姐，我们来看看她的照片，猜猜她是谁。

2. 教师打开幻灯片，让幼儿观看彩虹图片。

教师：小朋友们，认识这个小姐姐吗？

教师：小朋友们看看彩虹姐姐的衣服是什么颜色的？

3. 教师播放《彩虹桥》儿歌视频。

太阳公公雨后笑，天上出现彩虹桥。

红橙黄绿青蓝紫，漂亮颜色有七道。

4. 教师教幼儿彩虹桥手指谣，并跟幼儿一起边朗诵边加入手指谣。

**活动延伸**

小朋友们，今天我们学习了《彩虹桥》，大家表现得都非常棒，我们回家教教爸爸妈妈吧！

**思考与练习**

1. 什么是记忆？记忆的种类有哪些？

2. 学前儿童记忆发展的特点有哪些？

3. 如何培养学前儿童的记忆？

**实践与探究**

请举例说明，教师在幼儿园教育活动中应该如何利用识记与遗忘的规律组织教学活动。

**国考同步**

(2014 下) 按顺序呈现"护士、兔子、月亮、救护车、胡萝卜、太阳"的图片让幼儿记忆，有些幼儿回忆时说："刚才看到了救护车和护士，兔子和胡萝卜，还有太阳和月亮。"这些幼儿运用的记忆策略是(　　)。

A. 复述　　　　B. 精细加工　　　C. 组织　　　　D. 习惯性

云测试

# 模块五

## 学前儿童的想象

### 学习目标

1. 了解想象的概念。
2. 理解想象的种类。
3. 掌握学前儿童想象发展的特点。
4. 能够用所学知识分析学前儿童想象发展的特点。
5. 能够应用科学的方法促进学前儿童想象的发展。
6. 进行积极的想象，树立脚踏实地的职业理想。
7. 发展创造性想象，实现自己的职业梦想。

### 学习导航

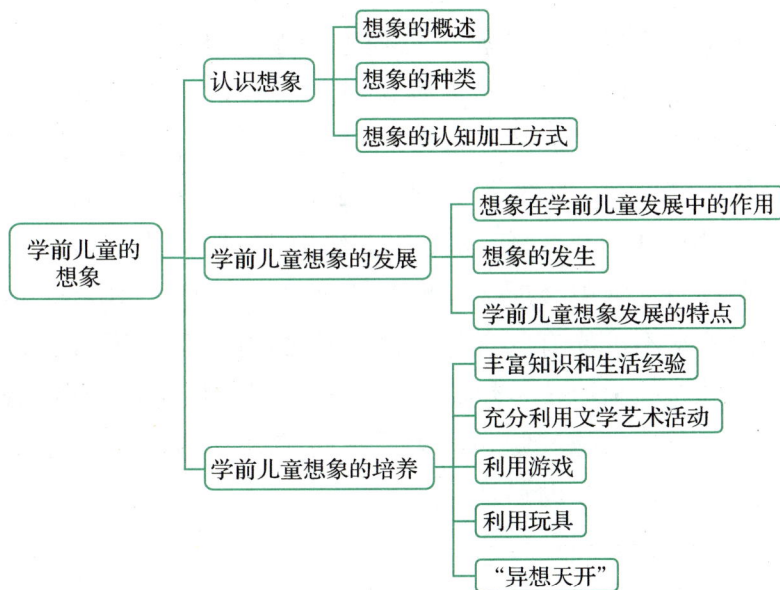

想象是人的一种主观活动，同其他心理活动一样，都是对客观现实的反映，所以想象的内容可以在现实生活中找到原型。想象的发展影响着学前儿童的感知觉、思维、言语以及个性的形成与发展，对学前儿童的成长有着重要的意义。本模块重点介绍学前儿童想象的基础性知识和学前儿童想象的培养。

📝 学习笔记

## 单元 1　认识想象

### 💬 情景导入

> 幼儿园张老师在黑板上画了一个圆圈，问小朋友们："你们能告诉我，老师画的是什么吗？"孩子们争先恐后地举手发言："是鸡蛋！""是月饼！""是皮球！""不不不，是盛饭用的碗！"……张老师认真地听着孩子们五花八门的回答，并对他们的回答表示认可。

儿童的想象力是丰富的。《3—6 岁儿童学习与发展指南》在不同领域中多次强调要鼓励和支持儿童自发的表现与创造，充分理解和尊重儿童的想象。不同年龄阶段的儿童表现出的想象力是不同的。

### ▶▶ 一、想象的概述 >>>>>>>

#### （一）什么是想象

想象是人脑对已有表象进行加工改造，创造出新形象的心理过程。想象与感知觉、记忆一样都属于心理过程中的认知过程，它产生于问题的情境，由个体的需要所推动，是人类认识进而改造世界的重要环节。想象是人们将过去经验中已经形成的一些事物进行新的结合，是人类所特有的对客观世界的一种反映形式。想象能突破时间和空间的束缚，达到"思接千载""视通万里"的境域。例如，我们没有去过南极，当听到南极科学考察团对南极的介绍时，在我们头脑中会形成一幅南极风光的画面。想象也可能是在现实中尚未有过或根本不可能有的纯属创造的事物的形象。例如，电影中拍摄出来的有关未来世界的画面就是想象。学前儿童很爱想象，一会儿想象自己是解放军，一会儿想象自己是教师，一会儿把竹竿当马骑，一会儿又把竹竿当成大刀去砍"敌人"等，这些也都是想象。

记忆和想象都是运用表象的过程，但二者的不同之处在于，记忆是头脑中已有形象的重新出现，即表象恢复的过程；想象是以记忆表象为基本材料，对已有表象加以改造的过程。所以想象产生的条件有两个：一是头脑中有大量的表象；二是有在头脑中操作表象的能力。由于构成想象的表象的加工、改造过程是通过思维活动进行的，所以，想象是思维的一种特殊形式，是一种形象思维。想象过程是一个对已有形象（表象）进行分析、综合的过程。想象的分析过程是从旧形象中区分出必要的元素或创造的素材的过程；想象的综合过程是将分析出来的元素或素材按照新的构思重新组合，创造出新形象的过程。

### (二)想象的功能

#### 1. 预见功能

想象的预见功能是指想象能对客观现实进行超前的反映，以形象的形式实现对客观事物的超前认知。人类进行实践活动，总是先在大脑中形成未来活动过程和期望结果的形象，并利用它指导和调节自己的活动，实现预定目的和计划。想象的预见功能强调指向未来。比如，从1916年爱因斯坦在其广义相对论中预言引力波，到2016年激光干涉引力波天文台（Laser Interferometer Gravitational-Wave Observatory，LIGO）获得直接观测证据，整整过去了一百年。在这一个世纪的时间里，各国科学家一直坚持对引力波的探索与研究，最终证明了爱因斯坦当年的大胆"想象"是正确的。人们在做某件事情前总会想象进行这种活动的结果，像"未雨绸缪""居安思危"等就是想象预见功能的表现。

#### 2. 补充功能

想象的补充功能是指弥补人类认知活动在时间和空间上的局限与不足，或者在遇到很难直接感知的对象时，想象能够弥补对对象认知的不足。想象的补充功能强调弥补时空局限。比如，光速约为30万千米/秒，某些粒子的生命只有1/100 000秒，人们根本无法感知它们，但是可以通过想象活动认识它们。

> **相关链接** ▶▶▶▶▶
>
> **第一架动力飞机的产生**
>
> 美国的莱特兄弟是人类历史上第一架动力飞机的设计师，他们为开创现代航空事业做出了伟大贡献。
>
> 哥哥威尔伯·莱特出生于1867年4月，4年后，弟弟奥维尔·莱特出生。年幼时，这对兄弟就已经表现出对机械设计、维修的特殊能力。他们善于思考，富于想象，每当闲暇时，兄弟俩要么讨论某一个机械的结构，要么就去看工匠们修理机器。他们手艺精巧，还经常做出很多有创新意义的小玩具，如会自由转弯的雪橇等。
>
> 一天，出差回来的父亲给莱特兄弟带来一件礼物：一个会飞的蝴蝶玩具。父亲轻轻地给玩具上了发条，蝴蝶便在空中飞舞起来。兄弟俩高兴得不得了，但是他们觉得它飞得不够远，于是仿造玩具的样子又做了几个更大一些的。这些仿制品有的能够飞越树梢，有的飞了几十米远，但兄弟俩的一个尺寸很大的仿制品却失败了。这没有让他们难过，反而激起了兄弟俩更高的想象力——制造飞机。
>
> 1894年，莱特兄弟在代顿市开了一家自行车铺。由于他们俩工作认真，手艺精巧，再加上价格公道，店铺的生意兴隆。富于创新精神的莱特兄弟当然不会满足于这些，他们不愿终生与这些自行车零件打交道，于是，他们决定去实现童年时的梦想。

学习笔记

莱特兄弟造飞机的想法得到了斯密森学会的赞赏。副会长写了一封热情洋溢的信件，并寄给他们好多参考书籍。兄弟俩大受鼓舞，一有时间，他们就在书堆内如饥似渴地阅读航空知识。很快，他们就有了造飞机的能力。

1900年10月，他们的第一架滑翔机试飞，但是，试飞的结果不尽如人意，飞机只能勉强升空而且很不稳定，问题出在哪里呢？经过认真的分析他们发现，原来他们所沿用的前人数据有理论上的错误。于是，他们制造了一个风洞，以便通过实验修正数据，设计飞机。这个风洞仅仅是一个6英尺（约183厘米）长、12英寸（约30厘米）宽的木箱，在箱子的一端，鼓风机以一定的速度向里吹气。与现代的高速风洞相比，它真是简陋至极，然而就是这个小小的辅助工具却帮了兄弟俩的大忙，他们通过它得出了许多新的结论。根据它，兄弟俩设计出的第三架滑翔机获得了成功，无论是在强风还是微风的情况下，它都可以安全而平稳地飞行。兄弟俩童年的想象得到了实现。

滑翔机的留空时间毕竟有限，但假如给飞机加装动力并带上足够的燃料，那么它就可以自由地飞翔、起降。于是，兄弟俩又开始了动力飞机的研制。

莱特兄弟废寝忘食地工作着，不久，他们便设计出一种性能优良的发动机和高效率的螺旋桨，然后成功地把各个部件组装成了世界上第一架动力飞机。

可以说，是想象和梦想支撑着莱特兄弟发明了飞机，为人类飞行事业做出了重要的贡献。

资料来源：阮光峰.飞机·飞行器发展史.天津：百花文艺出版社，2011。

### 3. 替代功能

想象的替代功能是指当人的某些需要不能得到满足时，可以通过想象从心理上得到某种替代和满足。想象的替代功能强调给予心理慰藉。比如，在游戏中，学前儿童借助于想象，满足自己模仿成年人某些行为的需要，以实现自己参与社会活动的愿望。

总而言之，想象在人们的生活实践中具有重要的意义，凡是属于人类的创造性劳动，无一不是想象的结晶。没有想象，就没有科学预见，就没有创造发明，就没有现在五彩缤纷的生活。学前儿童的想象是丰富自由的，他们在讲故事、唱儿歌、绘画、听音乐、做游戏时都需要想象的参与。对成人来说，不限制学前儿童的想象是最基本的职责之一。

## ▶▶ 二、想象的种类 >>>>>>>>

根据想象是否有预定目的以及需要意志努力的程度，我们可以把想象分为无意想象和有意想象。

### （一）无意想象

无意想象也称不随意想象，它是没有预定目的的，在一定的刺激影响下，不由自主地进行的想象。例如，我们看到天上的白云，不自觉地把它想象成蘑菇、大象、羊群等；我们看到窗上的冰霜，不自觉地把它想象成美丽的树林、陡峭的山峰等。

想象的种类

梦是无意想象的一种极端的情况。它是人在睡眠状态下的一种漫无目的、不由自主的奇异想象，皮亚杰称之为"无意识的象征"。在梦中，有时见到已故的亲人、昔日的朋友，体验到童年时代的快乐，经历一些稀奇古怪的事情。从梦境的内容看，它是过去经验的组合。按照巴甫洛夫的解释，人在睡眠时，大脑皮层产生一种弥漫性抑制，由于抑制发展不平衡，大脑皮层的某些部位出现活跃状态，暂时神经联系以意想不到的方式重新组合而产生各种形象，就出现了梦。例如，学前儿童的梦一部分来自生理刺激，如冷热、饥渴、大小便等，但更主要的是来自心理刺激。学前儿童往往通过梦来满足自己在日常生活中未能得到满足的欲望。因此，做梦是脑功能正常的表现，它无损身体健康，而且对脑正常功能的维持是非常有必要的。

**(二)有意想象**

有意想象也称随意想象，它是有预定目的、自觉进行的想象，是人类从事实践活动的主要想象形式。人在多数情况下，总是根据一定的目的、自觉地进行想象活动。例如，学生在学习过程中为完成某项学习任务，获得对某些知识的想象；工程师和工人对建筑图纸的想象等。有意想象需要培养，能够在教育的影响下逐渐发展。根据新颖性、独特性和创造性的不同，有意想象可以分为再造想象、创造想象和幻想。

**1. 再造想象**

再造想象是根据词语的描述或非语言(图样、图解、符号等)的描绘，在头脑中产生有关事物新形象的过程。例如，当我们读着马致远的《天净沙·秋思》的诗句"枯藤老树昏鸦，小桥流水人家，古道西风瘦马。夕阳西下，断肠人在天涯"时，头脑中就会展现出一幅充满苍凉气氛的"秋暮羁旅图"，这就是再造想象。也就是说，人们在阅读文艺作品、历史文献时，工人在看建筑或机械图纸时，学生在听教师对课文生动形象的描述时，头脑中出现的有关事物的形象，都属于再造想象。

再造想象具有两个特点：首先，再造想象中形成的新形象，只是对自己来说是新的，是根据别人的描述或制作的图表、模型等在头脑中再造出来的，因此，新颖性、独立性、创造性成分比较小；其次，再造想象形成的新形象差异较大，因为人们的经验、兴趣、爱好和能力不同，再造的形象也就不会相同。

**2. 创造想象**

创造想象是不依据现成描述而独立地创造出新形象的过程。在创造新产品、新技术、新作品时，人脑所构成的新事物的形象都是创造想象。创造想象具有首创性、新颖性和独立性的特点，比再造想象要困难、复杂得多。文学家塑造新的人物形象，比读者根据已有的文学作品在大脑中想象人物形象要困难得多；科学家制定新的研究设计，比他人在看到研究报告后想象该研究的成果要困难得多。因为这些都属于创造想象，需要创造主体在自己已有客观认知的基础上，进行深入的分析、综合，并重新进行创造性的构思。

创造想象在人的实际创造活动中是非常重要的，它是一切创造性活动的必要组成部分。科学领域里的一切发明，艺术领域里的一切典型形象，都必须首先在头脑中形成活动的模型，即进行创造想象。可见，创造想象是创造活动的必要环节，没有创造想象，创造活动就难以完成。

### 3. 幻想

幻想是创造想象的一种特殊形式，是与个人愿望相联系并指向未来事物的想象。它是个人对未来的希望与向往。例如，学前儿童幻想将来成为一名宇航员、航海家、医生、科学家等。

根据幻想的社会价值和有无实现的可能性，可以把幻想分为积极的幻想和消极的幻想。

（1）积极的幻想

积极的幻想是符合事物发展规律，并具有一定的社会价值和实现可能的幻想，一般称理想。例如，青少年想将来成为教育家、科学家、艺术家，想为人类做贡献，这是符合社会发展规律的，是经个人努力能够实现的，可以称理想。科学发现和发明创造往往都基于积极的幻想，再通过科学实践加以验证和实现。人们对飞翔、潜水的幻想，推动着人们发明了飞机、火箭、宇宙飞船、潜水艇等。理想是人前进的灯塔，能使人展望未来美好的前景，激发人的信心和斗志，鼓舞人顽强地去克服困难。

（2）消极的幻想

消极的幻想是完全脱离客观现实的发展规律、毫无实现可能的幻想，一般称空想。例如，有人幻想长生不老，到处寻找灵丹妙药；有的小学生看了神话小说，想学孙悟空七十二变，想修炼成仙等。这些都是不切实际的永远不能实现的空想。空想是一种无益的幻想，它使人脱离现实，想入非非，往往会把人引向歧途。

创造想象和再造想象虽然在创造性与独立性的程度上有所不同，但它们之间有着紧密的联系；再造想象有创造性的因素，创造想象必须依靠再造想象的帮助。任何一项创作活动，都需要在不同程度上参照前人的经验，以再造想象为基础。

## ▶▶ 三、　想象的认知加工方式 ▷▷▷▷▷▷▷▷

### （一）黏合

黏合是把两种或两种以上客观事物的属性、元素、特征或部分结合在一起而形成新形象的过程，如孙悟空、猪八戒、美人鱼、飞马等的形象。黏合是想象过程中最简单的一种方式，多用于艺术创作和科技发明。

> 🔗 **相关链接** ▶▶▶▶▶▶
>
> **多用童车的产生**
>
> 　　有位儿童商品生产商偶然看见一个家长一手抱孩子一手吃力地拿着一辆小三轮车。他猜想这是因为孩子骑车骑累了要大人抱，才出现了这种情况。这位生产商想，如果设计一种多用童车，家长们就不用受这份累了。他首先想象出把坐式推车和三轮童车组合起来，在小三轮童车的后面加上一个推把。后来，他又想到加一个连接装置，把童车挂在自行车上作母子车用；接着他又想到，再加一个摇动部分，便可当安乐椅；而要是前面再装一个把手，还能让孩子当木马骑。经过这些不断的组合想象，他设计出了与众不同的多用童车。根据认识和改造客观世界的需要，人们通过黏合想象，可以使已有的一些事物形成新的联系，可以构成见所未见、闻所未闻的事物形象。黏合想象在人们各方面的创新活动中发挥着巨大的作用。

### （二）夸张与强调

夸张与强调是改变客观事物的正常特征，使事物的某一部分或一种特性增大、缩小、数量增多、色彩加浓等，在头脑中形成新形象的过程。例如，人们创造的千手观音，九头龙，《格列佛游记》中的大人国、小人国等形象，还有我们常看到的一些人物的漫画，就是创造者对人物特点进行夸张或强调的结果，是创作的一种重要手法。

### （三）拟人化

拟人化是把人类的形象和特征加在外界客观对象上，使之人物化的过程。例如，《封神演义》《西游记》《聊斋》等古典名著中的许多形象，都采用了拟人化想象的创作手法，雷公、风婆、花仙、狐精、白蛇与青蛇等均是拟人化的产物。拟人化也是文学和其他艺术创作的一种重要手段。

### （四）典型化

典型化就是根据一类事物的共同的、典型的特征创造出新形象的过程。这是一种在文学艺术创作中普遍采用的方式。例如，鲁迅笔下的阿Q、祥林嫂等形象的创造，就是鲁迅综合某些人物的特点之后创造出来的。

📝 **学习笔记**

## 单元 2 学前儿童想象的发展

### 情景导入

　　星期一，果果兴奋地对萍萍老师说："老师，昨天爸爸带我去动物园了。动物园可好玩了，有狮子、老虎、大象和长颈鹿。大象好大呀，而且还长了翅膀会飞呢！昨天就是大象带我飞回家的呢！"萍萍老师笑了："果果，大象怎么会飞呢？"正当她准备纠正果果时，君君老师赶紧打断了她，笑着对果果说："呀！是会飞的大象带果果回家的啊！哪天我也去看看，让它也把我送回家！"萍萍老师很迷惑，果果明明是在撒谎，君君老师为什么要顺着她说呢？

　　学前儿童容易出现将想象与现实混淆的现象，只有深入了解学前儿童想象发展的特点，进行想象力的培养，才能更好地引导学前儿童恰当地表达自己的想象和愿望。

### ▶▶ 一、 想象在学前儿童发展中的作用 >>>>>>>>

　　学前期是儿童想象力发展最为活跃的时期，想象几乎贯穿于学前儿童的各项活动中，对他们的认知、情绪、游戏、学习活动起着十分重要的作用。

#### （一）想象与学前儿童的认知活动

　　想象与感知、记忆等认知活动密切相关。

##### 1. 想象与感知密不可分

　　儿童的想象是以头脑中已有的表象作为原材料进行的。而学前儿童头脑中已有的表象又是从何而来的呢？它是过去感知过的事物在头脑中留下的具体形象。由此可见想象与感知是密不可分的，想象需要依赖感知提供表象的原材料，但是想象超越了感知对现实的依赖。

##### 2. 想象与记忆密不可分

　　一方面，想象需要依靠记忆。儿童想象时所依靠的原有表象，是过去感知的事物依靠记忆在头脑中保持下来的形象。如果没有记忆，即便儿童看见过人骑马，但没有记住人骑马的具体形象，即表象，儿童就不会产生小孩在天上骑马的想象。这说明想象是离不开感知、离不开记忆的。

　　另一方面，想象的发展有利于记忆活动的顺利进行。儿童的识记、保持、回忆等记忆活动，都离不开想象。儿童的想象越丰富、水平越高，越有利于儿童对识记材料的理解、加工，也就越有利于儿童对识记材料的保持和回忆。

##### 3. 想象与思维关系密切

　　思维也是在感知和记忆的基础上对材料进行加工、改造，从而间接概括地反映事物本质和规律的活动。想象过程的加工、改造，可能符合客观规律，反映事物的本质，也可能脱离实际。那些符合客观规律的想象，是思维的一种表现，被称为创造性思维。而那些脱离实际的想象，有些是纯粹的空想，有些虽然暂时不能实现，以后却能变为现实。"嫦娥奔月"表达了人类早就有登上月球的幻想，如今已变成现实。许多创造发明最早多起源于幻想。可见，不论是创造性思维类的想象，还是幻想形式的想象，都和创造活动有关。由此可见，想象和思维的关系是十分密切的。

学前期是儿童想象发展的初级阶段，它已经开始超脱现实，在记忆的基础上进行了加工改造，但它还无法深入现实，不能真正反映事物的本质。在成人的认识活动中，想象可以作为思维的一部分，而儿童的想象与思维则有认识发展等级的区别。进入学龄期后，想象才逐渐深入现实，其特点与思维相融合。因此儿童的想象只是思维发展的基础，儿童的想象一端接近记忆，另一端接近创造性思维。

**（二）想象与学前儿童的情绪活动**

**1. 想象往往能引发情绪**

儿童的情绪情感常常是由想象而引发的，如怕黑、怕坏人等。

**2. 情绪影响想象**

大量事实说明，儿童的想象容易受自己的情绪和兴趣的影响。儿童的情绪常常能够引起某种想象过程，或者改变想象的方向。

**（三）想象与学前儿童的游戏活动**

学前儿童的主导活动是游戏，特别是象征性游戏，即便是学习，也往往通过游戏的方式进行。想象在学前儿童的游戏活动中起着十分重要的作用，这突出地表现在想象是象征性游戏的首要心理成分。如果没有想象，学前儿童也就不可能进行任何游戏活动。

**（四）想象与学前儿童的学习活动**

想象是学前儿童进行学习活动所必不可少的。没有想象，就没有理解，而没有理解，学前儿童就无法学习、掌握新知识。例如，学前儿童听故事时，想象随着故事的进程而开展，一幕幕的表象如同电影在头脑中活跃起来。正是想象活动，使学前儿童理解故事内容，沉迷于故事情节。

▶▶ **二、　想象的发生** >>>>>>>>

现有的研究结果表明：1岁之内的婴儿是没有什么想象的，1.5～2岁的学前儿童出现了想象的萌芽，大脑不断趋于成熟为想象的发生提供了条件。此时的想象是一种类似于记忆的再现或联想，主要通过动作和语言表现出来。例如，苗苗1岁8个月，她一只手抱着布娃娃，另一只手拿起一片塑料雪花片往娃娃嘴里放，同时嘴里还发出"jiang-jiang"的声音。苗苗此时已经知道真实和虚构的区别。她之所以会出现这种行为，是由于她观察到现实生活中

学习笔记

妈妈喂她吃饭后，以自己的方式内化了这个信息。苗苗在游戏中的模仿行为已经具备了想象的成分。

皮亚杰曾经描述过一个充满童趣的案例：一个小女孩曾经看见在一座教堂的塔尖上悬挂着许多钟，并询问过她的父亲有关教堂的钟的各种问题。一天，她笔直地站在父亲的书桌旁，并制造出震耳欲聋的声音。她的父亲对她说："你知道吗？你是在吵我！你没看见我正在工作吗？"小女孩回答说："不要跟我说话……我是一座教堂。"

可以看到，学前儿童最初的想象其实就是把日常生活中的事件或现象迁移到游戏中去，是记忆表象在新情境下的再现。这种迁移依赖事物外部特征的相似性，通过事物之间的相似性展开联想，由此实现一物对另一物的替代。例如，雪花片和饼干很像，洋娃娃和婴儿很像，站直的小女孩和教堂在笔直这一特征上很像。除了以物代物、以人代人的简单替代外，基本没有情节的重新组合，加工改造的成分很少。

学前儿童最初的想象，可以说是记忆材料的简单迁移，表现为以下特点。

①记忆表象在新情境下的复活。2岁左右学前儿童的想象，基本是在重复自己感知过的情景，只不过是在新的情境下的表现。例如，学前儿童看到大人给自己喂饭，他就会去给自己的玩具娃娃喂饭。

②简单的相似联想。学前儿童最早的想象完全是依靠事物外在的相似性而把事物的形象联系在一起的。例如，学前儿童将自己抱的玩具娃娃叫弟弟或妹妹。

③无情节的组合。学前儿童最早的想象仅是实现一物对另一物的替代。例如，在生活中有了把小男孩称作小弟弟的经验后，在想象中就把玩具娃娃代替为小弟弟，而这种代替没有太多想象的情节在其中，很少甚至没有把已有经验的情节成分重新组合。

### ▶▶ 三、 学前儿童想象发展的特点 >>>>>>>

学前期是儿童想象发展最为活跃的时期，但只是处于初级形式，水平并不高。学前儿童想象发展的特点表现为以下三个方面。

**（一）无意想象占重要地位，有意想象初步发展**

1. 学前期无意想象占重要地位，小班幼儿表现尤为突出

（1）想象的目的性不明确

学前儿童想象的产生，常常是由外界刺激物直接引起的，想象活动不能指向一定的目的。例如，学前儿童拿到某个东西后，才想象它可以用来干什么，拿起小竹竿，才把它想象成一匹小马，可以进行骑马活动；看到汽车就想当司机；看见注射器又想当护士。学前儿童年龄越小，想象的目的越不明确，就越满足于想象过程。如果要求在活动开始前就确定想象活

动的目标，学前儿童，尤其是 3～4 岁的学前儿童往往会不知所措，无法完成任务。

（2）想象的主题易受外界的干扰而变化

幼儿初期的学前儿童不能把想象按一定的目的坚持下去，很容易从一个主题转换到另一个主题。这主要是由幼儿初期学前儿童的直觉行动思维决定的。例如，在游戏中，学前儿童一会儿当服务员，一会儿又改为当老师；在画画中也是如此，一个小朋友正在画树，看到别的小朋友画兔子，又改为画兔子。想象主题极不稳定，易受干扰而变化。

（3）想象的内容零散、无系统

由于学前儿童想象没有预定目的，主题不稳定，因此他们想象的内容往往很零散，所想象的表象之间没有有机的联系。学前儿童有时会把小鸟、小朋友、石头、圆形等没有联系的物品画在一幅画上，不受时间、空间的约束，也不管物体之间的比例大小。

（4）想象过程受兴趣和情绪的影响

学前儿童在想象过程中常常表现出很强的兴趣性和情绪性。情绪高涨时，学前儿童想象就活跃，不断出现新的想象结果。例如，在幼儿园，教师拥抱了一下幼儿，那么他就会产生丰富的联想，头脑中浮现出教师喜欢他的情景。又如"老鹰捉小鸡"的游戏本应以小鸡被老鹰抓走而告终，可孩子们同情小鸡，又产生这样的想象：鸡妈妈和鸡爸爸赶来，把老鹰赶走，救回了小鸡。

另外，兴趣也影响学前儿童的想象。对于感兴趣的活动，学前儿童就会长时间进行想象，专注于这个活动；而对于不感兴趣的活动，则缺乏想象，往往是消极地应付或远离这项活动，活动时间保持得较短。例如，大班幼儿在玩塑料插花时只能玩一会儿，就是这个原因。因此学前儿童想象过程的方向、结果和丰富程度受其情绪和兴趣的影响较大。

**2. 在教育的影响下，学前儿童的有意想象开始发展**

学前儿童有意想象已经开始萌芽，尽管水平比较低下，但如果教育得当，5～6 岁学前儿童的有意想象会表现得更为明显。

中班以后，学前儿童的想象已具有一定的有意性和目的性。例如，通过教师对故事前半部分的描述，学前儿童会有意想象，续编故事的结尾。续编故事体现出学前儿童已有明确的想象目的，想象的有意性开始发展，而且想象的内容也日益丰富。

大班以后，学前儿童的想象还有了他们本身的独立性。例如，有的学前儿童在听了童话故事后，会为主人公的命运担心，害怕不安全，而有的学前儿童则会说"不用怕，这个故事是假的"。大班幼儿对想象内容有了一定的评价。从中不难看出，随着年龄的增长、教育的影响，学前儿童的有意想象开始发展，并逐步丰富。

### （二）以再造想象为主，创造想象开始发展

#### 1. 再造想象占主导地位

在幼儿期，再造想象占主要地位，想象在很大程度上具有复制性和模仿性。想象的内容基本上是重现一些生活中的经验或作品中所描述的情节。例如，学前儿童在幼儿园游戏中扮演的教师，常常是重现自己班上的教师的行为；在家庭游戏中扮演的父母，就是重现自己父母的举止；在自编故事时，往往把自己的行为作为故事中主人公的行为加以描述，或者仅是模仿以往听过的故事情节而已。

小班幼儿在玩具和游戏材料的使用上都缺乏灵活性。例如，喂娃娃吃饭，必须有玩具小勺子；洗手要跑到水龙头前，否则就认为不像。到了中班、大班，尽管学前儿童仍以再造想象为主，但较之小班幼儿想象的灵活性有所增加，他们可以不受具体实物的限制。例如，喂娃娃吃饭，有玩具小勺子固然可以使用，没有小勺子时，他们会用冰棒棍、笔、长方体积木，甚至徒手做喂饭的动作；洗手也不需要去水龙头前，只在洗手动作的前后假装开关水龙头即可。

#### 2. 创造想象开始发展

随着学前儿童言语的发展和抽象思维能力的提高，学前儿童的再造想象出现了一些创造性的因素。例如，教师要求学前儿童画一个人，教师的范画是一个徒手的人，但学前儿童凭借想象画了一个手举红旗的人。又如，学前儿童在画小鸡时，还在周围画了些米粒和小草，想象小鸡吃食。在复述故事时，学前儿童也往往会加上自己想象的情节。

在学前期，儿童的创造想象开始出现。例如，学前儿童在玩食堂游戏时，不仅重现日常的做饭、吃饭等内容，而且还会创造性地将菜场工人叔叔送菜上门的情节组合到游戏中去，而且与"过家家""幼儿园"等游戏串接起来，构成一个新的主题。在自编故事结尾时，他们可以将过去经验中的各种表象有机地组合起来，编出一个新的故事结尾。在良好的教育和训练下，大班幼儿的想象可以发展到较高的水平，表现出明显的创造性。

### （三）想象有时和现实混淆

在学前期，学前儿童常将想象的东西和现实混淆。学前儿童的言谈中常常有虚构的成分，喜欢夸大事物的一些特征或情节，常常出现"撒谎"的现象。其实，这并不是真正意义上的撒谎，与学前儿童的品质好坏并无关系。学前儿童的虚构与夸张是其心理发展特点的反映。由于认知水平有限，学前儿童还处于感性认识占优势的阶段，因此他们往往抓不住事物的本质。同时，他们的想象也受情绪的影响，更愿意围绕自己喜欢的、感兴趣的事物展开。所

以，他们很喜欢听有很多夸张成分的童话故事，至于这些故事是否符合实际，他们并不太关心。学前儿童有时会把渴望得到的东西说成已经得到。例如，有的学前儿童看到同伴有漂亮的娃娃或"冲锋枪"，他会说："我们家也有。"可事实上他们家并没有。把希望发生的事情当成已经发生的事情来描述。例如，一名中班幼儿听邻居讲了去动物园玩的经历，于是这名幼儿也有了去动物园的愿望，他把玩的"过程"想象了一下（根据别人的描述再加工），然后到幼儿园去跟同伴讲自己去动物园玩的"经历"，实际上他并没有去动物园。在参加游戏或欣赏文艺作品时，学前儿童往往身临其境，与角色产生同样的情绪反应。例如，幼儿园小班幼儿正在玩"狡猾的狐狸，你在哪里"的游戏，当教师扮演的狐狸逮住小鸡（幼儿饰），假装要吃他的时候，这名幼儿马上大哭起来说："你是老师，怎么可以吃人呢！"他开始拼命挣扎。

4～6岁的学前儿童的想象与现实混淆的情况已逐渐减少，有些大班的幼儿甚至不喜欢听童话故事，而对现实中的故事更感兴趣。

总之，在整个学前期，学前儿童的想象以无意想象为主，有意想象开始发展；以再造想象为主，创造想象开始发展；想象有时会和现实混淆。有人说，学前期是想象发展最快的时期，甚至说，学前儿童比成人更善于想象，这是不正确的。因为想象的水平直接取决于表象的数量和质量以及分析综合能力的发展程度，而学前儿童的知识经验和语言水平都远不如成人，且表象的丰富性和准确性都比较差，思维也不如成人。所以学前儿童想象的有意性、协调性、丰富性和创造性都不会超过成人。

## 单元3　学前儿童想象的培养

### 情景导入

刘老师带领孩子们参观大自然，孩子们都很兴奋，一会儿看看天，一会儿又看看地。这时有个孩子指着天空大声喊："天上的白云像绵羊。""我也看到了，白云好像我们吃的棉花糖。"另一个孩子也跟着叫了起来。

学前儿童的想象力是天马行空的，当他们问到一些不符合现实但充满想象力的问题时，幼儿教师应该充分保护并进一步发展他们的想象力。

想象对个体生活和学习有着重要的意义。科学家爱因斯坦认为，想象力比知识更重要，因为知识是有限的，而想象力能概括世界上的一切，推动着进步，并且是知识进化的源泉。想象是个体心理活动的重要组成部分，对学业智力、成功智力有非常大的影响。学前儿童善于想象，乐于想象，想象是其生活、学习、游戏中不可缺少的成分。要提高学前儿童的想象力，主要通过以下途径来完成。

## ▶▶ 一、 丰富知识和生活经验 >>>>>>>>

想象虽然是新形象的形成过程，然而这种新形象的产生也是在过去已有的记忆表象基础上加工而成的，也就是说，想象的内容是否新颖，想象发展的水平如何，取决于原有的记忆表象是否丰富，而原有的表象丰富与否又取决于感性知识和生活经验的多少。因此，知识和经验的积累，就是学前儿童想象力发展的基础。

幼儿教师在实际工作中要指导学前儿童去感知客观世界，使他们置身于大自然中，多让他们去看、去听、去模仿、去观察，通过参观、旅游等活动开阔学前儿童的视野，帮助他们积累感性知识、丰富生活经验、增加表象内容，为学前儿童的想象增加素材。

## ▶▶ 二、 充分利用文学艺术活动 >>>>>>>>

首先，学前儿童想象力的发展离不开语言活动。想象是大脑对客观世界的反映，需要经过分析综合的复杂过程，这一过程和语言思维的关系是非常密切的，通过语言，学前儿童能得到间接知识，丰富想象的内容。

其次，美术活动为学前儿童的想象插上理想的翅膀。特别是画意愿画时，学前儿童可以无拘无束地发挥想象，构思出奇特、新颖的作品。在教学过程中教师要激发学前儿童的灵感，放飞学前儿童的想象，点燃学前儿童创造的火花，鼓励学前儿童大胆作画，让学前儿童充分发挥自己的想象力创造出优秀的作品。要评价学前儿童的美术作品，不能以成人的眼光，更不能以"像不像"为标准，即使儿童画得四不像，也要与学前儿童交流，知道学前儿童所想。

最后，音乐和舞蹈活动也是培养学前儿童想象的重要手段。通过对音乐和舞蹈的感受，学前儿童可以利用自己的想象去理解所塑造的艺术形象，然后应用自己的创造性思维去表达艺术形象。音乐和舞蹈能够为学前儿童提供想象的空间，培养学前儿童的想象力。

## ▶▶ 三、 利用游戏 >>>>>>>>

游戏是学前儿童的主要活动形式。在游戏过程中，学前儿童可以通过扮演各种角色，发展游戏情节，展开自己的想象。例如，在角色扮演游戏中，通过扮演警察，学前儿童能够初步了解警察这种职业的一些基本常识。游戏的一大特点就是想象与现实相结合，在游戏中，学前儿童可以尽情地按照自己的意愿、想法去组织活动，在现实的基础上随意地发挥自己的创造才能，游戏对发展学前儿童的想象力有着重要的作用。

## 四、利用玩具 >>>>>>>

玩具为学前儿童的想象活动提供了物质基础，能引起大脑皮层旧的暂时联系的复活和接通，使想象处于积极状态。玩具容易再现过去的经验，使学前儿童"触景生情"，从而使学前儿童展开各种联想，启发学前儿童去创造，促使学前儿童去想象，有时学前儿童可以长时间地沉迷于自己的玩具想象中。

## 五、"异想天开" >>>>>>>

给学前儿童自由的空间，包括思想上的、行为上的，不要定格学前儿童的思维，更不要扼杀学前儿童的想象。传统的教育往往很死板，直接告诉学前儿童天是蓝的、太阳是圆的，这样是不利于学前儿童想象的发展的，没有留给学前儿童想象的空间，扼杀了他们想象的天性。在实际工作中，幼儿教师要创造各种条件，让学前儿童"异想天开"，充分发挥想象。

学习笔记

---

🔗 **相关链接** ▶▶▶▶▶

### 几种扼杀孩子想象力的行为

1. 唯一正确的标准答案

教师问："雪化了是什么？"有孩子回答："雪化了是春天。"结果这个答案被教师打上红叉，因为它与标准答案不符。

2. 替孩子做事

替孩子洗碗、洗衣服、背书包、系鞋带，使孩子丧失基本的动手能力和好奇心。

3. 制止孩子与众不同

一个孩子在图画上画了一个绿色的太阳，结果被教师和家长纠正过来，因为"太阳应该是红色的"，这样的做法会让孩子不敢发挥想象。

4. 过早开发智力

很多家长强调孩子不要输在起跑线上，从小向孩子灌输大量的现成知识，结果记下来、背下来，答案都知道了，却失去了对未知世界的探索兴趣。

资料来源：王娟，杨洪续. 学前儿童发展心理学. 北京：首都师范大学出版社，2017。

---

✏️ **活动设计**

### 玩泡沫板

**活动目标**

1. 让幼儿在泡沫板上学习走、爬、钻、跳等基础动作。

2. 培养幼儿相互合作的能力，发展幼儿的创造力与想象力。

3. 让幼儿能积极地参与游戏活动，并在其中获得乐趣。

**活动准备**

1. 四种颜色的泡沫板，总数与幼儿人数相等，每种颜色的泡沫板数目分别为 1，2，3，4 的倍数。

2.四种颜色的小旗各一面，分别画上幼儿走、爬、钻、跳的动作。

**活动过程**

1.准备活动：模仿操，动作自编，围绕走、爬、钻、跳编排动作。

2.请幼儿用泡沫板拼成各种造型进行走、爬、钻、跳练习。

(1)教师和个别幼儿示范。例如，小桥——将泡沫板间隔放置，然后依次从桥上跳过，可单脚、双脚或单、双脚交替跳；山洞——一名幼儿拿泡沫板扮作山洞，另一名幼儿从泡沫板下钻过，然后交替游戏，山洞高度可逐渐降低，增加难度。

(2)3~4名幼儿为一组结伴游戏。例如，变跨栏，将两块泡沫板连接成直角放于地上作为跨栏，幼儿依次跳过跨栏；变小路，将泡沫板拼成一条直线作为小路，依次走过或爬过小路；变风车，将泡沫板拼成十字状，幼儿站在板上，顺时针或逆时针同时向前跳一块板，似小风车在转动。

(3)启发幼儿想出其他各种方法玩泡沫板。幼儿分散玩儿，教师观察与指导，及时鼓励幼儿积极开动脑筋。教师请幼儿示范想出的新玩法，幼儿间相互交流。

**活动结束**

教师总结幼儿的表现，表扬和鼓励在活动中表现积极与有想象力的幼儿，让幼儿在参与游戏的同时，感受到体育活动的快乐；同时，教师要照顾到那些在活动中比较安静的幼儿，使他们也能在活动的时候获得快乐，以培养他们对体育活动的兴趣。

### 思考与练习

1.什么是想象？想象的认知加工方式有哪些？

2.学前儿童为何会出现无意说谎现象？如何对待这种现象？

3.促进学前儿童想象发展的途径有哪些？

### 实践与探究

请举例说明，教师在幼儿园教育活动中应该如何培养幼儿的想象力。

### 国考同步

1.(2016上)一名幼儿画小朋友放风筝，将小朋友的手画得很长，几乎比身体长了3倍，这说明了幼儿绘画特点具有(　　)。

A. 形象性　　　　　　　　　　B. 抽象性

C. 象征性　　　　　　　　　　D. 夸张性

2.(2012上)在同一张桌上绘画的幼儿，其想象的主题往往雷同，这说明幼儿想象的特点是（    ）。

A. 想象无预定目的，由外界刺激直接引起

B. 想象的主题不稳定，想象方向随外界刺激的变化而变化

C. 想象的内容零散，无体系性，形象间不能产生联系

D. 以想象过程为满足，没有目的性

3.(2012上)幼儿在想象中常常表露个人的愿望。例如，大班幼儿文文说："妈妈，我长大了，也想和你一样，做一名老师。"这是一种（    ）。

A. 经验性想象          B. 情境性想象

C. 愿望性想象          D. 拟人化想象

4.(2011下)一个小女孩看到"夏景"说："小姐姐坐在河边，天热，她想洗澡，她还想洗脸，因为脸上淌汗。"这个小女孩的想象是（    ）。

A. 经验性想象          B. 情境性想象

C. 愿望性想象          D. 拟人化想象

云测试

# 模块六
## 学前儿童的思维

### 学习目标

1. 理解思维、直觉行动思维、具体形象思维、抽象逻辑思维的概念，了解思维的种类与品质。

2. 掌握学前儿童思维发展的一般规律与特点。

3. 掌握促进学前儿童良好思维能力发展的培养策略。

4. 能对学前儿童思维发展的规律和特点进行分析与教育引导。

5. 能根据所学知识，有效应用培养策略促进学前儿童良好思维能力的发展。

6. 尊重和理解学前儿童的思维特点，关注和关心他们的思维发展。

7. 在学习中应用辩证思维，系统、全面地掌握思维的相关知识。

### 学习导航

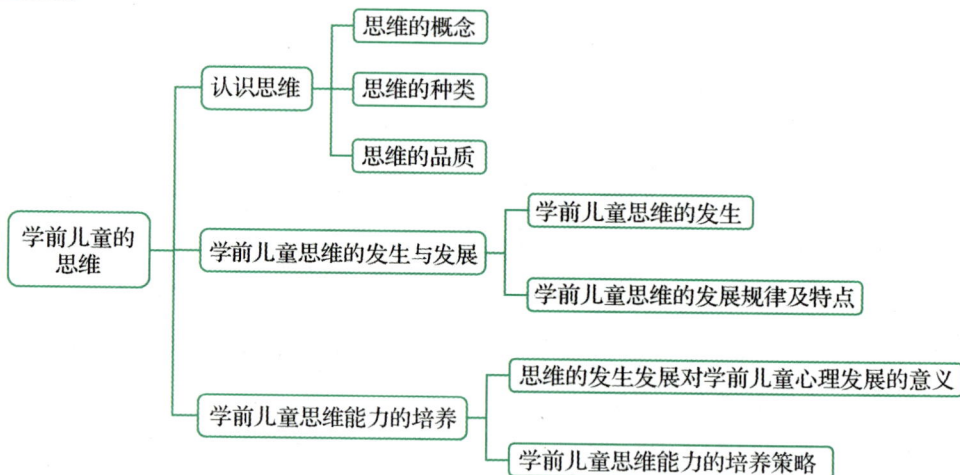

思维是认识的高级阶段，思维能力是智力的核心因素。在我们的生活中时时事事都离不开思维，我们需要想、需要思考、需要动脑筋。本模块主要介绍思维的基础知识，学前儿童思维发生与发展的规律及特点，以及学前儿童思维能力的培养策略等。通过本模块的学习，我们可以更好地理解和认识学前儿童思维的发展规律与特点，并将所学知识灵活应用于学前教育活动中，促进学前儿童思维能力的发展。

## 单元 1　认识思维

### 情景导入

"为什么地球是圆的，可是我们走的马路是直的呢？""小蝌蚪是怎么变成青蛙的？""马怎么是站着睡觉的？"……随着年龄的增长，幼儿的小脑袋里装满了奇奇怪怪的问题和想法，在和成人的对话中会问许多的奇怪的问题。当被幼儿不停地追问"十万个为什么"时，你是会为此烦恼还是高兴呢？

学前儿童到了 3 岁左右，会对周围的事物和现象更加好奇，并不断地探究，他们总喜欢问各种各样的问题：这是什么？那是什么？为什么？……其实这是他们成长的表现，是他们在进行积极的思维活动。什么是思维？思维有哪些品质？学前儿童思维的发展特点是什么？如何对学前儿童的思维能力进行培养？这都需要我们对思维有全面的认识。

#### ▶▶ 一、思维的概念 >>>>>>>>

思维是人脑对客观事物的本质属性和内在规律间接的、概括的反映，它借助于语言、表象或动作来实现，是认识的高级阶段。我们通常所说的思考、设想、推想等都可称思维。思维有两个基本特点：间接性和概括性。

思维的间接性是指个体借助于一定的媒介和知识经验对客观事物进行间接的认识，表现为个体能借助于其他媒介或知识经验，来理解和认识那些没有被感知或不能被感知的事物、事物间的关系以及事物发展的进程。例如，扁鹊通过望、闻、问、切，诊断出疾病；再如，山里有云雾，说明可能刚下完雨或者山里水源丰富等。这些都是间接的认识过程。正是因为思维具有间接性的特点，人们才可能超越感知提供的信息，认识那些没有直接作用于人的感官的事物的属性，才能透过事物的表面现象揭示事物的本质和规律。

思维的概括性是指个体把一类事物共同的本质特征和规律抽取出来加以概括。因此，思维的概括性产生的前提是人们要把一些共同的东西进行归纳总结，从而认识其本质和规律。例如，把狗、猫、大象、老虎等概括为哺乳动物，把自行车、电动车、汽车、火车、飞机等概括为交通工具，这些都是思维的概括性。思维的概括性使我们摆脱了具体事物的局限性和对事物的直接依赖性，扩大了认识的范围和深度。

> 🔗 **相关链接** ▶▶▶▶▶▶
>
> **人和动物思维的区别**
>
> 　　我们不能说动物没有思维。而且，我们知道动物有情感。有时，动物的思维水平会出乎人的预料。当然，动物的思维还只是低级思维，与人的思维有本质不同。虽然动物有动物的思维，但它们不能像人一样把它"说"出来。一旦能说出来，那就不再是动物的思维水平，而是人类的思维水平了。在20世纪，许多学者进行实验，把黑猩猩从婴儿时期就放在人类的语言环境中，按照儿童的教育方式加以培养，但是没有能够使黑猩猩学会说话。这里的关键还在于大脑的结构存在着差异。虽然人与黑猩猩都是灵长类，两者的大脑看起来十分类似，但是人脑毕竟是长期进化的产物，与黑猩猩的大脑在脑组织结构和神经元细胞上有着先天的区别。虽然后天的社会实践、学习环境相同，但黑猩猩还是无法发展出人的智力来。因此，过早对儿童进行成人教育，或者把猴子放在人的环境中，都没有什么效果，一定的脑生理发育基础是必要的。
>
> 　　当然，动物也有学习的能力，马戏团里的动物按照人的指令，能学会各种高难度的动作。2011年有报道说，有一户人家养的一只鹦鹉在冬季时走失，第二年开春后它又找回了家，但它发生的一个最大变化是，能够站在枝头上学鸡叫，并且叫得很像。人们猜想，这个冬天它一定是在某个鸡窝里度过的。丹尼尔·丹尼特认为，跟我们一样，绝大多数动物都有一些活动是按程式来控制、来实行"自动驾驶"的，不会在它们上面用上全部能力，这些活动事实上受控于它们大脑的某些特化子系统。当一个特化警报被触发时，动物的神经系统就会动员起来，处理可能出现的紧急情况。其实，这更多的是一种本能性的反应。动物没有人一样的大脑组织，没有人的大脑所能达到的功能，不能进行抽象概括、复杂的推理，不能预见、发现事物的规律与联系等。这种区别是一种质的区别。从根本上来说，动物都靠本能生存，它们都是经验主义者。
>
> 　　资料来源：包霄林.人与动物思维的区别.书摘.2012(4)。

## ▶▶ 二、 思维的种类 >>>>>>>>

### (一)根据个体思维发展的水平分类

#### 1. 直觉行动思维

直觉行动思维是指在对客体的直接感知和实际操作中进行的思维，又称直观行动思维。其主要特点：一是思维是在直接感知中进行的，思维不能离开直观的事物。二是思维是在实际操作中进行的，离开了动作，思维就会停止。例如，学前儿童离开了数手指的方式就不能进行数学运算，离开了玩具就不会继续该游戏等，就是典型的直觉行动思维。直觉行动思维是最低水平的思维，在2~3岁的学前儿童身上最为突出。

#### 2. 具体形象思维

具体形象思维是指利用头脑中已有的具体形象或表象来解决问题的思维。例如，在进行计算时，学前儿童需要将数目和具体的事物联系起来，在计算

具体形象思维的特点

"3＋2"时，他需要先想着"3个苹果加2个苹果"，才能算出得数，这都是学前儿童思维具体形象性的表现。思维的具体形象性是在直觉行动性的基础上形成和发展起来的。具体形象思维主要表现在3～6岁的学前儿童身上，是学前儿童思维的典型方式。

### 3. 抽象逻辑思维

抽象逻辑思维是指利用言语符号形成的概念来进行判断、推理，以解决问题的思维过程。例如，我们在生活中用科学概念和原理解决生活中的问题，科学家通过实验发现客观规律等，都离不开抽象逻辑思维。抽象逻辑思维是高级的思维方式，严格来说，学前儿童尚不具备这种思维方式，但在学前晚期，学前儿童的抽象逻辑思维开始萌芽。

### (二)根据思维探索目标的方向不同分类

### 1. 聚合式思维

聚合式思维也称收敛思维、求同思维，是创新思维的一种形式，是指在解决问题的过程中，尽可能利用已有的知识和经验，将各种信息聚合起来，得出一个正确答案或最好的解决方案的思维方式。聚合式思维具有封闭性、连续性、求实性、聚焦性的特点。例如，鲁班观察到茅草两边长着锋利的齿，能够划破他的手指，蝗虫的牙齿上排列着许多小齿，所以能很快地磨碎叶片，从而得到启发，发明了锋利的锯子。再如，学生在考试中面对的单项选择题，就是从多种答案中选择出一个正确答案或最佳答案，这就是明显的聚合式思维的考核。

### 2. 发散式思维

发散式思维也称求异思维，是根据已有信息，从不同角度、不同方向思考以寻求多样答案的思维方式，是个体根据当前问题给定的信息和记忆系统中存储的信息，沿着不同的方向和角度思考，从多方面寻求多样性答案的一种思维活动。发散式思维多表现为思维视野的广阔，思维呈现多为发散状，我们可以用"天马行空""胡思乱想"来形容发散式思维，如一题多解、一事多写、一词多义、一物多用等。常见的发散式思维训练题：曲别针的各种可能用途有哪些？纸能做什么？太阳与水有什么相关关系？

### (三)根据思维主动性与创造性不同分类

### 1. 常规思维

常规思维是指根据已获得的知识经验，按现成的方案和程序，用惯常的方法进行问题解决的思维方式。常规思维有积极和消极之分。常规思维能帮助我们顺应环境，能让我们在解决问题时更加直接和流畅，避免将问题复杂化；但同时也存在消极的思维固着，让我们总是重复一种错误的解答或反应倾向，看不到其他的选择，所以我们常说的打破常规思维就是要打破这种思

学习笔记

维固着。

### 2. 创造性思维

创造性思维是指以新颖的、独特的方式来解决问题的思维方式。通常认为创造性思维并不是一种具体的思维方法，而是多种思维的综合表现。创造性思维包括几种成分，如发散思维、逻辑思维、逆向思维、批判性思维、直觉思维等。创造性思维的特征包括流畅性、变通性和独创性。例如，学前儿童在歌曲学唱中的即兴舞蹈动作，在美术活动中创意的作画内容和设计等，都是学前儿童创造性思维活动的结果。

**相关链接** ▶▶▶▶▶▶

《十只小鸟过大河》是一本创意思维的启蒙书：十只小鸟要过河，它们要怎么过河呢？河与河之间有一座桥连接，在河的这一边还有一些工具，如高跷、螺旋桨、风筝线、滑轮、氢气球、投石机、木排、吊臂、超级翅膀等。你可能想不到，一只叫"真棒"的小鸟踩着高跷过了河，一只叫"不一样"的小鸟乘着氢气球，飘啊飘啊过了河……在这个充满奇思妙想的故事里，蕴藏着好奇心的种子和想象力的幼苗。

## ▶▶ 三、 思维的品质 ▷▷▷▷▷▷▷▷

思维的品质实质是人的思维的个性特征，个体在思维中表现出的差异性，主要表现在思维的品质上。同时，思维的品质也是衡量主体思维发展水平的重要标志。它主要表现在广阔性、深刻性、敏捷性、灵活性、批判性和逻辑性方面。

### (一)思维的广阔性

思维的广阔性即思维的广度，是指要善于全面地考虑问题，从事物的多种多样的联系和关系中去认识事物。具有广阔性思维品质的个体，在思维活动中表现出能全面地考虑问题，能顾及近期效果和远期效果，能分清行动目的的主次关系。提高思维的广阔性就必须有广阔的知识面和娴熟的归纳总结及演绎推理能力，片面性和狭隘性则是与广阔性相对的不良思维品质。

### (二)思维的深刻性

思维的深刻性即思维的深度、广度和难度，以及思维活动的抽象程度和逻辑水平。它集中表现为在智力活动中深入思考问题，善于概括归类，逻辑抽象性强，善于抓住事物的本质和规律，开展系统的理解活动，善于预见事物的发展进程，即善于透过现象和外部联系，解释事物的本质和规律。思维品质的深刻性在思维品质中的地位尤为重要，肤浅性是与深刻性相对的不良思维品质。

## （三）思维的敏捷性

思维的敏捷性是指思维过程的速度或迅速程度，即在短时间内根据具体情况当机立断地做出决定，迅速解决问题。有了思维的敏捷性，在处理问题和解决问题的过程中，个体才能够适应变化的情况积极地思维、周密地思考、正确地判断和迅速地做出结论。优柔寡断和惶恐都是缺乏思维敏捷性的表现。

## （四）思维的灵活性

思维的灵活性是指思考问题和解决问题的随机应变、思维转换的程度，表现为能从不同角度、方面和方向，用多种方法来解决问题，还表现为在思维的过程中，全面灵活地做出综合的分析，以及对结果的迁移能力等。灵活性反映了智慧能力的迁移，如我们平时所说的"举一反三""运用自如"等都是思维灵活性的表现。思维的灵活性是在思维具有一定广度和一定主动性基础上产生的，是一种较为难得的思维品质。因循守旧、固执己见等，都是缺乏思维灵活性的表现。

## （五）思维的批判性

思维的批判性是思维活动中独立发现和批判的程度，指个体以客观事实为依据，严格依据客观标准判断是非与正误，评价和检查自己与他人的思维成果。思维的批判性是在深刻性的基础上发展起来的。只有深刻地认识、周密地思考，才能全面而准确地做出判断。不断自我批评、调节思维过程，个体才能更深刻地揭示事物的本质和规律。自以为是和人云亦云是缺乏批判性的表现。

## （六）思维的逻辑性

思维的逻辑性是指思维活动应遵循逻辑的方法和规律，按照逻辑的程序进行。思维的逻辑性主要表现在个体在思考和解决问题时，思路清晰、条理清楚、严格遵循逻辑规律。具有思维逻辑性的人，往往具有提问明确、推理严谨、论证充分、论据确凿的特点。主观片面性则是与逻辑性相对的不良思维品质。

🔗 **相关链接** ▶▶▶▶▶▶

### 曹冲称象

冲少聪察，生五六岁，智意所及，有若成人之智。时孙权曾致巨象，太祖欲知其斤重，访之群下，咸莫能出其理。冲曰："置象大船之上，而刻其水痕所至，称物以载之，则校可知矣。"太祖悦，即施行焉。曹冲称象的故事出自《三国志》。怎样称一头大象的重量呢？这对五六岁的曹冲而言是一个大难题。可曹冲经过迅速而灵活的思考，很快想到了办法，那就是先让大象站在船上，刻上水位记号，然后把大象赶下船，往船上装石块，达到原来水位记号停止，这样一来，石块的重量就是大象的重量。

学习笔记

曹冲用许多石头代替大象，在船舷上刻画记号，让大象与石头产生等量的效果，再一次一次称出石头的重量，使"大"转化为"小"，让称大象的问题得到圆满的解决。这其实用的是"等量替换法"，是一种常用的替换方法。曹冲的思维能力很强，在称象的过程中表现出了思维的诸多品质。他能全面地看待称大象的问题，想到利用船的水位，让石头的重量替代大象的重量，想出别人想不到的办法。曹冲在整个称象的过程中思路清晰，步骤严密，结论充足。这体现了曹冲思维的全面性、灵活性及逻辑性等。

## 单元 2　学前儿童思维的发生与发展

### 💬 情景导入

欣欣马上就要上小学了，妈妈在教欣欣做算术题，但欣欣必须掰着手指头才能知道结果。妈妈发愁了：欣欣的算数能力怎么这么"差"呢？该不该阻止欣欣数手指计算呢？

学前儿童在进行数字计算的时候，基本上都要经历数手指的过程，因为在学前阶段，学前儿童思维以具体形象思维为主。在计算的时候，他们往往要借助于实物操作，如手指、小木棍等，才能理解抽象的数字符号。学前儿童通过实物真正理解了数的抽象意义后，自然就能摆脱具体的形象或表象进行计算了。

### ▶▶ 一、 学前儿童思维的发生 ＞＞＞＞＞＞＞

我们通常认为思维是以语言为工具的抽象逻辑思维，学前儿童的思维处于思维发展的低级阶段，在感知、记忆等过程发生之后，与语言真正发生的时间相同，即 2 岁左右。2 岁以前是学前儿童思维发生的准备时期。

学前儿童思维发生的标志是出现了最初的语词概括。2 岁左右的学前儿童开始能按照物体的较稳定的主要特征加以概括，舍弃那些可改变的次要特征。例如，舍弃水杯的形状、颜色等差别，将"水杯"这个词作为各种水杯的标志，当口渴的时候，能根据水杯的主要特征(盛水用的)去拿水杯。

### ▶▶ 二、 学前儿童思维的发展规律及特点 ＞＞＞＞＞＞＞

从思维发展的方式来看，学前儿童思维的发展趋势是：从直觉行动思维到具体形象思维，再到初步的抽象逻辑思维。

#### (一)学前早期直觉行动思维继续发展

处于直觉行动思维阶段的学前儿童，他们的语言能力还很低，他们的思维是在动作中进行的，离开所接触的事物、离开动作就没有了思维，即他们进行的思维与对事物的感知和自身的行动是分不开的。例如，在几个月大的婴儿脚上绑上一个气球，婴儿开始可能没有注意到脚动和气球动之间的关系，但他会慢慢地发现两者之间的关系，说明他已经有直觉行动思维了。又如，1岁的幼儿看到地上的玩具，想要拿可够不着，他会一边叫一边无意识地抓地垫，结果玩具随着地垫被拉过来了，幼儿以后就学会了借助于别的东西来达到自己的目的。再如，3岁的幼儿在画画时，不会先想好画什么，而是拿起画笔就画，画出来像什么他就说是什么，这都是直觉行动思维特点的体现。

### 1. 直观性和行动性

思维的直观性是指学前儿童的思维离不开对具体事物的直接感知，思维依赖直观的事物和情境。例如，学前儿童只有抱着玩具娃娃才会玩"过家家"，玩具娃娃不见了，游戏也就停止了。思维的行动性是指学前儿童的思维离不开自身的实际动作，思维在实际行动中产生。例如，学前儿童在搭建积木时，往往边搭建边想，只有搭建出来之后才知道自己搭建的是什么。因此直觉行动思维又被称为"手和眼的思维"。

### 2. 出现初步的间接性和概括性

直觉行动思维的概括性表现在动作之中，还表现为感知的概括性，具体是指学前儿童常以事物的外部相似点为依据进行直觉判断。例如，儿童认识家里的猫之后，会把其他有毛的、四条腿的动物，如老虎、豹子、狮子等动物称为"大猫咪"，这体现了学前儿童对事物之间简单的、表面相似性的比较和认识，同时也体现了学前儿童对事物之间关系的初步认识。

### （二）学前中期以具体形象思维为主

3～6岁的学前儿童具体形象思维占优势，即学前儿童在进行思维时要依靠事物的表象和具体形象。例如，在进行数学计算时，用苹果举例子，学前儿童很容易理解，而直接用数字进行加减计算，学前儿童在理解时可能会存在困难。具体形象思维是在直觉行动思维的基础上发展起来的，由于表象功能的出现而使学前儿童的直觉行动思维得以向具体形象思维过渡，使学前儿童对事物的概括水平提高到"形象"的层次，因而使他们能解决较为复杂的问题。例如，学前儿童开展角色游戏，遵守游戏规则，并按照游戏的主题来行动，这些就是依靠他们头脑中关于角色、规则、行动计划的表象来进行思维和解决问题的。

### 1. 具体性

具体性是学前儿童思维发展的主要的特征。具体性是指学前儿童的思维内容是具体的，他们思维的内容始终离不开具体的形象，他们能掌握代表实际东西的概念，却对抽象的概念不容易掌握。例如，学前儿童能理解汽车、卡车、消防车、警车、工程车等概念，但对交通工具较难掌握。

### 2. 形象性

形象性也是学前儿童思维发展的主要的特征。形象性是指学前儿童的思维主要是凭借事物的具体形象或表象，而不是凭借对事物的内在本质和关系的理解。例如，学前儿童虽然能对 $3+4=7$ 进行计算，但实际上，他们在进行计算时，并非对抽象数字"3"和"4"进行分析与综合，而是依靠头脑中再现的实际表象，如 3 个苹果加上 4 个苹果，或其他某种具体的形象，或者是数自己的手指才算出结果"7"。再如，在玩交通警察的角色游戏时，司机会遵守交通规则礼让行人，这是学前儿童利用了交通规则在头脑中的形象来参与游戏的，反映了学前儿童的具体形象思维。

### 3. 自我中心性

自我中心性是指学前儿童倾向于从自己的立场、观点认识事物，而不能从客观事物本身的内在规律以及他人的角度认识事物。例如，皮亚杰的三山实验，用来考查学前儿童能否采用别人的观点，实验者把一个娃娃放在桌子周围的不同位置，问被试者(学前儿童)："娃娃看到了什么?"被试者往往从自己的角度回答，而无法理解娃娃的视角。再如，学前儿童之间会发生抢夺玩具的现象，即使是同伴先拿到了玩具，有的学前儿童还是会不依不饶地"争辩"说玩具是他先看到的，这也是由于学前儿童思维的自我中心性，他会认为就是他最先看到的，玩具应该是属于他的。

### (三)学前末期抽象逻辑思维开始萌芽

一般情况下，5～6 岁的学前儿童仍以具体形象思维为主，但有初步的抽象逻辑思维特征，因为他们自身的知识和经验有了一定的积累，能够充分发展自己的逻辑思维能力，理解一些经验和方法在日常生活中的应用。例如，"我"得到了 5 朵小红花，欣欣得到了 6 朵小红花，她比"我"得到的多。再如，6 岁以后的儿童开始逐渐摆脱具体感知和情境性的束缚，能够依据物体的功用以及内在联系进行分类，他们的分类水平达到了一个新的高度。

抽象逻辑思维是成年人思维的典型方式，学前儿童在学前期还不能形成这种思维方式。但在学前晚期，大约 6 岁时，抽象逻辑思维开始萌芽，这时他们能发展到理解事物之间的关系，可以依靠语言进行理解，还能对事物做比较复杂、深刻的评价，具体表现为分析、综合、比较、概括等思维基本过程的发展，概念的掌握、判断和推理的形成以及理解力的发展等。

学前儿童的思维能力是逐步发展起来的，抽象逻辑思维能力是在直觉行动思维和具体形象思维的基础上发展起来的。这个发展顺序是固定的、不可逆的。这三种思维方式既是不同的类型，也是不同的水平，但三者之间不是彼此对立、相互排斥的，在一定的条件下，它们往往是相互联系、相互配合、相互补充的。在学前期，学前儿童的思维方式以具体形象思维为主，但当他们遇到简单而熟悉的问题时，能够运用初步的抽象逻辑思维去解决，而当他们遇到的问题比较复杂和困难时，他们还是经常依靠直觉行动思维去尝试解决问题。

## 单元3 学前儿童思维能力的培养

### 情景导入

七巧板拼图是学前儿童喜欢的智力游戏，可以培养他们的观察能力、空间分析能力、想象力和科学思维能力等。在玩的过程中，学前儿童可以直观地认识各种图形及其之间的关系，如两个小直角三角形可以拼成一个大直角三角形，或者拼成一个正方形；还可以按照给定的图案拼出相同的图案；或者按照框线图进行拼图。

学前期是学前儿童思维能力培养的关键时期，学前期思维能力的培养为学前儿童以后的学习和生活奠定基础。成人要重视对学前儿童思维能力的培养，探寻学前儿童身心发展的成长规律，通过适当的教育与训练，促进学前儿童思维的发展，使学前儿童形成良好的思维品质。

### ▶▶ 一、 思维的发生发展对学前儿童心理发展的意义 >>>>>>>

**(一)思维的发生发展是学前儿童生活活动的基础**

学前儿童在生活中与他人交往，解决遇到的各种问题，都离不开思维活动。只有思维水平不断提高，他们才能更好地认识所处的环境，认识周围的事物，对各种情况做出正确的判断与推理。

**(二)思维的发生发展标志着学前儿童认识水平的提高**

思维活动是人类认知活动的关键，也是高级的认识过程，它的发展本身就是认识过程由低级阶段向高级阶段发展的结果和证明。思维在个体心理发展中出现得较晚，是在感觉、知觉、记忆、想象等心理过程的基础上形成的。所以，学前儿童思维的发生和发展说明学前儿童已经具备了人类的各种认识过程。

**(三)思维的发生发展促进了学前儿童情感、意志和社会性行为的发展**

思维的发生发展是学前儿童心理发展的重大质变，思维对学前儿童的影响不仅局限于学前儿童的认识方面，还渗透到学前儿童的情感、社会交往和个性等方面。思维的深入能使学前儿童的情感逐渐深刻，能根据不同的情境和具体问题做出正确的理解与判断，还能使学前儿童认识到自己的行为及产生的后果，从而增强其责任感和自制力。

**(四)思维的发生发展标志着学前儿童意识和自我意识出现**

思维的发生使学前儿童具备了对事物进行概括、间接反映的可能，从而出现了意识特征的初步形态，开始出现不同于动物的心理特征。自我意识发生和思维发生的关系非常密切，思维水平的提高使学前儿童对自己和对他人

学习笔记

的认识获得进一步发展，使学前儿童能更好地认识自己、自己与他人的关系，从而获得自我意识。

## 二、 学前儿童思维能力的培养策略 >>>>>>>>

### （一）丰富学前儿童的感性认识

思维不是凭空产生的，是在感知的基础上产生和发展的，因此，感性认识越丰富，思维就越深刻。家长和幼儿教师要针对学前儿童思维以具体形象思维为主、向抽象逻辑过渡的特点，在日常生活和学习中，注意为学前儿童创造条件，充分利用直观手段，调动学前儿童的各种感官，让学前儿童广泛地去认识事物和问题，如游戏、劳动、手工、阅读、参观、旅游等都是儿童积累阅历的好机会。在丰富多彩的生活中，发展学前儿童的感知觉，不断丰富学前儿童对大自然和社会的感性经验。学前儿童接触越多，感性经验就越丰富，知识面就越宽，思维能力也就越强。

### （二）促进学前儿童语言能力的发展

语言是思维的外壳，思维要借助于语言来实现，与语言的功能是密不可分的，因此，学前儿童思维能力发展的关键是对学前儿童语言能力的培养，通过培养学前儿童的语言能力可以促进其思维的发展。因此，家长和幼儿教师要在平时多与学前儿童交流，说话时注意使用规范的语言，丰富学前儿童的词汇，促使学前儿童思维活跃、思路清晰。可以多向学前儿童提供一些概括性的词汇，如动物、植物、蔬菜、交通工具等，还可以向学前儿童多问几个为什么，并对学前儿童的表达进行分析，从而使学前儿童用词准确、鲜明生动。

### （三）为学前儿童创设操作活动的机会

学前儿童的动作发展在其智能发展中占有重要地位，创设操作活动的机会是促进学前儿童思维能力发展的重要途径。学前儿童通过操作活动，如搭建、装拆、制作等，可以感知周围世界的各种信息刺激，积累对事物的感知、认识、分类和思考。另外，操作活动蕴含了从观察到思维、从认识到操作、从想象到创造等思维过程，符合学前儿童思维的直观性、形象性等特点。学前儿童在充分操作的基础上，不断进行经验总结，由表象代替动作。

学习笔记

### （四）激发学前儿童的求知欲望

思维是从问题开始的，学前儿童提出问题、分析问题、解决问题的过程，也是他们积极思维的过程。同时，学前儿童天性好奇、好问，对身边的事物和现象充满了无限的好奇，他们喜欢问"为什么"，喜欢探究，喜欢模仿。促进学前儿童的思维的发展，就要鼓励学前儿童探究，满足学前儿童的好奇心，使学前儿童的思维始终处于积极活跃的状态。面对学前儿童提出的问题，家长和幼儿教师要耐心地予以回答，还可以主动向学前儿童提出一些问题，引导他们思考，给予学前儿童充分探索、思考和讨论的时间与机会。

## (五)帮助学前儿童建构正确的思维方法

学前儿童已经积累了丰富的感性经验,具备了较高的语言能力,这为其思维的发展提供了基础。但要利用好这些条件,进行更高水平的思维,还需要掌握正确的思维方法。当学前儿童遇到问题时,家长和幼儿教师要引导学前儿童借助于语言进行正确的分析、综合、比较、概括,做出合乎事物内在本质和客观逻辑的判断推理,这样学前儿童的思考能力才能逐步得到发展。例如,在科学教育活动中引导学前儿童认识动物时,不是只让学前儿童知道动物的名称,而是通过观察、比较,了解不同动物的主要特征,并根据动物的特点进行分类、抽象和概括,逐步认识动物的本质属性。

### 🔗 相关链接 ▶▶▶▶▶

**在日常生活中教孩子使用批判性思维**

在亲子交往中,家长可以引导孩子摆事实、讲道理。比如,孩子想要买什么东西,或者要求家长带他们玩什么,让孩子给出理由,用证据和逻辑来说服家长。这个过程就是孩子不断地练习如何推理别人的诉求(也就是家长的诉求),结合自己的目标,给出有说服力、有逻辑的理由的过程。在这个过程中,如果孩子的推论有错误,家长可以指出来。慢慢地,孩子说话就会开始有理有据。

亲子阅读,也是培养孩子批判性思维的好时机。比如,读完《咕噜牛》,家长可以问孩子:"你认为,如果老鼠没有把咕噜牛吓走,结果会发生什么事?为什么?"这样有逻辑的讨论,鼓励孩子论述,给出多个理由。还可以鼓励孩子下结论:"小老鼠勇敢吗?你为什么这样认为?"问问孩子的观点:"你喜欢这个故事吗?为什么?"

资料来源:魏坤琳.魏坤琳的科学养育宝典.北京:中信出版社,2019,有改动。

### ✏️ 活动设计

## 小动物怎样过冬

### 活动目标

1. 让幼儿了解动物过冬的方式,重点了解冬眠和换毛这两种过冬方式,并知道这两种过冬方式的代表性动物。

2. 让幼儿了解动物过冬的方式的原因,并自主探索,根据动物的生活习性以及过冬的不同方式进行简单分类。

3. 引导幼儿思考,并激发和培养幼儿好奇、好问、好探索的态度,让幼儿在探索动物的生活中感受兴趣。

### 活动准备

PPT、音乐《小动物怎样过冬》、小动物的图片、蘑菇房子。

### 活动过程

1. 手指游戏导入。

教师通过带领幼儿做手指游戏《悄悄话》,吸引幼儿的注意力。手指游戏结束后,教师先提问小鸟和田鼠在说什么悄悄话,接着教师讲小鸟和田鼠说悄悄话的故事，作为导入。

2. 重点掌握动物冬眠和换毛的过冬方式。

(1)教师讲述故事。

教师："哇，下雪了，小朋友们，我们可以出去堆雪人、打雪仗了，我们到小青蛙家叫小青蛙出来玩吧。"

"咚咚咚，请问小青蛙在家吗？我们一起出去玩吧。"

出示小青蛙睡觉的图片："嘘，别吵，小青蛙在睡觉呢，它不吃不喝一直睡到春天才会出来玩呢。"

"唉，算了，小青蛙在睡觉呢，我们还是去小刺猬家找小刺猬玩吧。"

教师敲小刺猬的门："咚咚咚，请问小刺猬在家吗？我们一起出去玩吧。"

出示小刺猬睡觉的图片："谁啊？别吵，我在睡觉呢，我要睡到明年春天才出来玩呢。"

教师："小刺猬和小青蛙都在睡觉，那我们也回去吧，小心感冒。"

(2)教师抛出问题，请幼儿发表自己的看法。

教师："哎呀，怎么回事啊，怎么都要睡觉啊？小朋友们，你们知道这是怎么回事吗？"

教师："哦，原来它们是在冬眠呀，那它们为什么冬眠呢？"

(3)让幼儿认识冬眠。

教师："那老师告诉小朋友们什么是冬眠。小刺猬和小青蛙都是冷血动物，随着天气变冷，它们的体温也在不断下降。有的小动物体温只有几摄氏度，甚至0摄氏度。为了不被冻死，像小刺猬、小青蛙这样的冷血动物就钻进泥土里、洞里，不吃不喝，睡上整整一个冬天，等到第二年春天才出来活动，这就叫冬眠。"

(4)认识换毛过冬的动物。

小青蛙有话让老师转告小朋友们，小青蛙说："冬天真的好冷啊，我不像小兔子一样有温暖的皮毛，如果我不冬眠就会被冻死的。"

出示小兔子的图片："大家好，我是一只可爱又美丽的小白兔，冬天到了，为了使自己更加暖和，我要换上厚厚的毛，就像给自己盖上厚厚的被子，这样冬天就不冷了。"

教师："小兔子是怎样过冬的？还有哪些小动物要像兔子一样需要在冬天里换毛的？"

(5)游戏"帮助小动物回家"。

教师出示多种换毛过冬的小动物和冬眠过冬的小动物的图片，并请小朋友一一认识，接着请小朋友上来将小动物分别送到冬眠过冬和换毛过冬的小房子里面。

**活动延伸**

播放音乐《小动物怎样过冬》作为结束，并总结小动物过冬的方式，让幼儿回家和家长一起查资料了解小动物除了冬眠、换毛还有什么样的过冬方式。

### 思考与练习

**一、名词解释**

1. 思维

2. 直觉行动思维

3. 具体形象思维

**二、简答题**

1. 学前儿童思维的发展趋势是什么？

2. 学前儿童思维发展的特点是什么？

**三、分析题**

结合学前儿童思维发展的特点，谈谈幼儿教师应该如何培养学前儿童的思维能力。

### 实践与探究

观察并列举有助于学前儿童思维能力发展的活动有哪些，选择其中一个主题设计活动方案。

### 国考同步

1.（2019年上）小红知道9颗花生吃掉5颗还剩4颗，却算不出"9－5＝?"。这说明小红的思维具有（    ）。

　　A. 具体形象性　　B. 抽象逻辑性　　　C. 直观动作性　　　D. 不可逆性

2.（2020年下）大班幼儿认知发展的主要特点是（    ）。

　　A. 直觉行动性　　B. 具体形象性　　C. 抽象逻辑性　　D. 抽象概括性

3.（2021年上）妈妈带3岁的岳岳在外度假。阿姨打来电话问："你们在哪里玩?"岳岳说："我们在这里玩。"这反映了岳岳思维具有什么特征？（    ）

　　A. 具体性　　　　B. 不可逆性　　　C. 自我中心性　　D. 刻板性

云测试

# 模块七
## 学前儿童的言语

### 学习目标

1. 了解言语的含义及分类。

2. 理解言语在儿童心理发展中的作用。

3. 掌握学前儿童言语发展的阶段与特点。

4. 能够根据学前儿童言语发展的特点，应用所学知识，解决学前儿童言语发展中遇到的问题。

5. 能够应用适当的策略开展学前儿童言语教育。

6. 树立科学的言语教育观，遵循学前儿童身心发展规律和年龄特点进行言语教育。

7. 热爱祖国语言，树立文化自信。

### 学习导航

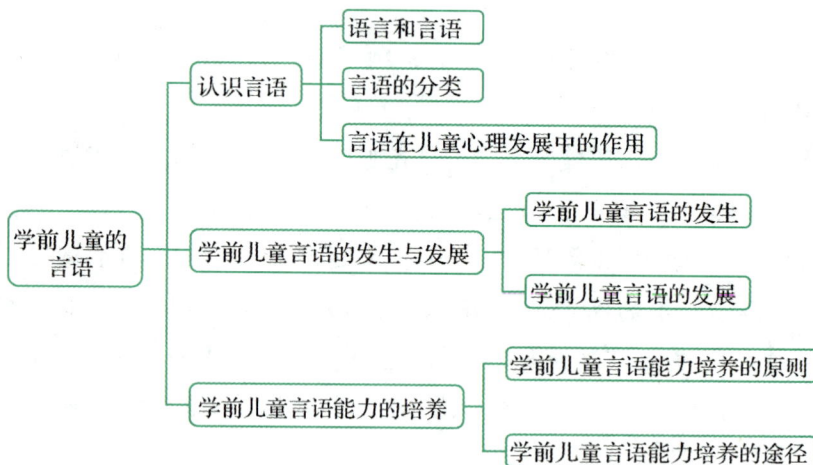

语言是交际的工具，在儿童心理发展中具有概括作用和调节作用。学前期是儿童言语发展最为迅速的时期，是儿童熟练掌握口头言语的关键时期，也是从外部言语逐步向内部言语过渡并初步掌握书面言语的时期。本模块主要介绍言语的含义和分类，言语在学前儿童心理发展中的作用，以及学前儿童言语的发生与发展。本模块主要是在了解学前儿童言语的发展阶段与特点的基础上，培养学前儿童的言语能力，为学前儿童言语发展奠定基础。

## 单元 1　认识言语

### 情景导入

区域活动时，豆豆拿到了自己最喜欢的毛毛熊交通警察。他高兴地一边摆弄毛毛熊一边说"现在是绿灯，可以通行""现在变成红灯了，禁止通行""我们要遵守交通规则"……

学前儿童在区域活动中的这种自言自语是一种儿童言语形式，是儿童由外部言语向内部言语发展过渡的一种形式。这种形式，在儿童言语交流过程中是常见的。

### ▶▶ 一、语言和言语 >>>>>>>

#### (一)语言和言语的概念

语言是人类在社会实践中逐渐形成和发展起来的交际工具，是由词汇按一定的语法规则所构成的语音表义系统，是人类特有的用来表达情感、交流思想、传递信息的工具，是学前儿童要学习的对象。语言的产生是人类在社会实践过程中伴随着交际的需要而产生的，它是一种社会现象。不同的国家和地区，由于文化不同，语言也不同。语言是一个民族的重要特征之一，基本上每个民族都有自己的语言，例如"汉语""英语""西班牙语"等都属于语言。

言语是人们运用语言材料和语言规则来表达自己的思想或与其他人进行交际的过程。在这个过程中，可以利用各种语言(汉语、英语、韩语)进行交流沟通。言语是对语言的应用，它既包括人们利用语言进行交际的行为——言语活动，又包括人们利用语言产生的结果——说出来的话语、写出来的作品等。言语交际的过程，实际上就是在社会交往中应用语言的过程。倾听、说话、阅读、写作等都属于言语活动。在言语活动中，人们可以使用汉语、英语、西班牙语等不同的语言。学前儿童要掌握语言，必须要参与一定的言语活动才能丰富自己的语言内容，学会用语言交流与沟通。

#### (二)语言和言语的关系

在社会生活中，语言和言语这两个概念经常被人们混淆，经常有人用语言代替言语。实质上，语言和言语是两个紧密联系又彼此不同的概念。

语言和言语是彼此不同的两个概念。语言是人类社会共有的交际工具，因而具有全民性、概括性、稳固性、长期性等特征，是一种相对静止状态的知识系统。言语是人们利用语言这一工具进行交际的过程和结果，是语言的自由组合，因而具有个人性、集体性、多变性、有限性等特征，是一种相对动态的话语系统。

语言和言语又是密不可分的两个概念。语言的表现形式是言语，它存在于人们的各种言语活动中。语言只有在言语活动中发挥交际工具的功能，才可能得到不断的丰富和发展。离开了人们的交际活动的语言必将被社会淘汰，并逐渐走向消亡。因此，语言离不开言语。而言语要借助于语言才能实现，离开了语言，仅仅通过表情、动作等有限的交流方式是无法满足人们日益丰富、不断发展的社会生活需要的。因此，言语依赖语言。例如，人们在演讲过程中使用的汉语是一种语言，而利用汉语进行演讲的过程则属于言语。所以，语言和言语两者密切联系。语言和言语的关系如表 7-1-1 所示。

表 7-1-1　语言和言语的关系

| 关系 | 语言 | 言语 |
|---|---|---|
| 区别 | 交际、思维的工具 | 对语言这种工具的应用 |
| | 社会现象，具有较大的稳定性 | 心理现象，具有个体性和多变性 |
| | 研究语言的科学是语言学 | 言语活动是心理学的研究对象 |
| 联系 | 言语离不开语言，离开语言这种工具，人们就无法表达自己的思想或意见，也就无法进行交际活动；语言也离不开言语，因为任何一种语言都必须通过人们的言语活动才能发挥其交际工具的作用 | |

## ▶▶ 二、　言语的分类 >>>>>>>

在日常应用中，一般将言语分为外部言语、内部言语和过渡言语。

### （一）外部言语

外部言语是与他人进行交际时的言语活动，包括口头言语和书面言语。

口头言语是言语活动的一种基本形式，是以说和听为传播方式的有声言语。它是开始接触语言的学前儿童的主要言语形式，又可以分为对话言语与独白言语。对话言语是两个或两个以上个体之间相互交谈时开展的言语活动，如人们之间经常进行的谈话、聊天等。学前儿童的言语最初是对话式的，在与成人的交往中，不断通过言语活动，提升自己的言语能力。独白言语则是个体利用连贯的言语向倾听者讲述的言语活动，如演讲、作报告、讲故事等。独白言语的重要功能是用外部言语来控制思维，具有连贯性和计划性。

书面言语是借助于文字来表达思想、抒发情感、传授知识，也就是写出和看到的文字。书面言语是在口头言语的基础上发展起来的，书面言语要求文字表述要准确、逻辑形式要严谨、意思表达要连贯等。对于学前儿童来说，儿童书面言语主要包括识字、阅读、书写等不同阶段。其中，识字和阅读是接受性的阶段，书写是表达性的阶段，所以儿童书面言语的产生是接受性的言语在前，表达性的言语在后。儿童言语发展的过程是从单个字到词，再到句子、成段的文章，逐步发展起来的。

**(二)内部言语**

内部言语是言语活动的一种高级形式，是指个体自问自答以及自己思考时不出声的言语活动。内部言语是在外部言语的基础上产生的，是不出声、不起交际作用的言语过程。内部言语突出了自觉的分析综合和自我调节功能，与思维联系密切。人们不出声的思考就是利用内部言语来进行的，如讲话前的思考、写文章前的腹稿等。这时，言语器官虽然不发出可以听到的声音，但一直在活动，仍然向大脑皮层发送一定的动觉刺激，即和出声说话相似的刺激作用。内部言语具有发音隐蔽性、简略性、片段性(不完整性)、真实体现主体意识等特性。低龄儿童没有内部言语，随着儿童生理和思维的发展，内部言语才逐渐出现。

**(三)过渡言语**

儿童口语表达能力的发展体现了一个从外到内的过程，在儿童由外部言语向内部言语发展过程中，有一种介乎外部言语和内部言语之间的言语形式，我们称之为过渡言语，即出声的自言自语。例如，儿童在娃娃家活动时，和布娃娃进行的言语交流就是一种出声的自言自语。这种言语是形式上的外部言语和功能上的内部言语的结合，既有言语的表达又有不起交际作用的言语表述，兼有外部言语和内部言语的特点。儿童的这种自言自语一般出现在4岁左右。皮亚杰把它称为自我中心语。学前儿童的自我中心语是其自我中心思维的表现。维果茨基则认为，儿童的自言自语是朝向自己的言语，应该称之为私人言语，而不是自我中心语。儿童利用这种言语来指导自己的行为，解决成长过程中遇到的相关难题。

学前儿童的自言自语有游戏言语和问题言语两种形式。游戏言语的特点是比较完整、详细，有丰富的情感和表现力。学前儿童一边做各种游戏动作，一边说话，用言语补充和丰富自己的行为。例如，学前儿童在区域活动"娃娃医院"中，照顾生病的布娃娃时，会一边做动作(抱着娃娃、拍着她、给她喝药)，一边说："生病了就要按时吃药，吃完药睡一觉就好了。"问题言语的特点是比较简短、零碎，常常在遇到问题或困难时出现，表现为困惑、怀疑、惊奇等。例如，学前儿童在玩玩具时，有一块玩具一直插不上，他会自言自语："怎么会不行呢?"然而，这时他所提出的问题，并不要求别人回答，只是在表述自己的困惑。4~5岁学前儿童的问题言语最为丰富，因为这时学前儿

皮亚杰的"自我中心言语"

童的言语发展已经有了一定的基础，连贯性言语的发展使学前儿童愿意用言语来表达自己的思想和感受，所以我们会经常听到学前儿童自言自语。

🔗 **相关链接** ▶▶▶▶▶▶

**思维与语言**

让·皮亚杰是瑞士著名的心理学家，他从心理发生的角度对个体进行分析，对思维和语言之间的关系进行深入的探讨，至今影响深远。

一、以起源作为切入点进行分析

语言和思维二者并不是同源的事物，前者源于社会学习，而后者则源于动作。从中不难看出，前者的产生主要是因为经验，而后者的产生主要源于个人对事物所采取的行动。从起源的时间来看，思维出现的时间无疑是先于语言的，因此思维的活动能够对语言的活动产生一定的控制作用。但需要注意的是，思维并不等同于语言，也无法归结为语言，更无法通过语言对它进行深度的阐释。

二、以作用作为切入点进行分析

语言对思维而言，其实可以说是一种工具，前者服务于后者。这种服务主要体现在两个方面：一个是使后者更具有组织性，另一个则是增进后者与社会之间的交流。语言对思维的缜密性有着至关重要的作用，缺少了语言，思维始终带有个人色彩。对于思维而言，语言起到了工具的作用，但是这种工具并不具有唯一性，除了通过语言描述思维，人们还可以借助其他符号以及表象对思维进行描述。对于尚未掌握语言能力的幼儿来说，他们同样可以使用形状、颜色等代替语言，对思维进行描述。至于聋哑人，虽然他们不具有语言能力，但是他们可以使用手势等进行非语言类的思维。

三、以本质作为切入点进行分析

思维对语言有着决定性的作用。皮亚杰对儿童思维的发展过程进行了较为全面的分析，指出儿童思维的起源是动作，而非语言。当婴儿的年龄大于九个月的时候，他就已经具备了动作思维，但是此时他仍不具备语言能力。所以，语言先于思维的理论是不准确的，但是二者之间又确实存在某种联系，思维决定语言。

资料来源：嵇雅迪. 从儿童心理学角度看语言与思维的关系. 哈尔滨：黑龙江大学，2016。

## ▶▶ 三、言语在儿童心理发展中的作用 >>>>>>>>

### （一）认知功能

言语是思维和认知的工具，言语的发展水平直接影响着学前儿童思维的发展，影响着学前儿童的认知水平。在言语发展的过程中，学前儿童不断运用言语进行交流沟通、思考问题，这种行为使得学前儿童的理解能力、思维能力不断变强，直接促使学前儿童思维的发展。同时，言语的使用，使学前儿童的认知水平提升很快。因为在学前儿童言语形成之前，学前儿童主要依靠感知觉和动作来认识外界事物。但在言语使用以后，学前儿童通过与外界的交流进一步了解了各种事物，能够进行归类与区分。例如，学前儿童品尝过柠檬的味道，体验过酸的感觉，以后听成人说山楂也很酸，不用自己品尝就能够间接地知道山楂的味道。

由此可见，言语的发展，促进了学前儿童思维能力和认知水平的提升，扩大了学前儿童的认知范围。

### (二)概括功能

学前儿童对客观事物进行感知时，言语的概括能力起着非常重要的作用，促使学前儿童的认识过程发生质的飞跃。具体表现在：用词命名，把所感知的物体及其属性表述出来，从感知事物发展为理解事物，便于认识事物及其属性，如对老虎的认知。借助于词，将相似的物体及其特征进行比较，通过观察分析，找出物体间的差别，如对小狗和小兔的区分。借助于词，概括感知同类事物的共同属性，便于认识事物的共同特征，如对苹果与梨的归类，它们都属于水果。借助于词的概括作用，学前儿童根据已经了解的事物的主要特征，认识同类的未知事物。例如，"家具"一词可以概括桌子、椅子、床等。此外，还可以借助于词，分出事物的主要和次要特点、低级和高级属性等。

总之，学前儿童通过言语学习，了解某种事物对应的词汇，学会用词对事物命名，用词把感知的事物及其属性表述出来，并能表达事物之间的相同点和不同点，然后对事物进行区分。

### (三)调节功能

言语对学前儿童心理活动和行为具有调节功能，即自我调节功能。学前儿童言语的自我调节功能可以促进学前儿童各种心理活动的有意性的发展。例如，学前儿童的注意起先只是无意注意。这种注意是由外界事物或成人的言语来组织的，后来学前儿童用自己的言语来组织自己的注意，即产生有意注意。同样，学前儿童的识记最先是由外界环境的变化引起的无意识记，后来学前儿童利用自己的言语使无意识记变成有意识记。学前儿童言语的自我调节功能可以调节学前儿童的行为，使学前儿童的行为成为有意义、自觉的行为。研究者对学前儿童的情绪和意志行为进行研究发现，儿童的这些行为从执行成人的指示、受到成人组织，过渡到逐渐能用言语对自己提出要求，表现出能够自己控制和调节情绪与意志的行为。例如，大班幼儿要比小班幼儿容易控制自己的情绪、调节自己的行为。

### (四)交际功能

学前儿童在与周围的人进行交往与对话的过程中，不断吸收他人的经验，从而获得心理的发展。在这一过程中，言语发挥了极为重要的作用。学前儿童的言语因人际交往的需要而产生和发展。在学前儿童逐渐成长的过程中，学前儿童要交流、要表达自己的需求或愿望，获得他人的理解和认可，就要不断利用言语沟通，所以学前儿童开始逐渐学会使用言语。而随着学前儿童言语能力的发展，学前儿童在与周围的人交流的过程中，逐渐意识到使用言语可以达到特定的目标、可以实现自己的愿望等，所以愿意和人交流，从而不断强化社会化的人际交往行为。例如，4 岁以后，学前儿童之间的交谈明显增多；5 岁以后，学前儿童可以明确表达自己的观点等。

## 单元 2　学前儿童言语的发生与发展

### 情景导入

　　浩浩小朋友刚上幼儿园的时候，还不会说话。浩浩妈妈把这种情况告诉了浩浩所在班的杨老师。杨老师很意外，浩浩已经 3 岁了，怎么还不会说话呢？所以，在平时，杨老师就格外关注浩浩的情况，发现浩浩能听懂其他小朋友的讲话，但自己就是不开口。

　　杨老师平时就注意多和浩浩讲话，虽然浩浩不说，但杨老师自己讲，这样过了一段时间。一天，浩浩突然发出了"老"的声音；又过了一段时间，浩浩能叫出"贝贝"等小朋友的名字。就这样，浩浩说出的词语越来越多，说出的句子也越来越复杂。等到学期结束的时候，他还会唱儿歌了。

　　学前儿童言语的发生与发展需要经过较长时间，也存在着独特的规律。成人应该有耐心，在了解学前儿童言语发生与发展的基础上为他们创造丰富的语言环境，让他们多听、多练。同时，成人需要学会倾听学前儿童的声音，帮助学前儿童不断进步，更好地表达自己。

### ▶▶ 一、学前儿童言语的发生 >>>>>>>>

#### （一）前言语阶段（0～12 个月）

　　婴儿出生后，从不会说话到能用言语表达，要经历一个言语发生的准备阶段，我们称之为前言语阶段。在这一阶段，婴儿虽然还不会说话，却开始逐渐表现出与言语发生相关的一系列活动：他们能觉察到周围的人在说话；他们有时也叽里呱啦地自己说话；他们似乎能听懂周围的人说话。这些非语言性声音与姿态的交流等，说明婴儿的言语知觉能力、发音能力和言语理解能力在逐渐发展起来，正在为言语活动的发生做准备。这一阶段可以划分为三个阶段。

#### 1. 简单发音阶段（0～3 个月）

　　婴儿从最初的发音——哭叫，到逐渐获得语言范畴的知觉能力，表现出对母亲语音的明显偏爱，并大多能对母亲的呼唤行为做出反应，有时能与成人进行类似互相模仿的发音游戏，能够区分并模仿成人发出的语音。在这一阶段，婴儿的语音是无意识发音，大多是在成人逗引时发出的，是无意义的模糊音，其中绝大多数是单音节，如 ā、āi、ē、ēi、ōu 等，这些都是为以后言语的发生所做的准备。

### 2. 连续音节阶段(4~8个月)

4~8个月,婴儿的语音有了进一步发展,他们在吃饱、睡醒后,常自动发音,有时对着玩具娃娃或其他物体发音,表现出想进行交流的愿望。在这一阶段,婴儿发出更多的元音和辅音,同时出现了由元音和辅音组成的音节。所发的语音中双音节和多音节大量增加,如 ā—bā—bā—bā,ā—dā—dā,mā—mā 等,既有同一音节的重复,又有不同音节的组合,有些听起来很像成人言语中的词,但实际上不是,这些语音没有确切的含义,没有联系具体的事物。

### 3. 学话萌芽阶段(9~12个月)

在这一阶段,婴儿能够辨别母语中的各种音素,能把听到的各种语音转化为音素。婴儿发出的连续音节不只是同一音节的重复,而且明显增加了不同音节的连续发音,声调也更加多样化,如 ē—lū—bī,ēn—én—ěn—èn 等,这已经是学话的萌芽状态,又称语言的发生阶段。在这一时期,婴儿喜欢模仿成人的语音,这种模仿不仅在音色上极为相近,在声调上也极为相似,而且能保持一段时间,并能被适当迁移和正确应用,逐渐把语音和某个事物相联系,用一定的声音表示一定的意思,为学说话做好了准备。

### (二)言语发生阶段(1~3岁)

学前儿童从1岁起开始进入正式学习言语的阶段。在这一阶段,学前儿童的言语表达能力在语音、词汇、句子方面都在快速发展,比前一阶段有了更大的进步。学前儿童在1~1.5岁这段时间,言语表达能力较弱,发出的基本都是单词句、电报句等简单句,但言语理解能力发展迅速;在1.5~3岁,学前儿童说话的积极性快速提升,言语表达能力变强,开始说复杂点的句子,词汇量也大幅增加。

#### 1. 理解言语迅速发展阶段(1~1.5岁)

在这一阶段,学前儿童能清晰地发出元音和辅音,出现更多单音节和连续音节。在周围人的言语强化教育下,学前儿童开始把周围人发出的语音逐渐与某一特定的具体事物联系起来,当学前儿童听到某个熟悉的语音时,就可能做出相应的反应。此阶段学前儿童说出的词有以下特点。

(1)单音重叠

这一阶段学前儿童喜欢说重叠的字音,如球球、果果等;还喜欢用象声词代表物体的名称,如把小猫叫作"喵喵"。

(2)一词多义

这一阶段学前儿童对词的理解不准确,说出的词往往一词多义。例如,"喝"这个词,代表的可能是喝水、喝奶或者喝汤等。

（3）以词代句

这一阶段的学前儿童经常以词代句。例如，"走"这个词，学前儿童表达的意思可能是我要出去玩等，属于单词句阶段。

在这一时期，学前儿童虽然开始增加了对语音的理解，但有时会出现一个短暂的相对沉默期：不开口说话，只用手势和行动示意等。

### 2. 积极说话发展阶段（1.5～3 岁）

这一阶段学前儿童似乎突然开口说话，说话的积极性很高，被称为积极的言语活动发展期。学前儿童掌握的词汇数量大量增加，词句的掌握也迅速发展，他们开始说完整的句子，这一时期是从双词句到完整句的发展时期。这一时期，是学前儿童学习口语的重要时期，应创造良好的语言环境发展学前儿童的口语能力。到 3 岁左右，学前儿童基本完成了从感知语言到说出语言的过渡，为言语的发展奠定了基础。

### （三）基本掌握口语阶段（3 岁至入学前）

学前儿童从两岁以后，特别是 3 岁到入学前，在语音、词汇、语法和口语表达能力的掌握方面都有迅速发展，能够用言语表达自己的想法、愿望，能够用言语与他人进行交流与沟通，这为入学后学习书面言语打下了基础。

## ▶▶ 二、 学前儿童言语的发展 >>>>>>>>

语音、词汇、语法是语言的三要素。学前儿童言语的发展就是从逐渐掌握语言的语音、词汇、语法开始的。

### （一）语音的发展

随着发音器官的成熟，学前儿童的发音机制开始稳定和完善。研究表明，3～4 岁是学前儿童语音发展最为迅速的时期，4 岁左右的学前儿童能够掌握本民族的全部语音，并达到发音基本正确。我国心理工作者根据对 3～6 岁学前儿童语音发展的研究，总结出儿童语音发展的如下特点。

### 1. 发音的正确率与年龄的增长密切相关

随着年龄的增长，学前儿童发音器官进一步成熟，学前儿童的发音能力迅速增强，学前儿童发音准确率也越来越高。研究发现，3～6 岁学前儿童的发音水平与年龄的增长成正比，年龄越大，学前儿童发音的正确率越高。3～6 岁学前儿童声母、韵母的发音正确率如表 7-2-1 所示。

表 7-2-1 　3～6 岁学前儿童声母、韵母的发音正确率

| 年龄/岁 | 儿童数/个 | 发音全部正确的儿童数/个 | 比率/% |
| --- | --- | --- | --- |
| 3 | 1203 | 122 | 10.1 |
| 4 | 1400 | 448 | 32.0 |
| 5 | 1450 | 830 | 57.7 |
| 6 | 1447 | 1002 | 69.2 |

学前儿童发音的正确率还与所处的社会环境有关。例如，在同一区域，城市儿童和农村儿童发音的正确率会有比较大的差异，这说明环境中的其他因素，如教育条件、社区环境、家庭环境等，也会影响学前儿童的正确发音。

### 2. 语音发展存在飞跃期

学前儿童的发音水平在 3～4 岁时进步最为显著，在这一时期，学前儿童的语音意识明显发展，发音能力迅速发展，被称为儿童语音发展的飞跃期。4 岁以上学前儿童基本掌握母语的全部语音。此后学前儿童的发音就趋于稳定，更趋向于方言，在学习其他方言或外国语时，常会受到本土方言的影响而产生发音困难的现象。

### 3. 对声母、韵母的掌握程度不同

因为地区差异和城乡差异，学前儿童掌握声母、韵母的程度是不同的，一般韵母的发音正确率高于声母。城乡学前儿童在 4 岁之后，基本上都能发清普通话中的韵母，但声母的发音正确率要稍低一些。学前儿童发音时的语言环境、发音部位和方法掌握不到位，是儿童错误发音的主要原因，大部分儿童的错误发音主要集中在辅音上，如 g、k、l、zh、ch、sh、z、c、s 等。例如，将"大哥哥"说成"dàdēdē"。

### 4. 语音意识逐渐发展

学前儿童从 3 岁开始，语音意识逐渐发展，开始对别人的发音感兴趣，喜欢纠正、评价别人的发音，并时常注意自己的发音。因为只有自己有精确的语音辨别能力、能正确调控自己的发音，才能发现别人发音正确与否。例如，有的儿童会通过有意模仿别人，来纠正自己的错误发音；有的儿童主动要求别人教授自己如何发音，或者有意回避发不正确的音等。这些现象都是儿童语音意识的逐渐发展，使得儿童学习语音变得自觉主动，有利于儿童言语的发展。

### (二)词汇的发展

在学前儿童的智力发展中，有研究者把词汇量作为衡量儿童智力发展情况的重要标准。3～6 岁是儿童词汇发展最迅速的时期，是对基本的口语词汇的掌握时期。学前儿童对词汇的掌握主要表现在词汇数量逐渐增加、词类范围不断扩大，词义理解逐渐加深，积极词汇逐渐增多四个方面。

### 1. 词汇数量逐渐增加

词汇是语言的基本建筑材料，词汇量是儿童言语发展的标志之一。词汇量的多少直接影响到儿童语言表达能力的发展。而"倾听与表达"又是学前儿童语言教育的主要目标之一。学前儿童的词汇量是随着年龄逐年增加的，学前期是个体一生中词汇量增加最快的时期。对于学前儿童来说，理解词义是发展词汇量的关键。研究表明，1 岁左右的学前儿童刚开始说话，只能够说出

极少量的词；2 岁左右的学前儿童大约能掌握 270 个词；3～4 岁的学前儿童对词义的理解比较浅显，可掌握 1 700 多个词；4～5 岁的学前儿童对词义的理解加深，可掌握 2 500 多个词；5～6 岁的学前儿童生活范围扩大，知识经验增加，词义理解深刻，可掌握 3 000～4 000 个词；进入小学后，儿童已经能掌握基本的口语词汇。有关研究材料表明，3～6 岁学前儿童的词汇量是以直线上升的趋势发展的，其中 3～4 岁学前儿童的词汇量年增长率最高，6 岁学前儿童比 3 岁学前儿童的词汇量增加了三四倍。不同国家 3～6 岁学前儿童词汇量的发展如表 7-2-2 所示。

表 7-2-2　不同国家 3～6 岁学前儿童词汇量的发展

| 年龄/岁 | 德国 | | 美国 | | 日本 | | 中国 | |
| --- | --- | --- | --- | --- | --- | --- | --- | --- |
| | 词汇量 | 年增长率 | 词汇量 | 年增长率 | 词汇量 | 年增长率 | 词汇量 | 年增长率 |
| 3 | 1 000～1 100 | | 896 | | 886 | | 1 000 | |
| 4 | 1 600 | 45.5%～60% | 1540 | 71.9% | 1 675 | 89.1% | 1 730 | 73.0% |
| 5 | 2 200 | 37.5% | 2 070 | 34.4% | 2 050 | 22.4% | 2 583 | 49.3% |
| 6 | 2 500～3 000 | 13.6%～36.4% | 2 562 | 23.8% | 2 289 | 11.7% | 3 562 | 37.9% |

（资料来源：邹金利，赵碧玫，张卫宇. 学前心理学. 北京：首都师范大学出版社，2018。）

### 2. 词类范围不断扩大

学前儿童的词汇量多少从数量上说明了他们掌握词汇的水平，而词类范围所显现的是学前儿童掌握词汇的质量。词汇中不同的词类的抽象概括程度不同，代表着不同的发展水平，如实词代表具体的事物、虚词的意义比较抽象。从词汇的数量方面看，在学前儿童的词汇中，实词的量大，虚词的量很小。但从词汇的质量方面看，掌握虚词（如因果连词），往往说明学前儿童智力发展达到相对较高水平。

随着词汇数量的增加，学前儿童掌握的词类范围也在不断扩大，这主要表现在词的类型和词的内容两方面。

（1）词的类型

汉语词汇一般分为实词和虚词。学前儿童掌握的词的类型由少到多，体现了一定的顺序性。他们一般先掌握实词（意义比较具体的词，包括名词、动词、形容词、数量词、代词、副词等）；然后掌握虚词（意义比较抽象的词，一般不能单独作为句子成分，包括介词、连词、助词、叹词等）。实词的掌握沿着"名词→动词→形容词→其他实词"的顺序发展。学前儿童掌握虚词的时间较晚，且虚词所占比例也很小，只占词汇总量的 10%～20%。在整个幼儿期，学前儿童掌握的词汇中，名词所占比例最大，代词使用频率最高。2～6

岁学前儿童各种词类比例变化如表 7-2-3 所示。

表 7-2-3　2～6 岁学前儿童各种词类比例变化（%）

| 年龄/岁 | 名词 | 动词 | 语气词 | 副词 | 代词 | 形容词 | 象声词 | 助词 | 助动词 | 叹词 | 量词 | 数词 | 介词 | 连词 |
|---|---|---|---|---|---|---|---|---|---|---|---|---|---|---|
| 2 | 32.8 | 29.8 | 12.8 | 6.4 | 5.7 | 4.3 | 2.6 | 2.6 | 1.0 | 0.8 | 0.7 | 0.6 | 0.3 | 0 |
| 2.5 | 23.6 | 21.3 | 21.1 | 7.0 | 13.6 | 5.1 | 0.3 | 2.6 | 1.7 | 0.3 | 1.2 | 1.0 | 1.2 | 0 |
| 3 | 21.0 | 23.5 | 23.5 | 6.1 | 10.6 | 4.2 | 0.4 | 3.2 | 2.3 | 0.7 | 1.9 | 1.3 | 1.1 | 0.2 |
| 4 | 11.9 | 21.2 | 20.2 | 8.3 | 11.6 | 5.1 | 0.1 | 2.6 | 2.4 | 0.3 | 3.3 | 2.7 | 2.1 | 0.2 |
| 5 | 18.5 | 20.2 | 21.2 | 7.7 | 12.1 | 4.8 | 0.1 | 3.0 | 2.2 | 0 | 4.4 | 4.1 | 1.4 | 0.3 |
| 6 | 20.3 | 21.4 | 14.4 | 10.6 | 11.8 | 3.7 | 0.1 | 3.5 | 1.0 | 0.1 | 5.0 | 4.6 | 2.8 | 0.7 |

（2）词的内容

在学前儿童掌握的词汇中，不仅词的类型掌握有一定的顺序，词的内容掌握也有一定的变化。学前儿童先掌握与日常生活直接相关的词，再过渡到与日常生活距离稍远的词，词的抽象性和概括性也进一步提高。以名词的发展为例，学前儿童最先掌握的名词都是与饮食起居等日常生活内容密切相关的词汇，如儿童日常接触的居住环境类的词，生活当中使用的各种物品、吃的各种食物等，而对那些离日常生活距离比较远的抽象词汇，如科技、军事、政治、社交类的词汇的掌握，则随着年龄的增长才逐渐发展起来。

### 3. 词义理解逐渐加深

随着学前儿童掌握词汇数量的增加，学前儿童对词汇本身的内容和其中含义的理解也在逐渐地确切和深入，不仅能掌握词的表面意义，还能掌握词的深层意义，甚至有时能掌握词的转义；不仅能掌握词的一种意义，有时还能掌握词的多重意义。例如，学前儿童在一段时间内将"狗"用于专指自己家里的小狗，而不包括别人家的狗或流浪狗，随着生活经验的丰富，他们会慢慢地区分出狗包括很多种类，从而加深对词义的理解。除此之外，学前儿童还能逐步掌握一些更高级、更抽象、更概括的词。例如，他们逐渐知道草莓、香蕉都是水果，绿草、大树都是植物等。还有诸如聪明、勇敢等抽象词汇的理解和应用等，都是学前儿童从具体到抽象逐步理解词义的表现。

### 4. 积极词汇逐渐增多

在学前儿童语言发展中，对词义的理解经历了由笼统到精确、由具体到概括的过程，这一过程产生了一些学前儿童既能理解又能正确使用的积极词汇；也有儿童不十分理解，或者有些理解却不能正确使用的消极词汇。例如，把狮子身上的毛说成"羽毛"，把"胖"说成"肥"等，这些都属于消极词汇。随着学前儿童直接或间接经验的增长，特别是学前儿童思维的发展，学前儿童对词义的正确理解和在不同场合下词汇的正确使用能力都在不断增强，由使用很多消极词汇逐渐变成使用积极词汇。所以随着学前儿童年龄的增长，他们掌握的积极词汇逐渐增多。

### （三）语法的发展

学前儿童掌握了语音和词汇之后，还必须学会语法，掌握组词成句的规律，才能掌握语言。

#### 1. 从不完整句到完整句，从简单句到复合句

学前儿童在习得句子的过程中要经历从简单到复杂，从不完整到完整的过程。

（1）不完整句阶段（1～2岁）

学前儿童最初表达的句子结构是不完整的，包括单词句和双词句。单词句是指用一个词代表的句子，一般出现在1～1.5岁。例如，学前儿童说"帽帽"这个词时，可能表示自己要戴，也可能表示布娃娃要戴等。学前儿童的单词句表意不清晰，指意不明确，所用词不是与某一特定物体和对象有关，而是和某种情境相联系。双词句又叫"电报句"，是由2～3个单词组成的不完整句，一般出现在1.5～2岁。例如，学前儿童说"妈妈抱"，其实他想说"妈妈抱着我"。双词句具有语句简略、结构不完整、语句不连续的特点。

（2）完整句阶段（2～6岁）

2岁左右，学前儿童逐渐开始说语法结构比较完整的句子，如"我叫小芳，我爱跳舞"，但主要为简单句。随着年龄的增长，简单句所占的比例逐渐减小，复合句逐渐发展起来。4岁以后，学前儿童开始能够使用适当的连接词说出复合句，如"因为……所以……""如果……就……"等。在此阶段，学前儿童的言语基本形成。学前儿童掌握简单句和复合句的比例如表7-2-4所示。

表 7-2-4　学前儿童掌握简单句和复合句的比例

| 年龄/岁 | 简单句/% | 复合句/% |
| --- | --- | --- |
| 3 | 96.2 | 3.8 |
| 4 | 88.5 | 11.5 |
| 5 | 87.6 | 12.3 |
| 6 | 80.9 | 19.1 |

#### 2. 从陈述句到多种形式的句子

在学前儿童的语言从单词句到简单句的发展过程中，句子形式主要是陈述句，整个学前期，简单的陈述句是基本的句型。除此之外，学前儿童还陆续学会疑问句（为什么要走呢）、祈使句（请给我打开）和感叹句（多好看的花啊）等多种形式的句子。在这一时期，否定句主要在具体的情境下使用，如"我不去"。被动句偶尔出现，双重否定句尚未出现。

#### 3. 从无修饰句到修饰句

学前儿童最初使用的句子中是没有修饰语的，如"宝宝吃饭"。我国心理

学家朱曼殊等人研究发现，2.5 岁的学前儿童已经开始使用一定数量的简单修饰语，如"两个娃娃捉迷藏"。3 岁左右的学前儿童开始使用较复杂的修饰语，如"我喜欢的玩具狗"。随着学前儿童词汇量的增加，使用修饰语的能力也逐渐增强，修饰语的长度也由短到长。3～3.5 岁是复杂修饰语的数量增长最快的时期。到 4 岁，学前儿童语句中的修饰句开始占优势。

#### 4. 语法意识的出现

学前儿童掌握语法结构，主要是在日常生活中通过与他人的言语交流、模仿成人说话进行的。学前儿童对语法结构的意识出现时间较晚，从 4 岁开始，学前儿童明显出现对语法的意识。这时，学前儿童可能会提出有关语法结构的问题，发现别人说话中的语法错误。例如，学前儿童听到其他小朋友说"喝水你"，这时他会指出小朋友的语法问题，但不一定是根据语法规则来指出的，只是单纯地觉得平时不是这样说的。

### (四)言语表达能力的发展

随着学前儿童语音的完善、词汇的丰富、语法结构的逐渐掌握，学前儿童的口语表达能力有了良好的发展，具体表现如下。

#### 1. 从对话言语逐渐过渡到独白言语

口语可以分为对话式与独白式两种。学前儿童在 3 岁以前，基本上都是对话言语，这时候，学前儿童的独立活动比较少，在和成人的言语交际中发展用于打招呼、提问、回答问题的对话式言语。在 3 岁后，随着学前儿童社会性范围的扩大、生活经验积累的增多，学前儿童的独立性获得了较大发展。在参与的各种幼儿园教育活动、社会活动中，学前儿童渴望把自己的想法、感受、意愿等传递给其他人，独白言语就逐渐发展起来。

在学前初期，学前儿童的独白言语发展水平还比较低，3～4 岁时学前儿童虽然已能主动讲述自己的一些事情，但由于词汇贫乏，表达显得很不流畅。4～5 岁的学前儿童能独立地讲故事。在良好的教育条件下，5～6 岁的学前儿童能够大胆而自然、生动而有感情地进行独立讲述。

#### 2. 从情境性言语过渡到连贯性言语

情境性言语是指儿童在独自叙述时，口语表达不连贯，还需要用手势或面部表情甚至身体动作辅助和补充，听者需要结合具体情境才能理解说话者的思想内容的言语。例如，3～4 岁的学前儿童说"掉下来了"，成人听得会比较困难，可能要边听边看他的动作才能猜到，学前儿童所说的"掉下来"是动画片中的"熊掉下来了"。连贯性言语是指学前儿童在口语表达中句子完整，前后连贯，逻辑性强，使听者仅从语言本身就能理解所讲述的意思，不必事先熟悉所谈及的具体情境的言语。

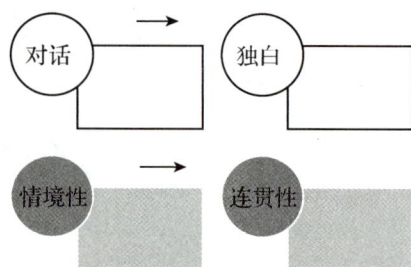

图 7-2-1　学前儿童口语
表达能力发展过程

学前儿童在 3 岁以前独白言语较少，他们的言语主要是情境性言语。随着年龄的增长，言语表达能力的提高，学前儿童逐渐突破言语的情境性，情境性言语的比重下降，连贯性的言语逐渐增多。有研究表明，4 岁学前儿童情境性言语占 66.5％，连贯性言语占 33.5％，6 岁学前儿童情境性言语占 51％，连贯性言语占 49％。连贯性言语的发展使学前儿童能够独立、完整、详细地表达自己的思想和感受，促进学前儿童表达能力的提升，促进学前儿童逻辑思维的形成和独立性的加强，如图 7-2-1 所示。

### 3. 讲述逻辑性的发展和言语表达技巧的掌握

学前儿童受年龄的制约，在 3 岁以前，独立讲述时的逻辑性较差，主要表现为：主题表达不明确，内容讲述不清楚，层次没有逻辑性等。3 岁以后，在连贯性言语和独白言语的发展带动下，学前儿童讲述的逻辑性逐渐提升，如讲述有一定的条理性，内容完整，主题突出等。并且在连接词的使用中，表达的层次性更加突出。学前儿童在讲述逻辑性发展的同时，逐渐学会了言语表达的技巧，能够根据需要恰当地利用声音的高低、长短、快慢和语气的停顿以及声调的变化，使自己的言语更为生动形象，更具魅力。

总之，随着年龄的增长，学前儿童的言语能力经历了从对话言语到独白言语、从情境性言语到连贯性言语的发展，伴随着学前儿童讲述逻辑性的发展和儿童言语表达技巧的掌握，学前儿童的言语表达能力越来越强。

🔗 **相关链接** ▶▶▶▶▶

表 7-2-5　学前儿童言语发展的阶段与对应的年龄

| 学前儿童言语发展的阶段 | 对应的年龄 |
| --- | --- |
| 前言语阶段 | 0～1 岁 |
| 简单发音阶段 | 0～3 个月 |
| 连续音节阶段 | 4～8 个月 |
| 学话萌芽阶段 | 9～12 个月 |
| 言语发生阶段 | 1～3 岁 |
| 理解言语迅速发展阶段 | 1～1.5 岁 |
| 积极说话发展阶段 | 1.5～3 岁 |
| 单词句阶段 | 1～1.5 岁 |
| 双词句（电报句）阶段 | 1.5～2 岁 |
| 完整句 | 2 岁逐渐出现，6 岁左右，98％的学前儿童能使用完整句 |

续表

| 学前儿童言语发展的阶段 | 对应的年龄 |
| --- | --- |
| 掌握本民族全部语音 | 3～4 岁 |
| 词汇增长活跃期 | 4～5 岁 |
| 实词增长速度较快阶段 | 3～4 岁 |
| 虚词增长速度较快阶段 | 4～5 岁 |
| 形容词增长最迅速阶段 | 2.5～3 岁 |
| "造词现象" | 3～5 岁 |
| 情境性言语 | 3 岁之前 |
| 口吃 | 2～4 岁为多，2～3 岁为发生期，3～4 岁为常见期 |
| 出声的自言自语 | 4 岁左右 |
| "问题言语" | 4～5 岁"问题言语"最为丰富 |
| 口头言语的关键期 | 2～3 岁 |
| 语音发展的关键期 | 3～4 岁 |
| 书面言语的关键期 | 4～5 岁 |

## 单元3　学前儿童言语能力的培养

### 情景导入

　　早晨，豆豆在幼儿园门口看到蔡老师，然后大声用普通话向老师问好："蔡老师，早上好!"蔡老师马上回应了豆豆，并给了他一个大大的拥抱。

　　不久前，豆豆刚来幼儿园的时候，还不会说普通话。蔡老师及时与豆豆妈妈进行了沟通，家园合作鼓励豆豆说好普通话。在老师和爸爸妈妈的共同努力下，豆豆终于可以像其他小朋友一样大胆用普通话交流了。

**学习笔记**

　　0～6 岁是学前儿童言语发展的敏感期和关键期。丰富、和谐的语言环境，正确、规范的言语示范与交流等，都对学前儿童言语能力的培养起着积极作用。

### ▶▶ 一、　学前儿童言语能力培养的原则 ＞＞＞＞＞＞＞

　　学前儿童的言语能力对他们的成长非常重要，甚至关系到他们的一生。家长和教师要遵循学前儿童身心发展的规律，对学前儿童进行言语能力的培养。

### (一)顺应学前儿童言语发展的规律

学前儿童言语发展具有一定的规律。法国教育家卢梭认为，教育应该遵循自然，顺应儿童的天性。因此，在对学前儿童进行言语教育时，应该尊重学前儿童言语发展的自然规律，循序渐进地对学前儿童进行引导教育。例如，在对学前儿童进行词汇教育时，应该按照学前儿童词汇发展的规律，由具体到抽象、由实词到虚词的教育顺序，并在丰富学前儿童的词汇时应该与事物的具体形象相结合，以此促进学前儿童言语的发展。

### (二)尊重学前儿童言语表达的兴趣

学前儿童受年龄特点和认知结构的影响，对一些事物的理解具有形象性和直观性的特点。学前儿童又因其自身的性格特点和发展水平不同而具有的兴趣也不同。例如，有的学前儿童喜欢小动物、洋娃娃之类的玩具，有的则喜欢汽车、机器人等。心理学研究显示，虽然男孩和女孩的言语发展在本质上不存在显著差异，但通常情况下女孩比男孩的言语能力要强。特别是在学前阶段，女孩对语言更感兴趣。学前儿童在自己感兴趣的领域有更多言语表达欲望，因此，教师在语言教学和日常引导中，必须遵循学前儿童的兴趣和特点，注意学前儿童的个体差异，培养学前儿童的言语能力。

### (三)赏识学前儿童的言语表达

赏识教育不是单纯地表扬加鼓励，指的是赏识学前儿童的行为结果，以强化学前儿童的行为；赏识学前儿童的行为过程，以激发学前儿童的兴趣和动机；适当提醒学前儿童，增强学前儿童的心理体验等。在学前儿童言语教育中，教师应遵循赏识的原则。学前儿童的世界是丰富多彩的，他们有着很多的奇思妙想，有着零散的、奇怪的言语，教师必须从学前儿童的角度理解学前儿童的想法，倾听学前儿童的声音，走进学前儿童的内心世界；教师只有尊重学前儿童言语发展的规律，理解学前儿童言语发展的阶段性特点，才能真正欣赏学前儿童。赏识学前儿童的言语表达，增强学前儿童言语表达的信心。

## ▶▶ 二、 学前儿童言语能力培养的途径 >>>>>>>

学前儿童的言语能力是在家庭环境、幼儿园环境和社会环境的共同影响下形成与发展起来的，因此，家长和教师要充分重视环境对学前儿童言语能力培养的重要作用。

### (一)学前儿童语音教育

《幼儿园教育指导纲要(试行)》指出，"养成幼儿注意倾听的习惯，发展语言理解能力"。学前儿童语音教育的重点是培养学前儿童准确的听音能力和正确的发音方式。学前儿童听音能力和发音能力培养的途径包括以下几条。

### 1. 为学前儿童提供丰富的语音环境

学前儿童能准确地听音是他们能够正确发音的基本前提。所以在日常生活中，家长要有意识地用多种声音对学前儿童的听音能力给予适当的刺激。比如，播放悠扬的乐曲，朗读优美的文学作品，开展听音、发音等听说游戏活动，培养学前儿童听音和有意倾听的能力。例如，传话游戏不仅可以训练学前儿童的记忆能力，还能培养和训练学前儿童倾听的能力与习惯。在幼儿园教育活动中，教师可以通过和学前儿童的谈话活动、讲述活动、文学作品欣赏活动、早期阅读活动和语言游戏等，为学前儿童创设宽松的语音环境，引导学前儿童练习发音，培养学前儿童的听音和发音能力。

### 2. 为学前儿童提供言语模仿的榜样

学前儿童对言语的习得在很大程度上是通过对他人的模仿得来的。学前儿童喜欢模仿周围人的一举一动，我们经常看到学前儿童的发音、用词以及说话时的声调、表情都与他们密切接触的成人很相似。所以，家长在家庭中要引导学前儿童模仿自己规范的言语，纠正错误发音。教师在幼儿园教育活动和日常交谈中要做到：发音标准、清晰，用词规范等。例如，在亲子活动和幼儿园主题活动中，家长或教师可以通过开展儿歌和绕口令练习、亲子阅读等形式，示范正确、规范的发音，让学前儿童通过模仿习得一定的语言。

### 3. 与学前儿童进行面对面交流

家长和教师应创造机会，多与学前儿童交流，帮助学前儿童建立发音与物体之间的联系。例如，家长给孩子买了一个小熊玩具，多在孩子面前重复"小熊"，让孩子把发音词"小熊"和面前的小熊玩具联系起来，建立词语和实物之间的联系，使言语的学习更直观、更具体，有利于学前儿童言语表达和理解能力的提升。同时，家长和教师还要认真倾听学前儿童的发音，并及时回应，对学前儿童的发音给予正向强化、鼓励，增强学前儿童言语表达的信心。

### (二)学前儿童词汇教育

学前儿童词汇教育的重点是扩大词汇的数量和正确理解词义。

### 1. 提供以实词为主的新词

基于学前儿童词汇发展的特点，以实词为主、虚词为辅，家长和教师应为学前儿童提供良好的语言环境，引导学前儿童学习新词，丰富学前儿童词汇。家长提供给学前儿童言语表达的机会，可以利用生活中的大量实词，建立词语与实物之间的联系，使学前儿童言语的学习更直观、更具体，不断丰富学前儿童的词汇量。例如，金鱼、面包、玩具这些实词都可以用实物呈现的形式；可以通过讲故事、玩游戏等形式，为学前儿童创设聊天环境，发展学前儿童的言语能力，增加学前儿童的词汇量。教师通过集体教学活动有目的地引导学前儿童学习词汇。例如，通俗易懂的学前儿童文学作品，贴近学前儿童生活的儿歌、故事等，都有益于学前儿童词汇的获得、丰富和发展；还可以利用一日生活的各个环节，如入园、就餐、午睡、盥洗、离园等，有意识地引导学前儿童学习新词。例如，午餐时学前儿童吃的是蛋炒饭，教师有意强调"蛋炒饭"这个词语，学前儿童就可以掌握"蛋炒饭"这个新词。

### 2. 增加积极词汇

结合学前儿童思维发展的特点，借助于实物、图片等材料为学前儿童提供直观的信息，帮助学前儿童理解词汇。在早期阅读指导中，家长和教师引导学前儿童联系上下文和已有经验理解词义。在日常交流中，家长和教师要使用规范言语，为学前儿童提供正确用词的言语榜样与言语示范，及时纠正学前儿童错用、误用的词汇，帮助学前儿童正确理解词义。例如，在上学的路上遇到大雾天气，文文小朋友说："爸爸，看，好大的烟啊！"对于"烟"这个词，文文小朋友可能知道它的意思，但不会正确使用。这时候文文爸爸就要告诉文文"这不是烟，这是雾"，并强化对雾的解释，让文文了解烟和雾的区别，正确理解词义。

### 3. 创设使用词汇的适宜环境

有意识地为学前儿童提供言语模仿和言语练习的机会，鼓励学前儿童大胆使用已理解的词汇。增进亲子之间、同伴之间、师生之间的交往，有意识地创设宽松、适宜的谈话环境、讲述环境、早期阅读环境和言语游戏环境，引导学前儿童积极进行言语练习，提高言语应用能力。例如，引导幼儿参与词语接龙、复述故事等言语游戏。教师可以在日常生活情境中，表达对学前儿童关注点的兴趣，即兴引入开放式提问，引导学前儿童积极参与对话交流。

### (三)学前儿童语法教育

学前儿童语法教育的重点是培养学前儿童清楚、完整地表述的能力。

### 1. 激发言语交往的兴趣

语言来源于生活。在生活中为学前儿童提供更多言语交往的机会，选择学前儿童感兴趣的话题，调动学前儿童说话的积极性。例如，选择学前儿童喜欢的动画片进行交流，是学前儿童都愿意交流的活动，可以提高学前儿童说话的积极性。通过亲子活动、主题活动、游戏活动激发学前儿童言语交往的需要，引导学前儿童在与成人、同伴之间的言语交往中说完整句，丰富言语表达的内容，提升用词的准确性和句子的完整性。

### 2. 创设和谐的交流情境

在宽松、愉悦、温馨的心理氛围中，学前儿童交流的欲望才会得到激发，才会想说、敢说、愿意说。因此，成人要为学前儿童创设和谐的交流情境，耐心倾听学前儿童表达，并对学前儿童的言语表达给予积极的回应；鼓励学前儿童与同伴交流，体验交流的乐趣。这些都会促进学前儿童言语表达的积极性。例如，教师要有耐心，俯下身来听学前儿童的"悄悄话"；平时多和学前儿童交谈，激发学前儿童说话的兴趣。家长也要多和学前儿童交流，询问学前儿童在幼儿园里发生的有趣的事情，并耐心倾听，使学前儿童愿意交流。

### 3. 选择适合的话题

在日常生活中，组织丰富多彩的亲子互动、幼儿园活动，引导学前儿童在随时的观察、交流中获得大量感性的认识。发现学前儿童的兴趣点和对生活产生疑问的情境，选择合适的话题设计问题，对学前儿童提问或鼓励学前儿童提问，并引导学前儿童用清楚、正确、完整、连贯的语言进行表达。例如，在幼儿园开展有趣的讲述活动，促进学前儿童连贯性语言的发展。

#### (四)学前儿童早期阅读能力培养

1. 提供适合学前儿童阅读的书籍

根据学前儿童不同年龄阶段的特点，为学前儿童选择合适的书籍。学前儿童的阅读以直观形象为主，可以为儿童提供布书、洞洞书、绘本等阅读材料。为低龄幼儿一定要选择图大、字少的阅读材料。在家庭和幼儿园设置专门的阅读空间，提供充足阅读材料和阅读时间，为学前儿童提供良好的阅读环境。

### 2. 开展早期阅读活动

早期阅读活动重在激发与培养学前儿童的阅读兴趣，培养学前儿童的阅读习惯。在早期阅读活动中，从选择与学前儿童日常生活相联系的内容，儿童感兴趣的动物、玩具等内容入手，激发学前儿童阅读的内部动机。通过提问、复述、讲述等活动与学前儿童交流阅读感受。

### 3. 掌握基本阅读技能

开展互动式阅读，循序渐进地让学前儿童参与阅读过程，教会学前儿童翻书动作、按页翻书、阅读顺序、阅读方法等，养成良好的阅读习惯，为学前儿童自主阅读打下基础。

早期阅读是提高学前儿童言语能力的重要途径，可以丰富学前儿童的词汇，拓宽学前儿童的知识面，使学前儿童养成良好的听说习惯，促使学前儿童使用恰当的语言进行交流。

#### 🔗 相关链接 ▶▶▶▶▶

**早期阅读对幼儿语言发展的重要性**

早期阅读，顾名思义就是学前期儿童的阅读，幼儿通过阅读大量的图文并茂的绘本等读物，来实现与图画、文字的互动，进而达到认识世界、发展自我的目的。具体来说，早期阅读对幼儿语言发展的影响，或者说在幼儿语言发展中所扮演的重要作用体现在以下几方面。

第一，早期阅读是幼儿积累语言素材的最佳模式。3～6岁的幼儿是以形象思维为主，早期阅读中的读物也是以形象化的语言来讲述故事，符合幼儿的认知思维特点。比如，在《好饿的毛毛虫》中，是这样写的："星期一，它吃了一个苹果，可是，肚子还是很饿。星期二，它吃了两个梨，可是，肚子还是好饿……星期五，它吃了五个橘子，可是，肚子还是好饿……"正是因为语言描写形象、准确、具体，幼儿才能听懂，并从中学到很多东西，积累一定的语言素材。

第二，早期阅读有利于培养幼儿良好的听说习惯。在早期阅读的读物中，故事中的主人公通常都是温柔善良的小白兔、凶狠残暴的大灰狼、美丽智慧的公主等，深得幼儿的喜欢，这些故事深深吸引着幼儿，使他们能聚精会神地倾听。教师讲完后，再就故事中的相关内容提问并引导幼儿回答，幼儿就会有目的地听，培养他们良好的听说习惯。

第三，早期阅读能为幼儿的多样化交际提供恰当的语言。早期阅读的类型有故事、诗歌和童话等，不同类型的早期阅读在语言使用上表现出不同的特点，幼儿在日积月累的阅读的熏陶下，即便平时接触不到各类人群，也能够适应多样化的交际环境，正确理解和应用书中所学到的语言来与人交流。

资料来源：http：//www.zgjsks.com/html/2017/jgh_1204/274867.html，2022年11月访问。

## 活动设计

### 熊先生生病了

**活动目标**

1. 理解故事内容，知道生病要去医院看病。

2. 学习对话，能用简单的语言讲述故事。

3. 体会关心问候病人的情感。

**活动重点与难点**

1. 活动重点：能用简单的语言讲述故事。

2. 活动难点：学习病人与医生之间的对话。

**活动准备**

熊头饰，小兔子头饰，护士帽，白大褂，"针筒"，"药瓶"，"药"，号码牌，医生用具（听诊器、压舌板、手电筒等）。

**活动过程**

1. 角色导入，激发幼儿听故事的兴趣。

（模拟声音）：咚咚咚。

师：咦，小朋友们，谁在敲门呢？我们来看一看。

师：原来是熊先生啊，今天熊先生没有去上班，我们看看他怎么了。

2. 观察讲述对象。

师：熊先生怎么了？（熊先生在不停地咳嗽和流鼻涕。）

师：原来熊先生生病了，那么熊先生应该找谁帮忙呢？

引导幼儿知道生病了找医生。

3. 教师进行情境表演。

一名教师扮演熊先生，一名教师扮演医生，一名教师扮演护士。

4. 幼儿自由讲述，教师指导。

引导幼儿回忆并且讲述故事内容。

熊先生到医院首先要做什么？（熊先生先去挂号。）

熊先生见到兔医生，医生是怎么问他的？（熊先生，请问您哪里不舒服啊？）

熊先生是怎么回答医生的？（我不停地咳嗽和流鼻涕，觉得全身无力，精神不好。）

兔医生是怎么给熊先生看病的？（首先用听诊器听了听熊先生的呼吸和心跳，接着又请熊先生张开嘴巴，用压舌板压住舌头，用手电筒照着看了看熊先生的喉咙。）

兔医生给熊先生看完病，又对他说了什么？

（您感冒了，要按时吃药，多休息，多喝水，很快就会好的。）

最后，熊先生对医生说了一句什么话？（谢谢医生。）

熊先生拿到了药，对护士说了一句什么话？（谢谢护士。）

5. 引进新的讲述经验，学习情景中的对话。

邀请幼儿进行角色扮演，学习对话，简单讲述故事。

幼儿再次欣赏故事，教师完整地讲述故事内容。

6. 巩固、迁移新的讲述经验。

教师指导幼儿用故事中的对话进行角色表演。

7. 课堂总结。

我们生病了，就要到医院找医生看病。如果小朋友身边有人生病了，我们应该怎么做呢？怎样去关心他们呢？

**活动延伸**

请小朋友们到我们的娃娃医院进行角色扮演。

附：《熊先生生病了》

今天，熊先生没有去上班，他感冒了，在不停地咳嗽和流鼻涕。

他来到了附近的医院，并挂了号。接着，他来到了兔医生的办公室。

兔医生："熊先生，请问您哪里不舒服啊？"熊先生："我不停地咳嗽和流鼻涕，觉得全身无力。"兔医生用听诊器听了熊先生的呼吸和心跳，接着又请熊先生张开嘴巴，用压舌板压住舌头，用手电筒照着看了看熊先生的喉咙。

兔医生："您感冒了，要按时吃药，多休息，多喝水，很快就会好的。"熊先生："谢谢医生！"兔医生："不用谢！"熊先生在药房拿到了药，并对护士说："谢谢护士！"护士："不用谢！再见！"熊先生："再见！"

## 思考与练习

1. 概括言语在学前儿童心理发展中的作用。

2. 简述学前儿童言语发展的阶段与特点。

3. 如何促进学前儿童言语能力的发展？

## 实践与探究

1. 在幼儿园进行半日观察，记录学前儿童言语发展状况，分析学前儿童言语发展的差异。

2. 利用所学知识设计一个学前儿童言语发展的活动方案。

## 国考同步

1.（2019上）阳阳一边用积木搭火车，一边小声地说："我要快点搭，小动物们马上就来坐火车了。"这说明幼儿自言自语具有的作用是（　　）。

 A. 情感表达  B. 自我反思  C. 自我调节  D. 交流信息

2.（2016下）2～6岁儿童掌握的词汇数量迅速增加，词类范围不断扩大，该时期儿童掌握词汇的先后顺序通常是（　　）。

 A. 动词、名词、形容词    B. 动词、形容词、名词

 C. 名词、动词、形容词    D. 形容词、动词、名词

3.（2016上）1岁半的儿童想给妈妈吃饼干时，会说"妈妈""饼""吃"，并把饼干递过去。这表明该阶段儿童语言发展的一个主要特点是（　　）。

 A. 电报句  B. 完整句  C. 单词句  D. 简单句

云测试

# 模块八
# 学前儿童的情绪和情感

### 学习目标

1. 了解情绪和情感的概念，理解情绪和情感的联系与区别。
2. 掌握学前儿童情绪和情感发展的特点。
3. 掌握学前儿童良好情绪和情感培养的策略。
4. 能根据学前儿童情绪和情感发展的特点，对学前儿童的情绪尤其是不良的情绪进行调节。
5. 能够根据所学知识，有效地培养学前儿童良好的情绪和情感。
6. 树立正确的儿童观，正确对待、关心、爱护每一个学前儿童。
7. 能合理地控制自己的情绪和情感，为学前儿童树立良好的榜样。

### 学习导航

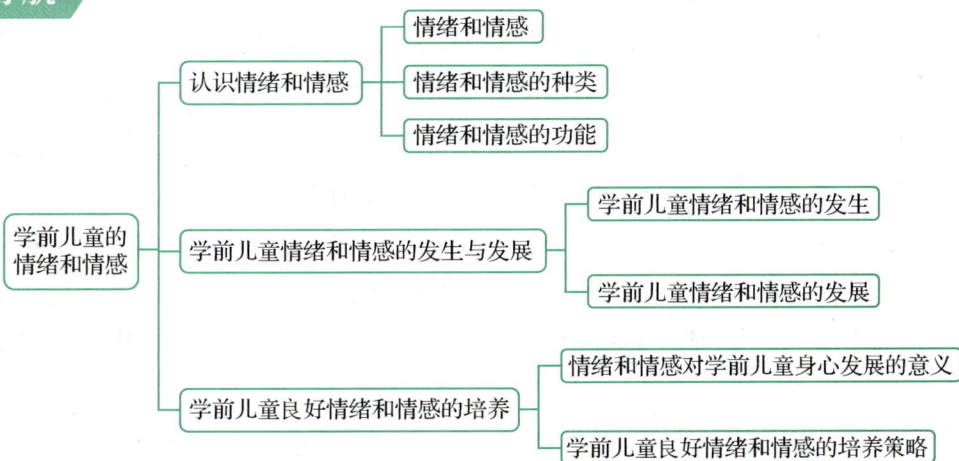

3

学习笔记

人们在认识大千世界、万事万物以及与其交互作用的过程中，总会对客观现实持有一定的态度，产生一定的体验，有时感到开心和快乐，有时感到痛苦和悲伤，有时感到愤怒和厌恶，有时感到害怕和恐惧，这些都是情绪和情感的不同表现形式。情绪稳定与心情愉悦是一个人心理健康的重要标志。本模块主要介绍情绪和情感的基础知识、学前儿童情绪和情感发生与发展的特点，以及学前儿童良好情绪和情感的培养策略等。

## 单元 1　认识情绪和情感

### 情景导入

幼儿园入园第一天，小班活动室内"热闹"极了，到处都是哭泣的孩子，有放声大哭的，有抽泣的，有默默流眼泪的。老师们根本忙不过来。活动室充斥着声嘶力竭的哭闹声："我不要来幼儿园……""我要找妈妈……""我要回家……"

离开家庭走向幼儿园，面对陌生的环境和人，幼儿的安全感缺失，焦虑感油然而生，他们会用哭闹等方式宣泄自己的不满情绪。面对学前儿童的情绪发泄的外在行为表现，家长和教师要洞察他们的内心需求。

### ▶▶ 一、情绪和情感 >>>>>>>

#### (一)什么是情绪和情感

情绪和情感是人对客观事物是否符合自己的需要而产生的主观体验。

常言道："人非草木，岂能无情？"面对大千世界、万事万物，每个人都有自己的态度，也都会在与客观事物交互作用时体验到一定的感受。例如，我们对违反社会道德标准的丑恶现象，感到讨厌或愤怒；当实现梦想、获得成功时，我们会兴奋激动、高兴不已；当心爱之物被毁坏时，我们会感到生气愤怒、伤心难过；我们会对未知的处境感到担忧，为犯错感到羞愧……这些以特殊方式表现出来的对客观事物的主观感受或体验，就是情绪和情感。

##### 1. 情绪和情感的产生是由客观事物引起的

人的情绪和情感不是凭空产生的，而是由一定刺激情境引起的。在社会实践中，人会接触到自然环境和社会环境中的各种事物，这些事物对人具有不同的意义，人们会根据这些事物对自己的意义的不同而对它们抱有不同的态度，于是就产生各种不同的体验。例如，事业成功时感到喜悦，受到侮辱时非常愤怒，失恋时伤心，遇到险情时产生惊恐，这些都是人的情绪和情感的不同表现形式。

##### 2. 情绪和情感的产生以需要为中介

人对客观事物持何种态度，取决于该事物是否能满足人的需要。当人的

情绪和情感

需要得到满足或客观事物发展符合人的期望时，就产生肯定的或积极的主观体验，如尊敬、满意、喜悦、热爱等；而当人的需要得不到满足时，就产生否定的或消极的主观体验，如失望、忧虑、愤怒、憎恨等。这些主观体验并不反映事物本身的属性，而是反映客观事物与主体需要之间的关系。与人的需要无关的事物，通常引不起人的情绪和情感反应。

### 3. 情绪和情感是主观的体验与感受

情绪和情感是一种自我的体验与感受，这种体验与感受只有个人内心才能真正觉察到，如我知道"我很高兴"，我意识到"我很痛苦"，我感受到"我很内疚"等。

### (二)情绪和情感的联系与区别

#### 1. 情绪和情感的联系

情绪和情感同属一种心理现象，它们形成并表现在具体的人身上时，是很难严格区分的，所以，在心理学中常常把情绪和情感统称为感情。

一方面，情感在情绪的基础上形成，同时，又通过情绪表现出来。例如，学前儿童对抚养他的母亲的依恋与喜爱之情，可以说是建立在每一次母亲的爱抚和喂养时而获得的满足与快感之上的。因此，情绪是情感的直接体验和外部表现，情感是情绪经验的概括和本质内容。

另一方面，情绪受情感的制约和调节。一个人的情绪不是在任何场合和地点都毫无顾忌地表现出来的，表现与否往往受情感的制约和影响。

#### 2. 情绪和情感的区别

第一，从需要的角度来看，情绪是人对客观事物是否符合自己的生理需要而产生的主观体验，通常与人的物质或生理需要的满足与否相联系，如在满足了饥渴需要时就会很高兴，生命安全受到威胁时会感到恐惧，心仪的玩具弄坏了会伤心等。情感是人对客观事物是否符合自己的社会性需要而产生的主观体验，通常与有机体的社会需要满足与否相联系，如努力成功后的成就感、精忠报国的爱国情、违背社会公德后的羞耻感等。

第二，从发生的早晚来看，情绪发生较早，情感产生较晚。在个体发展中，婴儿很早就有情绪，但没有情感；情绪是人与动物所共有的，而情感是人所特有的，它是随着人的年龄增长而在社会生活过程中逐渐形成并发展起来的。

第三，从反应特点看，情绪具有情境性、暂时性、冲动性、外显性等特点，它往往随着情境的出现而出现，当情境消失时，情绪立即随之减弱或消失。情感则具有稳定性、持久性、内隐性。例如，孩子调皮可能引起母亲的愤怒，但这是具有情境性的，任何一个母亲绝不会因为孩子一次惹她生气，而失去亲子之爱的情感。

总之，人的情绪和情感是错综复杂、细腻多样的，它们既有联系又有区别，总是彼此依存、相互交融在一起。稳定的情感是在情绪的基础上形成的，同时又通过情绪反应得以表达，离开情绪的情感是不存在的，而情绪的变化也往往反映了情感的深刻程度，而且情绪变化的过程也常常包含着情感。

**（三）情绪和情感的外部表现**

人在情绪和情感发生时，常常会伴随着一定的生理唤醒，如激动时血压升高，愤怒时浑身发抖，紧张时心跳加快，害羞时满脸通红。脉搏加快、肌肉紧张、血压升高及血流加快等生理指数，是一种内部的生理反应过程，常常是伴随不同情绪和情感产生的。

在情绪和情感产生时，伴随着内部的生理反应，人们还会出现一些外部反应，如人悲伤时会痛哭流涕，激动时会手舞足蹈，高兴时会开怀大笑。这些通过人的面部、体态、言语等表现出来的情绪和情感，就是情绪的外部表现，亦称表情，包括面部表情、姿态表情和言语表情。

**1. 面部表情**

面部表情是指由眉、眼、鼻、嘴及颜面等肌肉的变化所表达的情绪状态。例如，人在喜悦时，眉开眼笑，两眼闪光，嘴角上扬，笑容满面；人在愤怒时横眉立目，咬牙切齿；人在悲伤时，眉头紧锁，眼泪汪汪，嘴角下斜；人在恐惧时，目瞪口呆，面色苍白等。面部表情能最精细地表现不同性质的情绪和情感，因此，它是鉴别情绪状态的主要标志。

**2. 姿态表情**

姿态表情是指由身体的姿态和动作的变化所表现的情绪和情感状态，其中手、头、脚是体态表情的主要动作部位。例如，人在高兴时，手舞足蹈，昂首挺胸，欢呼跳跃，捧腹大笑；人在愤怒时，双手握拳，捶胸顿足；人在悲伤时，失声痛哭，低头肃立，步履沉重，动作迟缓；人在恐惧时，紧缩双肩，手足无措，寒毛竖立，全身颤抖等。

**3. 言语表情**

言语表情是指由言语的音调、音色、节奏、速度等的变化所表示的情感状态。例如，人在高兴时，音调高昂，节奏轻快；人在愤怒时，音调高亢、尖锐、严厉、生硬、刺耳；人在悲伤时，音调低沉，言语缓慢；人在恐惧时，音调高而急促，声音刺耳、颤抖等。

以上三个方面的表情不是孤立存在的。当人处于某种情绪和情感状态时，三个方面通常协调一致。

表情是人际情感交流和相互理解的手段，也是人们判断和推测人的情绪状态的重要外部指标。但由于人类心理的复杂性，有时人们的外部行为会出现与主观体验不一致的现象。比如，在一大群人面前演讲时，明明心里非常紧张，还要装作镇定自若的样子。因此判定一个人的情绪好坏，不能只看情绪的外部表现。

## ▶▶ 二、 情绪和情感的种类 >>>>>>>>

人类的情绪和情感是多种多样的，根据不同的标准，可以把人类的情绪和情感分为以下不同种类。

### (一)根据反映的内容可分为基本情绪和复合情绪

#### 1. 基本情绪

关于基本情绪的问题，我国古代思想家在各自著作中曾有过各种不同的说法，《中庸》将情绪分为喜、怒、哀、乐四种；《素问》把情绪分为"喜、怒、悲、忧、恐"五种；《白虎通》记载，情绪可分为"六情"，即喜、怒、哀、乐、爱、恶；《礼记》将人的情绪分为"七情"，即喜、怒、哀、惧、爱、恶、欲。现代心理学通常把快乐、悲哀、愤怒、恐惧看作单纯的情绪，称之为基本情绪或原始情绪。

（1）快乐

快乐是愿望得以实现、需要得到满足、紧张状态解除后继之而来的情绪体验，如学前儿童得到了心仪已久的玩具后所体验到的快乐。

快乐的强度，取决于追求目的的过程中达到的紧张水平，以及愿望满足的意外程度。据此，快乐又细分为满意、愉快、欢乐、狂喜等。

（2）悲哀

悲哀是失去心爱和盼望的东西而引起的情绪体验。比如，亲人去世、贵重物品丢失、失恋等，都会引起悲哀之情。

悲哀的强度依存于失去的事物的价值，悲哀的强度由低到高分为遗憾、失望、难过、悲伤、悲痛等。

（3）愤怒

愤怒是愿望不能实现或一再受到挫折，紧张状态逐渐积累而产生的情绪体验。

愤怒的引起与阻挠愿望实现的障碍的意识程度有直接的关系。一般来说，一个人完全不知道是什么阻碍他实现既定目的时，愤怒并不明显表现出来，更多的是猜忌，一旦他发现这个障碍是被他人恶意设置时，便会立即体验到愤怒。

愤怒的强弱取决于干扰的程度、次数及挫折的大小。愤怒有不满意、生气、愠怒、愤恨、激愤、狂怒等不同的强度。

（4）恐惧

恐惧是面临危险情境而又缺乏摆脱、逃避危险情境的力量和能力所引起的情绪体验。

恐惧是一种试图摆脱、逃避危险的情绪。引起恐惧的关键因素是缺乏处理可怕情境的能力。例如，对婴幼儿来说，环境的改变会导致焦虑，奇怪或陌生的事物会引起害怕。恐惧也有强弱之分，我们一般把恐惧分为害怕、惊慌、惊恐等。

恐惧具有很强的感染力。人在看到处于恐怖状态中的人或听到恐怖的叫喊声时，常常会引发恐惧体验。例如，恐怖电影、刺激性的游乐设施等就是充分利用了声音、光线、场景等方式设置刺激，以引起人们的恐惧情绪，达到刺激性效果。

通过对这四种基本情绪的理解，结合生活体验，我们应该懂得：适度的、积极的情绪体验对有机体具有增力作用；过度的、消极的情绪体验对人们的学习、工作、健康具有消极影响，应适当引导、调控和宣泄。

### 2. 复合情绪

以上四种基本情绪，在体验上是单纯的、不复杂的，在这四种最基本的情绪的基础上，可以组合派生出许多种类，组成复合情绪，形成高级的情感。例如，骄傲、自卑、自信、羞耻、罪过、悔恨、爱、怨恨、羡慕、妒忌等，这些都是难以用单纯的快乐、悲哀、愤怒和恐惧来诠释的，都是在简单的情绪基础上形成的复合型的、更高级的情绪和情感。例如，悔恨、羞耻，包含着不愉快、痛苦、怨恨、悲伤等复杂因素，其情绪体验是复杂的。

### (二)根据情绪状态可分为心境、激情和应激

#### 1. 心境

心境是一种比较微弱、平静而持久的情绪状态，也就是平时所说的心情。例如，神清气爽、心情舒畅、闷闷不乐、恬静等，都是心境的不同表现。

心境的特点从发生的强度来看，是微弱且较平稳的；从持续时间来看，心境持续时间较长，少则几天，多则数月甚至几年；从影响范围来看，心境具有非定向的弥散性，它不指向某一个特定对象，而是使人的整个生活都染上某种情绪色彩。

心境的形成原因是多种多样的，人的经济状况、学习和工作的顺逆、事业的成败、人际关系的亲疏、身心健康的状况，乃至生物节律的起伏、天气早晚及晴雨的变化等都可以引起心境的变化。需要指出的是：一个人的心境不只是由环境及生理条件机械地决定的，还与人的世界观、人生观及个性特征密切相关。一般来说，具有较高修养的人，不论在何种艰苦的环境下，都能保持乐观、积极的心境；而懦弱的人，在失意、困难、挫折面前，就会悲观失望，畏缩不前。

心境对人们的生活、工作、学习和健康有很大的影响。积极的心境，有助于创造性的发挥，可以提高学习或工作效率，让人乐观豁达、感知敏锐、

思维活跃、待人宽容、增强信心、充满希望，从而益于健康；消极的心境，会降低认知活动的效率，使人萎靡不振、感知和思维麻木，丧失信心和希望，处于过度焦虑状态时，还有损身心健康。因此，我们应正确分析、评价并主动调整自己的心境，使之经常保持在心情舒畅的积极状态。

### 2. 激情

激情是一种短暂而猛烈并伴随以剧烈的生理反应和外部表情的情绪状态。欣喜若狂、悲痛欲绝、暴跳如雷、惊恐万状等都是激情的不同表现。引起激情的原因有很多，通常是由对个人有重大或特殊意义的事件引起的，如事业取得重大成功，至亲的人突然离世等。例如，清代小说《儒林外史》描写的范进在中举后突然晕厥、意识混乱、手舞足蹈等，就是突然成功后激情的表现。

激情具有爆发性、冲动性的特点。和心境相比，激情常常在极短时间内伴随着强烈的情绪体验和外部表情爆发出来，但持续的时间一般较短暂，冲动一过，激情就弱化或消失了。在激情状态下，人们容易冲动，行为失控，甚至做出鲁莽的行为或动作；处于激情中的人往往有一种"情不自禁""身不由己"的感受。

激情有积极和消极之分。积极的激情常常能调动人的身心的巨大潜力，使人竭尽全力、奋不顾身地去应对各种处境，如见义勇为。消极的激情常常会使人惊慌失措或盲目冲动。在激情状态下，意识范围缩小，理智分析能力受到抑制，自控能力减弱，易产生不良后果。因此，我们要加强思想修养，遇事冷静，通过分析、判断，让理智战胜冲动，以坚强的意志驾驭和控制情绪冲动。

### 3. 应激

应激是一种在出乎意料的紧急情况下引起的高度紧张的情绪状态。应激状态的发生比激情更突然、更剧烈。它能很快地激活有机体，使心率、血压、内分泌、肌肉紧张度等发生变化，以应对当前的紧急情况。例如，正常行驶的汽车，在遇到紧急情况时，司机会紧急刹车，事后感到心跳加速、全身颤抖等就是应激的表现。

应激状态有积极的作用。一般来说，应激能使有机体各项机能快速激活，迅速提高机体活动的力度、速度，使人急中生智，及时摆脱困境，化险为夷。但长期持续的应激状态或过度的紧张，就会使身心活动受到抑制，出现思维混乱，分析、判断能力减弱，感知和记忆出现错误，注意分配和转移困难等有害于身心健康的现象，严重的还会危及生命。因此，我们在学习和生活中，要尽量远离危险情境，减少或尽量避免过多、过度的应激状态。

### （三）按照社会性内容，把情感分为道德感、理智感和美感

情感是同人的社会性需要相联系的主观体验，它反映了个体与社会的一

定关系，体现了人的精神面貌，是人类所特有的心理现象。按照社会性需要内容的不同，情感可分为道德感、理智感和美感。

### 1. 道德感

道德感是道德生活的需要与道德观念是否得到满足而产生的内心体验，是关于自己或他人的言行是否符合一定的社会道德标准而产生的情感体验。例如，对好人好事有敬慕之情，对坏人坏事有憎恨之感；自己做了好事感到欣慰，做了坏事感到后悔、羞愧等。

道德感具有明显的社会历史性。不同时代、不同社会制度、不同民族具有不同的道德评价标准，因而也就有不同的道德感。当人的思想意图和行为举止符合一定社会道德准则时，便产生积极、肯定的情感体验，如爱慕、赞赏、敬佩、欣慰等；反之，便产生消极、否定的情感体验，如羞愧、厌恶、憎恨等。

道德感是伴随着人的道德认识而产生和发展的，是道德概念转化为道德行为的重要环节，对人的行为有巨大的调节、控制和推动作用。它可以促使人们的言行自觉地向社会的道德准则靠拢，做道德高尚的人。

### 2. 理智感

理智感是人在智力活动过程中，认识事物、探索知识和追求真理的需要是否得到满足而产生的情感体验。理智感与人的好奇心、求知欲、质疑解惑和追求真理等社会性需要紧密联系在一起。例如，人在面对新的事物时，就会产生好奇和想一探究竟的想法；在认识活动中有了新的发现就会产生喜悦之情；在发现事物的矛盾时，就会怀疑；在遇到不能解决的问题时，表示懊恼、烦闷，解决了难题会感到兴奋、开心、自信等，都属于理智感。

理智感是随着人的认识和实践的逐步深入而不断发展的。人的认识活动越深刻，求知欲越强，追求真理的兴趣越浓，理智感也越深厚。反过来，理智感又是人们认识活动的强大动力，激励着人们积极从事各种智慧活动。

### 3. 美感

美感是审美需要是否获得满足而产生的情感体验。它是人们根据一定的审美标准对自然景色、社会生活及艺术品的美学价值进行评价时所产生的肯定或否定、愉快或不愉快、喜爱或厌恶等内心体验。例如，对自然风光、名胜古迹、艺术作品、高尚的道德行为等表示赞美、歌颂、感叹等。

人们对美的感受、理解和追求在生活中有巨大作用，既可以使人精神振奋、积极乐观、心情愉快，还可以丰富人的心理生活，给人增加生活情趣，陶冶情操，激起人们的学习热情和创造精神。

美感与道德感一样，是受社会历史条件的影响的，在不同的社会历史阶段、不同的社会制度、不同的风俗习惯和不同的阶级中，审美标准是不同的，因而对美的感受也不同。另外美感还受个人的思想观点和价值观念的影响。

## 三、情绪和情感的功能 >>>>>>>

情绪和情感是人在认识客观事物的过程中形成和发展的，同时，它对人的身心活动又具有一定的反作用，具体表现在以下几个方面。

### (一)适应功能

情绪和情感是有机体适应生存与发展的一种重要方式。很多情绪都是在种系发展进化过程中逐渐演化而来的，它对有机体适应环境、推动种系发展有重要价值。例如，动物遇到危险时的嚎叫，是动物求生的一种手段。再如，婴儿出生后依赖情绪来传递信息，以获得成人的帮助。当饥饿困顿的时候，他们用哭来表达，觉得舒适时就报以微笑。可以这样说，在抚养婴儿的过程中，如果没有情绪作为媒介，抚养是困难的。

### (二)调节功能

情绪和情感具有激励作用，能以驱动力的方式激发、引导和维持个体的行为。一般来说，恐惧使人退缩，愤怒易使人发起攻击，厌恶往往引起人躲避，而愉快、喜爱等积极情绪则会使人去接近、探索。任何工作都伴随着相应的情绪体验，适度的情绪可以使人集中注意，提高活动的积极性，从而做出最好的成绩。而情绪过分强烈，又会影响工作的顺利进行。

### (三)信号交际功能

情绪和情感在人际交往中具有传递信息、沟通思想的功能。情绪和情感有丰富的外部表现能力，亦称表情，人们可以通过特定的外部表现相互表达和交流情感，以达到交流思想的目的。表情是人类十分重要的交际工具。心理学家在对英语国家的人们的交往状况进行研究后发现，在日常生活中，55%的信息靠非言语表情传递，38%的信息靠言语表情传递，只有7%的信息才靠言语传递。尤其在母亲和婴儿之间，他们最初相互交流的工具就是表情。因此，人们把表情称作"情绪的语言"。

---

🔗 **相关链接** ▶▶▶▶▶▶

**面部表情**

眼、眉、嘴等的变化，最能表示一个人的情感。高兴时嘴角后伸，上唇提起，两眼闪光，笑容满面；愁苦时眉头紧皱，眼睑下垂，双颊、双唇下垂，整个脸变得狭长。不同的表情如图8-1-1所示。

图8-1-1　不同的表情

## 单元 2　学前儿童情绪和情感的发生与发展

### 💬 情景导入

　　午餐前，小朋友分两圈呈倒 U 形坐在教室中间，为了避免造成盥洗室内拥挤，小朋友卷好袖子后由老师带去轮流洗手，萱萱坐在里圈的线上，这时候老师先带外圈的小朋友去洗手，萱萱突然大叫着："我不要！我先洗！"老师示意不可以后，她便躺到地板上打起滚来，哭声越来越大，其他小朋友都被她吓到了，老师过来安慰她，但是越安慰，她哭得越凶。

　　幼儿娇气、任性、不讲道理等现象，在学前期是常见的。这些现象是在学前儿童原始情绪的基础上，通过后天学习不断分化发展而来的。

### ▶▶ 一、学前儿童情绪和情感的发生 >>>>>>>

#### （一）情绪和情感的发生与分化理论

　　研究表明，新生儿就有情绪反应，如哭闹或四肢舞动等。这些都是最初的情绪反应，也称原始的情绪反应。

　　经过多年的研究，现在人们普遍认为，原始的、基本的情绪是进化来的，是不学就会、与生俱来的遗传本能。人们先天就有的这种原始情绪反应与生理需要是否得到满足有直接关系。在成熟和学习等因素的作用下，情绪和情感不断分化发展。下面介绍几个有代表性的研究。

##### 1. 华生的原始情绪反应理论

　　行为主义的创始人华生（J. B. Watson）根据对医院 500 多名新生儿的观察，认为新生儿有三种主要情绪，即怕、怒和爱。华生还详细描述了这些情绪产生的原因和表现。

　　（1）怕

　　华生认为新生儿的怕是由大声和失去支持引起的。当新生儿安静地躺着时，在其头部附近敲击钢条，会立即引起他的惊跳反应，肌肉猛缩，继而大哭；当身体突然失去支持，或身体下面的毯子被人猛抖，新生儿会发抖、大哭、呼吸急促、双手乱抓。

　　（2）怒

　　怒是由限制新生儿运动引起的。例如，用毯子把新生儿紧紧地裹住，不准他活动，新生儿会发怒，会身体挺直或手脚乱蹬。

　　（3）爱

　　爱由抚摸、轻拍或触及身体敏感区域产生。例如，抚摸新生儿的皮肤，或是温柔地轻拍，会使新生儿安静，产生一种松弛的反应，或是展开手指、脚趾。

针对华生提出的三种原始情绪反应理论，不少心理学家也做了类似的实验性观察，都没有验证华生的结论，对婴儿表现出来的情绪以及造成这些反应的可能原因，都未能取得一致意见，因此，多数心理学家认为，新生儿原始的情绪反应应该是笼统的、未分化的。

### 2. 布里奇斯的情绪分化理论

加拿大心理学家布里奇斯（K. M. Bridges）的情绪分化理论是早期比较著名的理论。布里奇斯于 1932 年通过对 100 多名婴儿的观察，提出了关于情绪分化的较完整的理论和 0～2 岁儿童情绪分化的模式（如图 8-2-1）。

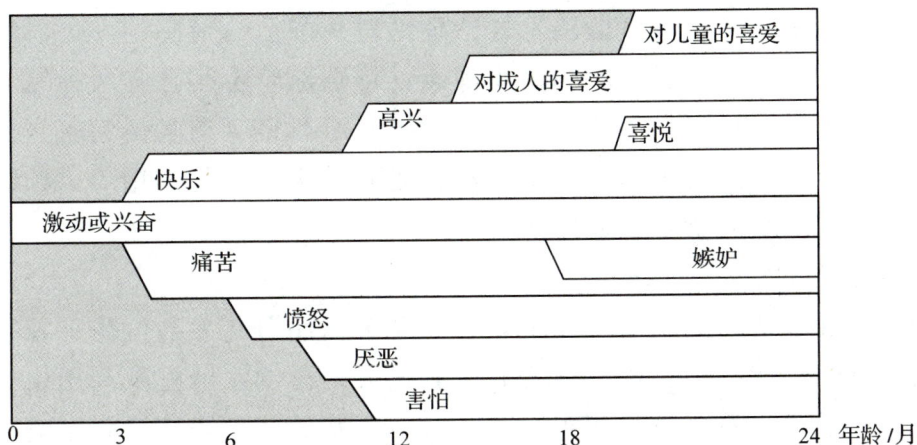

图 8-2-1 0～2 岁儿童情绪分化的模式

布里奇斯认为，新生儿的情绪只是一种弥散性的兴奋或激动，是一种杂乱无章的未分化的情绪反应，表现为皱眉和哭，主要由一些强烈的刺激引起，包括内脏和肌肉的不协调；3 个月后分化为快乐和痛苦两种情绪；6～12 个月时，痛苦进一步分化为愤怒、厌恶、害怕三种情绪，快乐又分化出高兴和喜爱；18 个月以后，分化出喜悦与嫉妒。

在 20 世纪 80 年代以前，布里奇斯的情绪分化理论被较多人接受，但随着研究的深入，她的理论受到的质疑越来越多，因为她的理论缺乏有效判断情绪反应的具体指标，难以鉴别婴儿的每种情绪反应。

### 3. 林传鼎的情绪发生分化理论

我国心理学家林传鼎于 1947—1948 年亲自观察了 500 多个出生 1～10 天的新生儿的动作变化，根据观察结果提出了自己的观点。他认为，新生儿已具有两种完全可以分清的情绪反应，即愉快和不愉快，两者都与生理需要是否得到满足有关。

林传鼎认为学前儿童具体的情绪分化过程可分为三个阶段。

（1）泛化阶段（0～1 岁）

泛化阶段学前儿童的情绪反应比较笼统，往往是生理需要引起的情绪占优势。0.5～3个月，出现了6种情绪：欲求、喜悦、厌恶、着急、烦闷、惊骇。但这些情绪不是高度分化的，只是在愉快与不愉快的基础上增加了一些面部表情；4～6个月，开始出现由社会性需要引起的喜欢、着急等。

（2）分化阶段（1～5岁）

在分化阶段学前儿童的情绪开始多样化，从3岁开始，陆续产生了同情、尊重、爱等20多种情感，同时，一些高级情感开始萌芽，如道德感、美感等。

（3）系统化阶段（5岁以后）

系统化阶段的基本特征是情绪反应的高度社会化。这个时期道德感、美感、理智感等多种高级情感达到了一定的水平，有关世界观形成的情感初步建立。

林传鼎关于婴幼儿情绪情感发展的理论对我国情绪情感的发展研究产生了很大的影响。直到今日，他的不少观点，特别是新生儿已有两种完全可以分清的情绪反应，4～6个月婴儿相继出现与社会性需要有关的情感体验，社会性需要逐渐在婴儿的情感生活、交流中起着越来越大的作用等，始终被人们所接受，并不断被今天的研究所证实。

### 4. 伊扎德的情绪分化理论

美国心理学家伊扎德（C. E. Izard）关于婴儿情绪分化发展的研究及据此提出的情绪分化理论，在当代情绪研究中有很大的影响。伊扎德利用录像技术和面部肌肉运动及表情模式测查系统，对新生儿的面部表情进行了全面、详细的录像，并进行了精细、深入的分析，提出了婴儿在出生时就展示出了各种不同的面部表情和情绪。

他认为，婴儿出生时具有五大情绪：惊奇、痛苦、厌恶、最初的微笑和兴趣。随着年龄的增长和脑的发育，婴儿情绪也逐渐增长和分化，4～6周时，出现社会性微笑；3～4个月时，出现愤怒、悲伤；5～7个月时，出现惧怕；6～8个月时，出现害羞；6～12个月时，出现依恋、分离伤心、陌生人恐惧；18个月左右，出现羞愧、自豪、骄傲、焦虑、内疚和同情等。

伊扎德的特殊贡献在于，他编制了面部肌肉运动和表情模式测查系统，给表情识别提供了一个客观依据。他把面部分为三个区域：额眉—鼻根区，眼—鼻—颊区，口唇—下巴区，并提出了区分面部运动的编码手册。在这一点上，他的研究，无论在科学性上还是在可测性上都有了大大的提高，使得每一种新出现的情绪反应都有了一定的具体、客观的指标，易于鉴别和判断。

### 5. 孟昭兰的情绪发生分化理论

我国心理学家孟昭兰认为，婴儿通过遗传获得8～10种基本情绪，如愉快、兴趣、惊奇、痛苦、愤怒、惧怕、悲伤等。它们在个体发展进程中随着成熟相继出现。情绪的诱因由开始的生理需要和防御本能向社会性诱因变化。此外，孟昭兰还提出了个体情绪发生的时间及诱因等（见表8-2-1）。

表 8-2-1　个体情绪发生时间表❶

| 情绪类别 | 最早出现时间 | 诱因 | 经常显露时间 | 诱因 |
|---|---|---|---|---|
| 痛苦 | 出生后 | 身体痛刺激 | 出生后 | —— |
| 厌恶 | 出生后 | 味刺激 | 出生后 | —— |
| 微笑 | 出生后 | 睡眠中，内部过程节律反应 | 出生后 | —— |
| 兴趣 | 出生后 | 新异光、声和运动物体 | 3个月 | —— |
| 社会性微笑 | 3～6周 | 高频人语声（女声），人的面孔出现 | 3个月 | 熟人面孔出现，面对面玩 |
| 愤怒 | 2个月 | 药物注射痛刺激 | 7～8个月 | 身体活动受限制 |
| 悲伤 | 3～4个月 | 治疗痛刺激 | 7个月 | 与熟人分离 |
| 惧怕 | 7个月 | 从高处降落 | 9个月 | 陌生人或新异性较大的物体出现，如带声音的运动玩具 |
| 惊奇 | 1岁 | 新异物突然出现 | 2岁 | 新异物突然出现 |
| 害羞 | 1～1.5岁 | 熟悉环境中陌生人出现 | 2岁 | 熟悉环境中陌生人出现 |
| 轻蔑 | 1～1.5岁 | 欢快情况下显示自己的成功 | 3岁 | 欢快情况下显示自己的成功 |
| 自罪感 | 1～1.5岁 | 抢夺别人的玩具 | 3岁 | 做错事，如打破杯子 |

　　孟昭兰的情绪分化理论是基于她对婴儿情绪发展的一系列研究和他人的众多研究结论而提出来的，是对现有国内外婴幼儿早期情绪发展研究的概括和总结，对我们更好地理解与把握学前儿童情绪和情感的分化发展有很大的帮助。

**(二)学前儿童情绪和情感的几种基本表现**

　　人的情绪多种多样，其中笑是最基本的积极情绪表现，而哭和恐惧则是最基本的消极情绪表现。了解学前儿童的基本情绪和情感表现，有助于我们及时获取他们的内心想法，进而积极应对，以促进学前儿童健康成长。

　　1. 哭

　　哭代表不愉快的情绪，婴儿一出生就会哭。哭既是生理现象，又是心理现象。哭是新生儿与外界沟通的主要方式，对新生儿身心发育是有好处的。学前儿童哭的类型主要有：饥饿哭、发怒哭、疼痛哭、恐惧或惊吓哭、不称心哭和招引别人哭。

　　随着年龄的增长，学前儿童哭的频率逐渐降低，哭的诱因逐渐变换。在哭的频率方面，一般而言，1岁特别是2岁以后的学步儿已经大为降低。因此，2～3岁后的学前儿童还爱哭，可能会影响身心发展，成人要引起重

❶　孟昭兰：《人类情绪》，254页，上海，上海人民出版社，1989。

视。爱哭的原因可能是：成人不合理的教养方式，使得儿童习得以哭作为对成人的要挟手段；儿童身体不适或者是受到了成人的忽视。在诱因方面，新生儿期和婴儿期的哭，生理方面的诱因占主导，之后社会性的诱因逐渐增多。

对于学前儿童特别是婴儿的哭，成人应该正确应对，要善于观察，分辨哭的原因，根据不同情况给予适当处理。

### 2. 笑

笑是愉快情绪的表现，是儿童与成人交往和沟通的基本手段，有益于儿童身心健康。学前儿童的笑比哭发生得晚。学前儿童笑的类型主要包括：自发性的笑（也称内源性、生理性或反射性自发笑）和诱发性的笑（包括反射性诱发笑和社会性诱发笑）。

（1）自发性的笑（0～5周）

婴儿最初的笑是自发性的，或称内源性的笑，这是一种生理表现，而不是交往的表情手段，主要发生在婴儿的睡眠中，通常是突然出现的，是低强度的笑。其表现是卷口角，即嘴周围的肌肉活动，不包括眼周围的肌肉活动，因而并不是真正的微笑。这种早期的笑在3个月后逐渐减少。

（2）诱发性的笑（3周左右开始）

诱发性的笑和自发性的笑不同，它是由外界刺激引起的，它可以分为反射性的诱发笑和社会性的诱发笑两大类。

反射性的诱发笑。婴儿最初的诱发笑多发生于睡眠时间。比如，婴儿睡着时，温柔地碰触婴儿的脸，或者是抚摸婴儿的肚子，都可能使他出现微笑。新生儿在出生第3周左右时，开始出现清醒时的诱发笑。例如，轻轻触摸或吹其皮肤敏感区4～5秒，婴儿即可出现微笑。这些微笑都是由外部刺激引起的，对婴儿而言，还不能区分这个刺激对他的社会性意义，因而，这种无意义差别的笑是反射性的。

社会性的诱发笑。研究发现，从第5周开始，婴儿对社会性物体和非社会性物体的反应开始出现不同的表现。人的出现，包括人脸、人声，最容易引起婴儿的笑，即婴儿开始出现社会性微笑。婴儿在三四个月前的社会性的诱发笑是无差别的，这种微笑往往不分对象，对所有人的笑都是一样的。4个月左右，婴儿开始出现有差别的微笑，婴儿只对亲近的人笑，他们对熟悉的人脸比对不熟悉的人脸笑得更多。有差别的微笑的出现是婴儿最初的有选择的社会性微笑发生的标志。

### 3. 恐惧

恐惧是一种具有压抑作用的消极情绪体验，强烈的恐惧会使人变得感知狭窄、思维麻木混乱、动作笨拙，也会使学前儿童极度逃避和退缩。引起恐惧的原因有很多，可能是先天的，也可能是后天习得的。凡强度过大或变异过大的事件都可能引起恐惧，如巨响、跌落、疼痛、孤独、无援、处境不明等。由此，在学前儿童身上会派生出具体的恐惧对象，如怕黑暗、怕动物、怕陌生人、怕陌生环境等。

学前儿童的恐惧随着年龄的增长与知识经验的丰富而有所变化，主要经历了以下几个阶段。

（1）本能的恐惧

恐惧是婴儿出生就有的情绪反应，可以说是本能的反应。婴儿最初的恐惧可以由听觉、皮肤觉、机体觉等刺激引起，如巨大的声响、身体失重等。

（2）与知觉和经验相联系的恐惧

从 4 个月左右开始，婴儿出现与知觉发展相联系的恐惧。不愉快经验的刺激会引起恐惧情绪。视觉对恐惧的产生逐渐起主要作用，如高处恐惧。

（3）怕生

6～7 个月的婴儿开始怕生，也就是对陌生刺激物的恐惧反应。怕生与依恋情结同时产生，伴随对母亲依恋的形成，怕生情绪也逐渐明显、强烈。研究发现，婴儿在母亲膝上时，怕生情绪较弱，离开母亲后，则怕生情绪较强烈。可见，恐惧与缺乏安全感相联系。

（4）预测性恐惧

随着想象的发展，2 岁左右的婴幼儿开始出现与想象相联系的预测性恐惧情绪，如怕黑等。婴幼儿无法分清想象与现实，往往把自己的想象当作现实，再加上成人不正确地引导，更容易引起婴幼儿预测性恐惧。

婴幼儿在发育过程中出现害怕和恐惧是正常的，一般来说，一种恐惧持续的时间短暂，很少有持续 1 年以上的，多数在 3 个月内消失，不会影响他们的身心发展；但对于不合时宜、不符合学前儿童年龄特点的害怕和恐惧，成人要引起注意，严重的会影响学前儿童身心健康。

### 4. 焦虑

焦虑经常与恐惧联系在一起，但焦虑不同于恐惧。恐惧有具体的对象和内容，而焦虑只是一种朦胧的、游移的、心神不定的状态。学前儿童的焦虑往往与其所处环境相联系，集中表现为陌生人焦虑和分离焦虑。

（1）陌生人焦虑

陌生人焦虑是指婴幼儿对陌生人的警觉反应。大多数婴幼儿在形成对亲人的依恋之前（出生后至 6～7 个月），对陌生人的反应通常是积极的。但从 6～7 个月以后，他们开始害怕陌生人，8～10 个月时最为严重，一周岁以后强度逐渐减弱。但这种陌生人焦虑到 4 岁时也并没有完全消失，尤其是在陌生环境里接近陌生人时，他们还会表现出警觉。

（2）分离焦虑

分离焦虑是婴幼儿与其依恋对象分离时产生的一种消极的情绪体验。大部分婴儿从 6～7 个月起，就会明显表现出这种分离焦虑，随着年龄的增长，分离焦虑的强度逐渐减弱。

焦虑的出现，与婴幼儿所处的环境及自身的不安全感有关。最初，焦虑的出现，是有特殊的适应意义的，它能促使婴幼儿去寻找他所亲近的人，防止婴幼儿受到可能的伤害，这是婴幼儿寻求安全的一种有效的方法。但是，长时间的焦虑，对婴幼儿会产生深刻的心理影响。成人应该关心处于焦虑中的婴幼儿，可以通过改变环境、增加婴幼儿熟悉的游戏和活动等转移其注意力的方式，减轻他们的焦虑。

## ▶▶ 二、 学前儿童情绪和情感的发展 >>>>>>>>

### （一）学前儿童情绪和情感发展的一般趋势

学前儿童情绪和情感的发展趋势主要表现在三个方面：社会化、丰富与深刻化、自我调节化。

#### 1. 情绪和情感的社会化

我们已经知道，学前儿童最初出现的情绪是与生理需要相联系的，随着年龄的增长，情绪逐渐与社会性需要相联系。社会化成为学前儿童情绪和情感发展的一个主要趋势，主要表现在以下方面。

（1）情绪中社会性交往的内容不断增加

研究证明，学前儿童的情绪涉及社会性交往的内容，并随着年龄的增长而增加。例如，美国心理学家埃姆斯（Louise Bates Ames）利用两年的时间，对幼儿交往中的微笑进行了系统观察和研究，结果表明，从 1.5 岁到 3 岁，非社会性微笑（学前儿童自己玩得高兴时的微笑）的比例下降，社交性微笑（学前儿童对教师微笑、对小朋友微笑）的比例则有所增大。

（2）引起情绪反应的社会性动因不断增加

婴儿的情绪动因，主要和他的生理需要是否得到满足相联系，而 1～3 岁学前儿童情绪反应的动因，既有与满足生理需要有关的事物，又有大量与社会性需要有关的事物。3～4 岁的学前儿童，情绪动因处于主要为满足生理需要向主要为满足社会性需要的过渡阶段。学前儿童有被人注意、被关爱、与别人交往的需要。学前儿童与人交往的社会性需要是否得到满足，人际关系的状况如何，对学前儿童情绪和情感发展影响很大，是影响其情绪和情感发展的主要动因。

（3）表情的社会化

表情是情绪的外部表现。学前儿童在成长过程中，逐渐掌握了周围人们的表情，从而使自己的表情日益社会化。学前儿童表情社会化的发展主要包括理解(辨别)面部表情的能力和运用表情的能力。

　　婴儿表情的社会化，集中表现在对成人，尤其是对养育者表情的呼应上。有研究表明，如果母亲用平淡的语气与孩子说话时，孩子会变得谨慎、机警，不会有积极的表情，甚至变得焦虑不安。但当母亲用亲切、愉快的语气和丰富的面部表情对孩子说话时，孩子马上变得轻松起来。2岁的幼儿能正确辨别面部表情，并能谈论与情绪有关的话题。4岁的幼儿对高兴、生气和害怕三种表情的识别能力强于3岁幼儿。同时，幼儿对积极表情的识别能力要强于对消极表情的识别。4~5岁的幼儿能正确地判断产生各种基本情绪的外部原因。例如，"他不高兴了。因为他的玩具车被弄坏了"。

　　婴儿会用面部表情和全身动作表情毫无保留地表露自己的情绪，以后则根据社会的要求调节真实情绪的表现方式。学前儿童从2岁开始已经能够用表情去影响别人，会在不同场合下用不同的方式表达同一种情感，并且之后开始学会用一定的手段(限制刺激信息输入、转变目标等)来调控自己的情绪。例如，给幼儿打针时，他会捂上眼睛，回避不愿接受的刺激，一边自言自语，"打针不痛，我不哭"，一边掉眼泪。掌握了调控策略的学前儿童，情绪爆发的现象会明显减少。

　　研究认为，观察学习是学前儿童学会使用表情的主要途径。成人在各种场合中的情绪反应，对学前儿童表情的运用具有示范作用。角色游戏，也是幼儿学习情绪和情感表达的重要途径。角色游戏对幼儿情绪情感的表达和抒发具有不可替代的积极作用。

### 2. 情绪和情感的丰富与深刻化

　　从情绪和情感所指向的事物来看，其发展趋势越来越丰富与深刻。

　　情绪和情感日益丰富有两个含义。一是情绪越来越分化。刚出生的婴儿只有少数的几种情绪，随着年龄的增长，情绪会不断分化。研究表明，道德感、理智感和美感等高级情感均在幼儿期出现，并获得初步发展。二是情绪指向的事物不断增加，先前不能引起幼儿情绪体验的事物，随着年龄的增长，引起了情感体验。例如，3岁前的婴幼儿，是不太在意小朋友是否和他一起玩的，而对于3岁后的学前儿童，小朋友的孤立、不共同玩耍，会使他非常伤心。

　　情绪和情感的深刻化，是指它指向的事物的性质的变化，从指向事物的表面到指向事物内在的特点。例如，低龄幼儿对父母的依恋，主要由于父母满足其基本生活需要，年长的幼儿则有对父母劳动的尊重和爱戴等内容。情感的深刻化还表现在高级情感的萌芽与发展。

　　儿童情绪和情感的丰富与深刻，与其认知发展水平有关。根据与认知过程的联系，情绪和情感的发展可以分为几种不同的水平。

（1）与感知觉联系的情绪和情感

与生理性刺激有联系的情绪，多属此类。例如，1岁左右的婴儿，对突然关灯会产生害怕情绪。

（2）与记忆相联系的情绪和情感

陌生人表示友好的面孔，可以引起3～4个月婴儿的微笑。但7～8个月的婴儿则可能产生惊奇和恐惧。这是因为后者已有记忆。又如，被暖瓶盖烫过的幼儿，害怕碰到暖瓶盖等。

（3）与想象相联系的情绪和情感

例如，两三岁以后的学前儿童，被人告知蛇咬人、黑夜有坏人等，产生怕蛇、怕黑等情绪。

（4）与思维相联系的情绪和情感

5～6岁的学前儿童理解病菌能使人生病，从而害怕病菌；知道苍蝇携带病菌，讨厌苍蝇。幽默感是一种与思维发展相联系的情感体验。3岁左右的学前儿童看见小丑或者装扮奇异的人报以大笑，这是学前儿童理解到滑稽状态的表现。学前儿童会开玩笑，即出现幽默感的萌芽。例如，学前儿童故意怪腔怪调，惹人发笑。

（5）与自我意识相联系的情绪和情感

例如，受到嘲笑感到不愉快，对活动成败感到自豪或焦虑，对别人的夸奖感到高兴或骄傲等。这一类情感是典型的社会性情感，是人际关系性质的情绪体验。

### 3. 情绪的自我调节化

情绪的自我调节是个体对情绪反应的监控、评估和改变。随着年龄的增长，学前儿童的情绪越来越受自我意识的支配，自我调节的能力越来越强，主要表现在三方面。

（1）情绪的冲动性逐渐减少

学前儿童由于生理发育等因素的影响，控制力弱，言语的调节功能不完善，因此当外界事物、情境刺激学前儿童时，情绪就会出现爆发性，常从一个极端迅速发展到另一个极端。

随着学前儿童脑的发育及语言的发展，情绪的冲动性逐渐减少。幼儿对自己情绪的控制，起初是被动的，即在成人要求下，由于服从成人的指示而控制自己的情绪。到幼儿晚期，对情绪的自我调节能力才逐渐发展。成人经常不断地教育和要求，以及幼儿参与集体活动和集体生活，都有利于幼儿逐渐养成控制自己情绪的能力，减少冲动性。

（2）情绪的稳定性逐渐提高

婴幼儿的情绪非常不稳定，具有情境性、易变性、易受感染的特点。两种对立情绪常常在很短的时间内相互转换，随着情境的变化而变化。"孩子的脸，六月的天，说变就变"。破涕为笑的现象在学前儿童身上是常见的。

随着年龄的增长和教育的影响，学前儿童对情绪和情感的自我调节能力逐步提高，情绪和情感逐渐趋于稳定。幼儿晚期学前儿童的情绪较少受到别人的感染，但仍然易受到家长和教师的感染。因此，教师和家长在学前儿童面前，应该有意识地控制自己的不良情绪。

（3）情绪表现从外显到内隐

婴儿期和幼儿初期的学前儿童的情绪丝毫不加掩饰，完全外露，高兴就笑，不高兴就哭。随着言语和心理活动的有意识的发展，学前儿童逐渐能够调节自己的情绪及其外部表现，并掌握了一些简单的情绪表达策略，开始掩饰自己的情绪，情绪表现逐渐内隐。例如，幼儿在幼儿园遇到不愉快的事时，当着教师和小朋友的面，能控制或掩饰自己的情绪，等回到家见到父母会立即大哭出来。

**（二）学前儿童高级情感的发展**

随着活动的不断增加和认知能力的不断提高，学前儿童的高级情感也在不断发展。2岁左右，学前儿童的高级情感开始萌芽。随着社会性需要的发展，在成人的教育影响下，学前儿童的高级情感逐渐形成。

### 1. 道德感

对于学前儿童来说，掌握道德标准不是易事，形成道德感更是比较复杂的过程。学前儿童的道德情感是在成人的道德评价和潜移默化的教育影响下形成的。

学前儿童在3岁前只有某些道德感的萌芽，3岁后，特别是在幼儿园团体交往等生活中，掌握了各种行为规范，道德感才逐渐发展起来。小班幼儿的道德感主要指向个别行为，往往由成人的评价引起，如受到夸奖就高兴，受到责备就难过。中班幼儿的情感逐渐与一些概括化的标准相联系，不但关心自己的行为是否符合道德标准，而且关心别人的行为是否符合道德标准。因此，他们在看见其他小朋友违反规则时会产生不满，常常发生"告状"行为。大班幼儿的情感进一步发展和复杂化，对好与坏、是与非的体验已有鲜明的不同情感，还表现在对更广泛的道德观念的体验趋于稳定，如热爱集体、爱小朋友、痛恨坏人、乐于帮助他人的情感体验等。

### 2. 理智感

随着学前儿童认知能力的提高以及活动范围的扩大和活动内容的丰富，他们一方面增长了知识，另一方面又产生了求知欲，理智感也就得到了发展。

学前儿童的理智感有一种特殊的表现形式，即好奇好问。他们特别喜欢问成人"是什么、为什么"。因此，有的心理学家把幼儿期称作疑问期。学前儿童理智感的另一种表现形式是与求知欲相联系的"破坏"行为。新买的玩具，可能一眨眼工夫，就被幼儿拆得七零八落了。幼儿认识事物的强烈兴趣，不仅使他们获得更多的知识，也进一步推动了理智感的发展。

成功和兴趣是推动学前儿童理智感发展的重要保证。家长和教师要珍惜学前儿童的探究热情，鼓励学前儿童多提问、多思考、多探究，解放学前儿童的双手，让学前儿童探索和创造；任务与要求要切合学前儿童的实际；要善于发现学前儿童在认识活动中的优势领域和兴趣。学前儿童在游戏和学业上取得成功后成人要及时给予表扬，尽量避免让学前儿童体验过多和过强的失败情绪。

### 3. 美感

学前儿童美感的发展是与他们的认知能力的发展分不开的。2～3岁前的学前儿童还不会分辨艺术作品中的形象与真实的对象，学前期儿童则能开始区分，并且加以比较，做出评价。

学前儿童的美感与道德感通常联系在一起，并以道德感代替美感。凡是与他们的道德感相一致的艺术作品或表演都是美的，凡是与他们的道德感相冲突的艺术作品或表演都是丑的。

学前儿童对色彩鲜艳的艺术作品容易产生美感。在教育的影响下，学前儿童在幼儿中期能够从音乐、绘画等艺术作品中，从自己从事的美术活动、舞蹈、唱歌、朗诵等艺术表演中产生美感，并能体验到自然景色的美。学前儿童在幼儿晚期对美的标准的理解和美的体验有了进一步的发展。例如，在幼儿晚期，学前儿童开始不满足于颜色鲜艳，还要求颜色搭配协调。再如，他们更喜欢外貌出众、打扮漂亮的老师。

## 单元 3 学前儿童良好情绪和情感的培养

### 💬 情景导入

天天把家中漂亮的金鱼带到了幼儿园，李老师双手接过装鱼的小瓶，高兴地赞叹着，还请小朋友们来观看。天天十分开心，他主动帮老师搬桌子，帮小朋友收拾玩具，做了许多好事。

贝贝把星期天和爸爸一起种的小花带到了幼儿园。郭老师正忙着准备上课的图片，她头也没抬，淡淡地说："放那儿吧。"贝贝失望地坐在小椅子上，整个上午都没有精神。

学前儿童情绪的发展变化是微妙的，它对学前儿童的身心发展有重要的影响。幼儿教师要洞察引起学前儿童情绪波动的原因，并采取措施，促进学前儿童积极的情绪和情感发展。

## ▶▶ 一、 情绪和情感对学前儿童身心发展的意义 >>>>>>>

情绪和情感表达了人与客观事物之间极为微妙的关系，反映出客观事物对个体多方面的意义，组成了多样化的情绪和情感类别。人类复杂多样的情绪和情感表现是从出生到成人逐渐分化和发展而来的。对情绪和情感的发生与发展趋势的研究学习，有助于我们更好地理解与对待学前儿童的情绪和情感，促进学前儿童良好、积极的情绪和情感发展。

### (一)情绪和情感有助于学前儿童适应环境

所有情绪都有某种适应价值。学前儿童从出生开始，就要在适应中生存。他们通过情绪向成人传递着各种信息。他们用哭声、喊声引起照料者的注意、获得照料者的抚爱、阻止母亲的离去，用微笑表达他们的舒适、愉快，赢得母亲的疼爱。稍大一些的婴儿，面对陌生人会大哭大喊，这种恐惧情绪既可以向父母发出信号，使父母及时采取相应措施，又可以保证婴儿只和值得信任的人在一起，不会随便被陌生人带走。这些情绪反应都是学前儿童向他人表达需求、寻求帮助的重要工具。

情绪过程总伴随一定的生理唤醒，如呼吸、血压、激素分泌、肌肉紧张度等，这种生理唤醒同样是学前儿童适应环境的重要保证。随着年龄的增长，学前儿童的活动范围扩大，他们面临着更加复杂的环境，当周围环境发生变化时，情绪和情感反应会调节学前儿童的生理激活水平，使他们及时应对环境的突然变化。

### (二)情绪和情感对学前儿童的心理活动及行为有驱动作用

情绪和情感对学前儿童的心理活动及行为具有明显的驱动作用。积极的情绪能够激发和增强学前儿童的活动能力，驱使学前儿童发出积极的行为响应；反之，则会减弱甚至抑制学前儿童的活动，使他们抗拒和退缩。

学前儿童心理活动和行为的情绪色彩非常浓厚，情绪直接左右着他们的行为。学前儿童在愉快的情绪下，做什么事都积极、听话；反之则不动，不爱学，也不听话。"幼儿是情绪的俘虏"是情绪对幼儿心理活动的动机作用的最好说明。因此，若想使教育活动取得良好的效果，应让幼儿保持积极的情绪和情感状态。

### (三)情绪和情感会影响学前儿童的认知活动

情绪和情感与认知之间关系密切。一方面，情绪和情感是随着认知的发展而分化与发展的；另一方面，情绪和情感对儿童的认知过程起着激发、促进或抑制、延缓的作用。

儿童的认知活动受情绪的影响非常大。研究表明，在不同的情绪和情感状态下，个体的认知水平也不同。从情绪和情感的性质来说，积极的情绪和情感对认知起激发、促进的作用，在此状态下，个体的认知清晰、有序、活跃；消极的情绪和情感对认知起破坏、瓦解的作用，在此状态下，个体的认知模糊、紊乱、迟缓。从情绪情感的强度来说，情绪激活水平过高会干扰甚至阻断认知加工进程，情绪激活水平过低则不足以维持认知加工所需要的激活量，只有适中的情绪状态，才可以提高认知加工的效果。

**（四）情绪和情感是学前儿童社会交往的重要手段**

每一种情绪都有其外部表现，即表情。它是人与人之间进行信息交流的重要工具之一，在婴幼儿与成人的交往中，尤其占有特殊重要的地位。

新生儿，几乎完全借助于表情与成人交往，或者维持、调整交往。学前儿童在掌握语言之前，主要是以表情作为交际的工具。在学前儿童初步掌握语言之后，表情仍然是重要的交流工具，它与语言共同促进学前儿童与成人、学前儿童与同伴间的社会性交往。在生活中，具有积极情绪的学前儿童很容易获得良好的人际关系。在幼儿园，情绪开朗、热情主动的幼儿，能很快地适应周围的环境，受到教师和同伴的欢迎。

**（五）情绪和情感影响学前儿童个性的形成**

婴幼儿阶段是个性形成的奠基时期，情绪和情感对他们具有重要影响。学前儿童在与不同的人、事物的接触中，逐渐形成了对不同人、不同事物的不同的情感态度，学前儿童经常、反复受到特定环境刺激的影响，反复体验同一种情绪状态，这种状态就会逐渐稳固下来，形成稳定的情绪特征，成为学前儿童性格特征的组成部分。例如，一时的乐观，可以称乐观状态，而经常出现的乐观状态，则逐渐形成乐观的人格品质。

同时，情绪和情感还会通过影响学前儿童的社会交往与社会化发展，继而影响学前儿童个性的形成。一般来说，情绪表达和调控能力较强的学前儿童在与同伴交往的过程中，表现出更多关心、友爱、尊重、信任等亲社会行为，同伴接纳程度更好，更容易形成活泼、开朗、信任等性格特征，而紧张或消极情绪出现率较高的学前儿童比其他同伴接受性差，这样的学前儿童容易与他人形成抗拒、怀疑、敌意的社会交往关系，容易形成孤僻、冷漠、多疑、攻击等性格特征。

#### ▶▶ 二、 学前儿童良好情绪和情感的培养策略 >>>>>>>

**（一）营造良好的情绪环境**

学前儿童的情绪和情感很容易受到周围环境的影响。一个安全、宽容、接纳、温馨的环境会使学前儿童感到安全、轻松和愉快，能使学前儿童自由地、开放地表达自己的情绪和情感，有条件讲述自己的情绪体验和感受。对于强烈的消极情绪，学前儿童也能在体验到被尊重的氛围中得到及时的宣泄和排解，进而会促进学前儿童的良好个性的发展。

大量事实表明：幼儿周围的成人积极乐观、热情互助、关爱他人，幼儿就会健康、热情、大方、有活力；反之，家庭不和、师幼关系紧张等，会使幼儿陷入恐惧、悲观的不良情绪中。因此，教师和家长要以身作则，注意调控自己的情绪，为幼儿创设一个和谐的成长环境。在教育过程中，要坚持科学的教养方式，严而有度，爱而有格，严慈结合；以亲切、和蔼又认真严肃的态度对待幼儿；既悉心照料他们的生活，关爱他们的情感需求，满足他们合理的要求，又要教育他们有礼貌、懂是非，养成良好的习惯；使幼儿在欢快、愉悦、互相关心、充满关爱的集体中，经常保持积极、快乐的情绪和情感。

### （二）为学前儿童树立良好的情绪示范

学前儿童年龄小，情绪不稳定，模仿能力、受暗示性强，成人良好的情绪示范对学前儿童情绪和情感的发展十分重要。实践表明，如果成人精神饱满、情绪积极向上，与之在一起的幼儿也会表现出积极、愉快的情绪，并主动投入活动或游戏中；相反，成人如果喜怒无常，则会使幼儿无所适从。因此，成人应努力控制自己的不良情绪，不在幼儿面前表露不良情绪，更不应在面对幼儿时喜怒无常，而应以积极的态度对待幼儿，给他们愉快的、稳定的、积极的情绪暗示和示范。

### （三）接纳、引导学前儿童的不良情绪

学前儿童的情感世界并不总是"晴空万里"的，他们也会因为突发的、陌生的或是恐怖的事情而产生悲伤、焦虑、愤怒、惧怕、孤独等负面情绪，并且有时也会不加控制地表现出来，这都是正常的，是他们成长过程中的一部分。例如，妈妈没有给孩子买想要的玩具，孩子在商场里大哭大闹。面对学前儿童的负面情绪，成人应该怎么办呢？

#### 1. 要分析学前儿童负面情绪的来由

一般情况下，年龄越小引起负面情绪的原因越简单、直接，如饿了、渴了、想睡了等。随着年龄的增长，幼儿的负面情绪开始出现了一些社会化的要素，如要求得不到满足时的发泄和斗争。只有正确理解了婴幼儿负面情绪的由来，才能有针对性地进行安慰和指导。

#### 2. 体谅、接纳学前儿童的负面情绪

当婴幼儿出现负面情绪的时候，如果是正常情绪的表达，成人要做的是理解并接纳，而不是抱怨或制止。

#### 3. 引导学前儿童用语言或其他可接受的方式合理表达自己的情绪

成人要允许学前儿童自由表达自己的情绪。让学前儿童抑制自己的情绪和情感，将导致他们无法正确认识与表达自己的情绪和情感，不利于其心理健康。在明白了学前儿童情绪背后的原因后，成人可以试着帮他说出情绪感

受，多花时间与学前儿童进行交流，让学前儿童逐渐学会用语言，而不是通过诸如跺脚、拍桌子、扔东西、大喊大叫或沉默等不良行为来表达自己的情绪。

**4. 要教给学前儿童一些除语言之外的其他宣泄负面情绪的方式**

鼓励幼儿以不伤害自己或别人的方式表达情绪，如画画、舞蹈、游戏、留纸条等。如果幼儿极度伤心、气恼，有时一些肢体活动可以帮助缓解，如捶枕头、砸旧纸盒、揉搓橡皮泥等，都会使愤怒的幼儿趋于平静。

**(四)运用合理的方法帮助学前儿童控制不良情绪**

婴幼儿一般不会控制自己的情绪，不高兴时会大哭大闹，愤怒了可能会摔东西、打人等，成人可以用以下几种方法帮助他们控制情绪。

**1. 转移注意法**

转移注意法是将学前儿童的注意力从诱发消极情绪产生的事物上转移到学前儿童感兴趣的其他事物或活动上，从而改变学前儿童当前的不良情绪。例如，两三岁的孩子在商店里哭着闹着要买某个玩具，成人可以用转移注意的方法说："等一会儿，我想到一个更好玩的，咱们去找一找。"这时孩子就会跟着走了。需要注意的是，当成人用这种方法时，许诺就要兑现，否则以后孩子就不再"上当"了，还可能引发对成人的不信任感，导致其他情绪问题出现。

**2. 冷却消退法**

冷却消退法就是在幼儿情绪十分激动时，暂时置之不理，让幼儿慢慢地冷静下来。当幼儿处于激动状态时，成人切忌激动起来。比如，对幼儿大声喊叫："你再哭，我打你"或"你哭什么，不准哭，赶快闭上嘴"之类。这样做无异于火上浇油，会使幼儿情绪更加激动。

**(五)教会学前儿童自我调节情绪的策略**

学前儿童表现情绪的方式更多是在生活中学会的。因此，在生活中，有必要教给他们有意识地调节情绪及表现的方式。

**1. 反思策略**

事后让幼儿想一想自己的情绪表现是否合适。比如，在自己的要求不能得到满足时，想想自己的要求是否合理；和小朋友发生争执时，想一想是否错怪了对方。这种方法适合年龄稍大一点的幼儿。

**2. 自我说服策略**

对于害怕打预防针的幼儿，可以教他大声宣泄："打针不痛，我不哭。"幼儿起先可能还是害怕，会哭闹，但以后就会慢慢地不再害怕打针。当幼儿和小朋友打架，很生气时，可以要求他讲述打架发生的过程，他会越讲越平静。

### 3. 想象策略

当幼儿遇到困难或挫折而伤心时，可以让他把自己想象成自己喜欢的某个人物，或是自己崇拜的英雄形象，用他人的情绪和情感力量感染、替代自己的情绪表现。

### 4. 认知重建策略

引导幼儿从一个更为积极的角度看待消极事件，赋予它更加积极的意义，从而使幼儿改变自己的情绪体验。认知重建是具有积极意义的情绪调节策略，与其他策略相比，更为复杂和高级，对年龄小的婴幼儿运用得较少。

## 活动设计

## 我会怎么做（幼儿园小班）

**设计意图**

小班的幼儿由于刚刚入园不久，生活环境的改变、交往对象的改变及增多，都会使幼儿内心产生很多压力，产生许多负面情绪。通过此项活动，让幼儿能够认识自己和同伴产生情绪的外在表现，从而让幼儿学会正确表达需求，主动关心和帮助身边的小朋友。

**活动目标**

1. 注意他人的情绪，了解他人的不同需求。

2. 能够用"需要我帮助你吗""我该怎么帮助你"等表达关心，并给予他人适当的帮助。

3. 乐于主动关心和帮助身边的人。

**活动准备**

1. 幼儿入园哭泣的视频。

2. 引起负面情绪（如生病）的照片，不会穿、脱衣服的照片等。

**活动过程**

1. 情景再现。

播放视频"小朋友入园哭泣"。

视频介绍：陶陶一脸不开心，依依不舍地离开妈妈，一步一回头地走到班级门口，教师热情地和他问好，可陶陶不吭声，慢吞吞地坐在椅子上，不一会儿，眼泪流了下来。

教师："今天请小朋友们看一看发生在某班级的事情。我们一起看看视频中的小朋友遇到了什么问题。"

2. 谈话。

教师引导幼儿感受陶陶的情绪变化，分析陶陶哭的原因，并尝试用正确的办法帮助陶陶。

教师：陶陶脸上的表情有什么变化？

幼儿：先是不高兴了。

教师：然后呢？

幼儿：然后就哭了。

教师：陶陶哭了，你会怎么说？怎么做？

幼儿A：我会问他，陶陶你为什么哭啊？是不是想妈妈了？

教师：如果不是，你会怎么做？

幼儿A：问问他要不要和我一起玩。

教师：陶陶心情不好，如果他不想玩怎么办？

幼儿A：问他我需要做点儿什么事情能让他不哭。

教师：这个办法不错，可以问他"你需要什么样的帮助呢"。

幼儿B：我先问他为什么哭，是不是有什么困难。

教师：他告诉你他的困难之后呢？

幼儿B：问问他需不需要我的帮助。

教师：这个办法也很好，先确定陶陶需不需要大家的帮助。

3. 教师小结：你们看见陶陶哭会去关心他，他哭会有很多原因，我们可以问他"为什么哭""需要帮助吗"，还可以问他"需要什么样的帮助"，然后为他提供帮助，这些都是特别好的办法。

4. 示范。

教师与一名幼儿对话，进行语言与行为示范。

5. 讨论。

出示图片，请幼儿结合图片中小朋友遇到的困难，讨论该怎么做。

**活动延伸**

利用午睡起床时间，用学到的话去帮助小班的小朋友，给予小朋友适当的帮助。

**思考与练习**

1. 什么是情绪和情感？它的种类有哪些？
2. 情绪和情感的特点与功能有哪些？
3. 学前儿童情绪和情感的发展有什么特点？
4. 怎样培养学前儿童良好的情绪和情感？

**实践与探究**

观察并列举有助于幼儿积极情绪和情感培养的活动有哪些，选择其中一个主题，设计活动方案。

国考同步

1.(2017年上)初入园的幼儿常常有哭闹、不安等不愉快的情绪，说明这些幼儿表现出了（　　　）。

A. 回避型依恋　　　B. 抗拒性格　　　C. 分离焦虑　　　D. 黏液质气质

2.(2018年上)下列哪一个选项不是婴儿期出现的基本情绪体验？（　　　）

A. 羞愧感　　　B. 伤心　　　C. 害怕　　　D. 生气

3.(2018年下)婴儿出生6～10周后，人脸可以引发其微笑。这种微笑被称为（　　　）。

A. 生理性微笑　　　B. 自然微笑　　　C. 社会性微笑　　　D. 本能微笑

4.(2019年下)有时一名幼儿哭会惹得周围的幼儿跟着一起哭，这表明幼儿的情绪具有（　　　）。

A. 冲动性　　　B. 易感染性　　　C. 外露性　　　D. 不稳定性

5.(2018年上)简答：

婴幼儿调节负面情绪的主要策略有哪些？

6.(2016年上)材料分析：

3岁的阳阳从小跟奶奶生活在一起。刚上幼儿园时，奶奶每次送他到幼儿园准备离开时，阳阳总是又哭又闹。当奶奶的身影消失后，阳阳很快就平静下来，并能与小朋友们高兴地玩。由于担心，奶奶每次走后又折返回来，阳阳再次看到奶奶时，又立刻抓住奶奶的手，哭起来……

问题：

(1)阳阳的行为反映了幼儿情绪的哪些特点？

(2)阳阳奶奶的担心是否必要？教师该如何引导？

云测试

## 模块九
# 学前儿童的意志

### 📅 学习目标

1. 了解意志的概念，理解意志行动的必备要素。
2. 掌握评价意志品质的维度。
3. 掌握学前儿童意志品质发展的特点。
4. 掌握学前儿童良好意志品质培养的策略。
5. 根据所学知识，能够有效地组织培养学前儿童良好意志品质的活动。
6. 树立"为中华之崛起而读书"，为实现中华民族伟大复兴的中国梦而奋斗的远大理想，并为实现理想而克服困难，努力进取。

### ✖ 学习导航

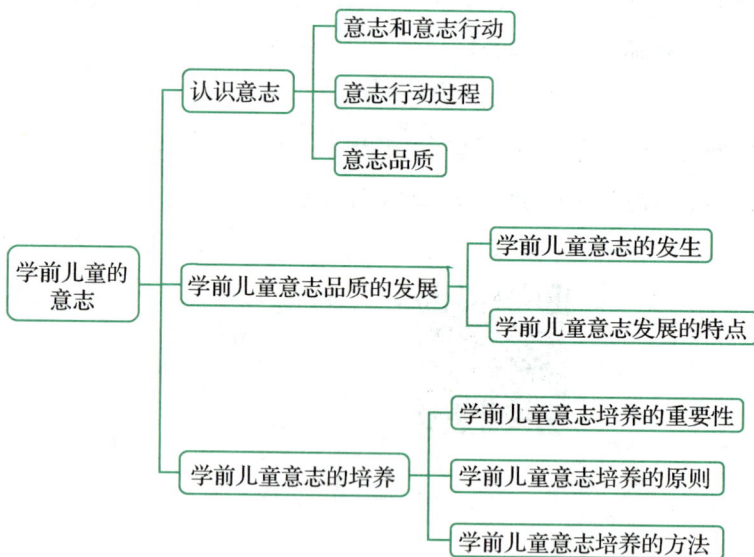

意志是人类特有的心理现象，它与认知过程、情感过程构成了人的三大心理过程。古语云："有志者事竟成。"法国著名作家巴尔扎克也曾说过："没有伟大的意志力，就不可能有雄才大略。"凡是成功的人都具有良好的意志品质。早期意志的培养，对个人今后心理发展具有深远影响。本模块主要介绍意志的基础知识，学前儿童意志的发生及发展特点，以及学前儿童良好意志品质的培养策略等。

## 单元 1　认识意志

### 情景导入

　　4岁的皓皓活泼可爱，爷爷、奶奶对他宠爱有加。这天，爷爷过生日，餐桌上摆满了丰盛的食物，就等着皓皓的爸爸下班赶回来一起吃晚饭。看到满桌子好吃的，皓皓忍不住喊道："我要吃！我要吃！"妈妈对皓皓说："再等等，爸爸就快回来了，回来大家一起吃。"皓皓任性地说："不！就要吃！"奶奶心疼地说："吃吧，别为难小孩子。"爷爷也说："吃吧，没事！"妈妈还是坚持不让吃，她不想这么任他由着性子，于是，就把皓皓带到另外房间去玩玩具了。直到爸爸回来之前，皓皓再也没有闹过。席间，爸爸得知了饭前的经过，也埋怨道："孩子小，不懂事，让他吃就是了，别把孩子饿坏了。"妈妈笑了笑说："我们家皓皓长大了，学会等待了。"这顿饭皓皓吃得很开心。

　　意志在人的生活中具有重要的意义，一个人抵制诱惑、战胜困难、完成学业、取得事业成功，都离不开意志和意志行动。古今中外，但凡有成就的人，在他们身上，我们总能发现一些共同的心理特征，其中，坚强的意志和良好的意志品质是他们走向成功的重要"法宝"。

### ▶▶ 一、意志和意志行动 >>>>>>>>

#### (一)什么是意志

　　意志是指个体自觉确定目的，并据此调节和支配自己的行为，克服困难以实现预定目的的心理过程。

　　意志是人类特有的心理现象，是人的意识能动性的集中体现。古人为考取功名，寒窗苦读，甚至"头悬梁，锥刺股"；为保家卫国，战士不畏艰险，耐住寂寞，坚守祖国边疆、海岛；为攻克科研难关，科学家废寝忘食、忘我工作；等等。这些都是意志的体现。

　　意志的作用就在于为我们的行动确定目的，并使我们克服困难，最终实现目的。意志对行动的作用主要表现在两个方面：一是激励和维持，即使我们采取并坚持与目的相符合的行动；二是抑制和阻止，即对不符合目的的行动加以抑制，如作业没写完就不出去玩。

意志不仅可以调节外部行动，还可以调节人自身的心理和生理状态。例如，当我们排除干扰，集中精力于某事时，就存在意志对观察、思维等认识活动的调节。处于危机状况时，有良好意志品质的人，可以通过自我调整，保持镇定，克服恐惧和紧张，做到临危不惧、镇定自若。

### (二)意志行动

意志和行动是分不开的，意志如果脱离行动，也就没有了实际意义。意志总是通过行动表现出来。因此，意志行动就是人们为了达到预期目的所做出的自觉地、有意识地克服困难的行动。

需要指出的是，并不是人类所有的行为都是意志行动。构成意志行动必须具备三个特征，三者缺一不可。

#### 1. 目的明确

目的明确是意志行动的前提。意志行动是人类所特有的，它是有明确目的性的。没有明确目的性的行为，不属于意志行动的范畴。例如，人的一些本能活动(如吞咽、咳嗽、受到强光瞳孔缩小、敲打膝盖的膝跳反射、手碰到高温立即缩回等)，下意识的动作(如吹口哨、抖动腿、自言自语等)及盲目的冲动行为，就不属于意志行动。那些有明确行动目的，并在该目的的支配、调节下的行动才是意志行动。例如，为高质量完成功课，就要排除外界干扰，集中精力，认真读、写、算或者思考。

#### 2. 意识支配

意识支配是意志行动的基础。人的运动可以分为不随意运动和随意运动。不随意运动是不受意识支配的不由自主的动作，包括本能动作、下意识动作、习惯性动作、冲动行为四种类型，这些行为是不需要付出意志努力的。随意运动是在意识支配下的动作。意志行动是在随意运动的基础上产生的。在实现目的的过程中，个体有效地调节自己的行为，付出努力，甚至需要持之以恒的毅力和顽强拼搏的精神，这些都是在意识的支配下才能完成的。

#### 3. 克服困难

克服困难是意志行动的核心。人在确立目的和实现目的的过程中，总会遇到这样或那样的困难，只有那些能够努力战胜困难、达到目的的人才能充分体现自己的意志。克服的困难越大，意志行动表现的水平就越高，没有困难，也就无所谓意志行动了。

意志行动中遇到的困难包括外部困难和内部困难。外部困难是外在环境障碍，如生活环境的局限、人际关系的复杂、环境的恶劣等。内部困难是来自个体自身的障碍，如经验不足、能力有限、动机不同、习惯不良等。相比较而言，内部困难要比外部困难更难以克服，内部困难又常以外部困难的形式表现出来，如果内部困难解决了，外部困难就容易解决。比如，到睡觉时作业还没做完，虽然感到既困又累，却不能睡觉。这样，外部障碍就转化为内部障碍了。此时，能否克服困倦，则成为意志是否坚强的表现。

**（三）意志与认知、情绪和情感的关系**

人的心理是知、情、意的统一体，意志与认知、情绪和情感之间关系密切，它们相互促进、相互影响、相互渗透。

**1. 意志与认知**

首先，意志过程是以认知过程为前提的。人的意志行动总是建立在对客观现实的认识基础上。人在意志行动时，目标的确定和为实现目标的行动，通常要依据主客观条件分析、回顾以往的经验，设想预期的结果，拟订计划，编制行动方案。这些要经过认真的观察和细致的思考。在行动中为了有效克服困难，需要凭借知识经验，理性分析，大胆想象。由此可见，意志行动的全过程必须通过感知、记忆、思维、想象等认知过程才能实现，意志行动离不开认知过程。

其次，意志影响人的认知活动。人在认知活动中，特别是进行系统的学习和独立探索问题时，总会遇到一些困难，要克服这些困难，就离不开意志努力。因此，积极的意志品质，如自觉、坚定、自制等，会促进一个人认知能力的发展；而消极的意志品质，如独断、冒失、顽固、任性等，则会阻碍人的认知能力的发展。

**2. 意志与情绪和情感**

首先，情绪和情感对意志行动有推动或阻碍的作用。情绪和情感既可以成为意志行动的动力，也可以成为意志行动的阻力。当某种情绪和情感对人的活动起推动或支持作用时，这种情绪和情感就会成为意志行动的动力，激发和推动意志行动。当某种情绪和情感对人的活动起阻碍或削弱作用时，这种情绪和情感就会成为意志行动的阻力，会动摇和削弱人的意志。

其次，意志对人的情绪和情感有调控作用。"人生不如意事，十常八九。"在日常生活中，人们常会因遇到不如意的事而引发一些消极情绪，这时，就需要通过意志努力，冷静地分析自己的情绪和情感，克服不利于学习、工作的情绪，使之趋利去弊。例如，意志坚强的人可以用意志克服失败时的痛苦和愤怒，"化悲愤为力量"。

**▶▶ 二、 意志行动过程** >>>>>>>>

意志行动有其发生、发展和完成的过程。这一过程可分为两个主要阶段，即采取决定阶段和执行决定阶段。

**1. 采取决定阶段**

采取决定阶段是意志行动的开始阶段，决定了意志行动的性质和方向。

这一阶段一般包括动机斗争、确定行动目的、制订计划。

（1）动机斗争

目的是人的行动所期望的结果，这个结果的深层原因与人的需要相联系，这就是动机。在人的活动中，不同层次的需要，会产生复杂多样、纵横交织的动机。同一目的，可能存在不同的动机，于是就容易导致动机之间的矛盾和冲突。因而必须有所选择和取舍，即动机斗争。心理学家将复杂的动机冲突归纳为三种形式。

双趋冲突，指两种或两种以上具有相同吸引力的目标同时吸引个体，而又不可兼得，不知如何选择时所产生的内心冲突。"鱼与熊掌，不可兼得"讲的就是这种冲突。例如，高校学生毕业时，面对研究生入学通知书和一份待遇优厚而稳定的工作时的抉择，就是双趋冲突。要解决这种冲突，必须放弃其一，或者同时放弃两者而追求另一种折中的目标。

双避冲突，指两种或两种以上的目标都是个体想要回避的，而只能回避其中一种时产生的内心冲突。这实际上是一种"左右为难""进退维谷"式的冲突。例如，学生不想努力学习，又不想因成绩不良而受到老师、家长责备。

趋避冲突，指一个人一方面想接近某个目标，同时又想回避这个目标时产生的内心冲突。例如，暑假很想和朋友出去旅游，但怕热、怕辛苦，又要花费时间、精力和财物，而又不想去。

（2）确定行动目的

通过动机斗争，有了取舍，行动目的就基本确定了。在确定目的时，考虑自身的条件、调整好自己的期望水平是很重要的。研究表明，过高或过低的期望水平都不利于个体的行动，而那些经过努力能达到、难易适中的期望水平既富有挑战性，又有一定的把握，对个体的行动能起到较好的定向和动力作用。

（3）制订计划

确定目的以后，就需要根据主客观条件来选择达到目的的方式、方法，制订行动计划。在许多情况下，达到目的的方式、方法不止一种，其效果和意义也不同，这就需要做出选择，并制订出切实可行的计划。制订好计划后，意志行动进入实际执行阶段。

### 2. 执行决定阶段

执行决定指将行动计划付诸实现的过程，是意志行动的完成阶段，也是在这一阶段，最能体现个体的意志能力。在执行决定阶段，意志行动表现为努力克服主观和客观上遇到的各种困难，坚定地执行所制订的行动计划。如果在执行计划时遇到障碍就半途而废，这是意志薄弱的表现。

人的任何决定迟早都应通过行动去实现，否则，其决定就失去了意义和价值。在执行决定的过程中，必然会遇到种种困难和挫折，这就要求人们要能对客观情况做出全面的分析，并努力控制消极情绪，保持头脑冷静，理智地支配自己的行动，克服重重困难。但是，执行决定并不意味着机械刻板地行动。有时人们必须要放弃原来的决定，果断采取新决定、选择新方法，以适应当前的实际情况。坚定性和灵活性相结合，才能更好、更有效地完成意志行动。

### ▶▶ 三、　意志品质 ＞＞＞＞＞＞＞＞

意志品质是个体在生活中形成的稳定的意志特征。意志品质在不同的人身上存在非常大的个别差异。有些人能独立做出决定，有些人则容易受他人暗示；有些人做事果断，有些人则优柔寡断；有些人能持之以恒，有些人则容易半途而废。意志的品质主要有四种：自觉性、果断性、自制性、坚持性。

认识意志

#### （一）自觉性

意志的自觉性，是指人的行动有明确的目的，并能根据目的有效地支配和调节自己的行动的意志品质。自觉性是意志的首要品质，贯穿于意志行动的始终。自觉性强的人，能独立自主地确立目的，在行动中既能坚持自己的正确观点和态度，不因外界的影响而轻易改变自己的决定，又能够广泛地听取别人合理的意见和建议，自觉地克服困难、执行决定，以达到目的。

与自觉性相反的意志品质具有易受暗示性与武断性。易受暗示性，表现为缺乏主见，没有信心，容易受别人左右，因而会随便改变自己原来的决定。武断性表现为盲目自信，一意孤行，固执己见，拒绝他人合理的意见和建议。两者都表现为缺乏理智的、明确的目的。

#### （二）果断性

意志的果断性，是指善于明辨是非，能及时而坚决地采取决定和执行决定的意志品质。果断性强的人，当需要立即行动时，能毫不犹豫，当机立断，使意志行动顺利进行；而当情况发生新的变化，需要停止或改变行动时，能够随机应变，毫不犹豫地做出新的决定，以便更加有效地执行决定，完成意志行动。

与果断性相反的意志品质是优柔寡断和草率。优柔寡断表现为遇事犹豫不决，患得患失，顾虑重重；在认识上分不清轻重缓急，动机斗争时间过长，即使执行决定也踌躇不前。草率的人则缺乏深思熟虑，不考虑主客观条件和后果而凭一时冲动鲁莽行事。

#### （三）自制性

意志的自制性，是指善于控制和调节自己的情绪与言行的意志品质。

学习笔记

自制性强的人，在意志行动中，表现为既能对自身的情绪和行为有良好的克制，又能根据活动任务的要求有效调控自身的状态，使之不受外界的影响。

与自制性相反的意志品质是任性。任性的人自我约束力差，随心所欲，恣意放纵，不能有效地调节自己的言论和行动，不能控制自己的情绪，行为常常为情绪所支配。

### （四）坚持性

意志的坚持性，是指在行动中百折不挠地克服困难，坚决实现既定目的的意志品质。这是最能体现人的意志的一种品质。坚持性强的人能根据目的要求，在长时间内保持充沛精力和毅力，坚持不懈，直至达到目的。在遇到困难时，它能激励个体树立克服困难的信心，始终如一地完成意志行动。"锲而不舍，金石可镂""富贵不能淫，贫贱不能移，威武不能屈"等，都是意志坚持性的表现。凡有成就的人，都有极强的坚持性。正如贝弗里奇（Beveridge）所说："几乎所有有成就的科学家，都具有一种百折不回的精神。"可见，意志的坚持性品质是事业成功的重要条件。

与坚持性相反的意志品质是顽固性和动摇性。顽固执拗的人对自己的行动不做理性评价，执迷不悟，或者是明知不可为而为之。动摇性则表现为：见异思迁，虎头蛇尾，一遇到困难就动摇、妥协，不能有始有终。

意志的品质不是彼此孤立的，而是密切联系的。人的意志品质也不是与生俱来、恒久不变的，我们可以通过实践和训练，加强自我锻炼，培养良好的意志品质，自觉克服不良品质。

## 单元 2 学前儿童意志品质的发展

### 情景导入

超超在班上属于比较活泼好动的孩子，经常惹是非。"老师，超超打人了！""老师，超超把我的玩具弄坏了！"每天都会有很多小朋友告状。这天，成成哭着说超超偷偷拿了他的机器人，并把机器人弄坏了，还动手打了其他的小朋友。小张老师将超超叫到跟前，严厉地叫他看着自己的眼睛，并要他说出老师是什么心情，为什么会很生气，还问他今天做了什么不对的事情。在一连串的追问下，超超主动承认了错误。然而第二天，同样的情景还是会出现。

面对这样一个破坏力和攻击力较强而又无法克制自己行为的学前儿童，家长和教师只有充分了解学前儿童意志发生、发展的特点，才能为培养学前儿童良好的意志品质奠定基础。

## ▶▶ 一、 学前儿童意志的发生 >>>>>>>>

意志是人类所特有的复杂的高级心理机能，是随着人的认知、情绪和情感等活动的发展而发生与发展的。相对于其他年龄阶段，在整个学前期，学前儿童的意志行动水平是比较低的。

刚出生的婴儿只有本能的反射性运动，带有无意性，后来出现了最初的习惯性动作，如伸出手去抓握、放开手、退回去，再次抓握、放开手、退回去，这只是动作本身的反馈与强化，还没有明确目的性和自觉性。4个月左右，婴儿的行为出现了最初的有意性和目的性。他们用脚踢挂在小床上的玩具，不只为了获得肤觉和动觉经验，也是为了看玩具摆来摆去。

8个月左右婴儿动作的有意性发展出现较大质变，可以说是意志行动开始萌芽。例如，婴儿看见一个物体，因隔着坐垫拿不到，他会用一定的努力挪开坐垫，拿到物体。1岁后，意志行动的特征更为明显，学前儿童常通过"尝试错误"去排除实现预定目的的障碍。1.5～2岁，学前儿童的意志行动不但有了较明确的目的，而且有了明确的根据目的而决定行动的方法。例如，一名学前儿童推着小车向前走，撞到墙或者东西走不动了，停下来，拉着小车向后退着走，当他发现这样不容易走时，会走到小车另一头，推着车向前走。

言语的发生对学前儿童意志的发生有重要意义。1.5～2岁是学前儿童言语逐渐发生和真正形成的时期。这时，成人的言语和学前儿童自己的言语在学前儿童最初的意志行动中起调节作用。1.5岁的幼儿常模仿大人的语言和动作表情，用来控制自己的行动。例如，摔倒后，幼儿自己爬起来，并自言自语地说："宝宝勇敢，宝宝不哭，不痛。"

学前儿童的意志行动，就是在出生后头两年的成长过程中，在学前儿童有意实践的基础上，随着言语和认知过程的发展，经过成人的教育指导而逐渐形成的。

## ▶▶ 二、 学前儿童意志发展的特点 >>>>>>>>

学前儿童意志发展的总特点是水平较低，意志行动带有明显的冲动性，自制力随年龄增长而逐渐增强。具体表现如下。

### (一)学前儿童自觉的行为目的逐渐明确，行为动机开始间接化和复杂化

#### 1. 自觉的行动目的逐渐形成

3岁之前，学前儿童的行为往往缺乏明确的目的，其行为以成人外加的目的为主。4～5岁的学前儿童，在成人的帮助下，逐渐学会自觉地提出行动目的，开始独立预想行动结果，确定行动任务。6岁左右的学前儿童，开始提出比较明确的行动目的，而且在一些较为熟悉的活动中，已经能够比较熟练地确定行动目的和行动任务，并能制订行动计划了。

#### 2. 逐渐出现间接动机

根据动机与目的之间的关系，可以将动机划分为直接动机（与目的、兴趣一致的动机）和间接动机（与目的、兴趣不一致的动机）。一般来说，学前儿童的行动目的和行为动机往往是一致的。例如，在游戏中，动机和目的可能都是玩耍。随着学前儿童年龄的增长，动机和目的开始出现不一致，出现间接动机。例如，学前儿童参与家务劳动，通常不是为了劳动成果，而是为了得到成人的赞扬或为了获取劳动成果外的某种奖品。间接动机往往需要学前儿童付出更多的意志努力。因此，间接动机的出现，直接体现了学前儿童意志的发展。

#### 3. 各种动机之间的主从关系开始形成，优势动机的性质逐渐变化

在幼儿初期，学前儿童行为动机的主从关系开始形成，并能根据自己的需要，自觉地制约从属动机。优势动机对学前儿童的行为具有重要影响。随着年龄的增长，学前儿童优势动机的性质也逐渐变化，体现为由成人引发到自发，从直接的、具体的、狭隘的动机，向间接的、较长远的、较广阔的动机变化。

#### （二）学前儿童坚持性不断提高，4～5 岁是学前儿童坚持性发展的关键期

学前儿童坚持性的发展，是其意志发展的核心标志。学前儿童意志坚持性的发展表现在，学前儿童能够长久维持已经开始的符合目的的行动，坚持实现目的任务。学前儿童由于行动的自觉性较差，对行动的目的任务缺乏认识，因而坚持性也较差，不能长时间地从事某项单一的活动。

研究表明，3～6 岁学前儿童的坚持性随着年龄的增长而逐渐提高，4～5岁是学前儿童坚持性发展的关键期。3 岁左右的学前儿童的坚持性发展水平很低，他们虽然能够开始有意识地控制自己的行动，但仍然不完全受目的的制约，时常坚持时间很短；4～5 岁学前儿童的坚持性发生明显质变，坚持时间明显延长，而且他们开始借助于一定的策略帮助自己坚持行动。教师在教育中应重视对这个年龄段的学前儿童的坚持性的培养；6 岁以后，儿童坚持性稳定发展。

#### （三）学前儿童自制力逐步增强，从外部控制向内部控制转化

总体来说，学前儿童的自制力是比较弱的。学前儿童年龄越小，越不善于控制、支配自己的行动，常常表现出很大的冲动性和明显的"不听话"现象。随着年龄的增长，自制力进一步发展。到 5～6 岁，学前儿童就能比较主动地控制自己的愿望和行动，努力使之符合集体的行为规则和成人的各项要求。此时，他们虽然已能较好地控制自己的外部行动，但还做不到较好地控制自己的内部心理过程。

## 单元 3　学前儿童意志的培养

### 情景导入

　　小小5岁，是个活泼好动的男孩，喜欢画画，但经常画不了一半就丢下不画了。为此妈妈经常批评他，责备他。小小也常被"训"得兴趣全无。在一次家园活动时，幼儿园小张老师提醒小小妈妈，对孩子要有耐心，多陪伴、鼓励等。听了小张老师的建议，小小妈妈进行了认真的反思。此后，每当小小画画时，妈妈都耐心地陪伴着，还时不时地夸奖小小，小小听了很高兴，越画越来劲，越画时间越长，也越画越好了。

　　学前阶段是学前儿童意志品质形成的重要时期，良好的意志品质对学前儿童一生至关重要，成人应根据学前儿童意志品质发展的特点，采取恰当的方式方法，帮助学前儿童形成良好的意志品质。

### ▶▶ 一、 学前儿童意志培养的重要性 >>>>>>>>

　　意志对于人的发展是极为重要的。一个人在世界上能否取得成就，能否对社会做出贡献，其聪明才智固然重要，但更重要的是有无坚强的意志。许多人之所以一事无成，往往并不是因为他们不够聪明，而是因为他们意志不够坚强。

　　意志发展是学前儿童心理发展的重要方面，关系到他们整个心理的发展水平。学前儿童只有养成了坚强的意志，才能克服各种困难，适应社会生活。

　　美国心理学家推孟（L. M. Terman）曾对千余名"天才"儿童进行追踪研究，三十年后总结时发现，智力高的成就不一定就高。他对800个男性受试者中成就最大的20%与没有什么成就的20%做了比较，发现他们中间最明显的差别不在于智力的高低，而在于意志品质的不同。成就最大者，都对自己所从事的工作具有充足的信心，具有不屈不挠的精神，具有坚持完成任务的毅力、韧性，而成就小者却缺乏这些品质。可见，意志在一个人的成长中具有重要意义。一个人能否成才、有所作为，除智力因素外，与意志品质有极大的关系。因此，家长和教师要重视学前儿童良好意志品质的培养，智力开发与意志培养一起抓。

### ▶▶ 二、 学前儿童意志培养的原则 >>>>>>>>

#### (一)因材施教的原则

　　人的意志品质与气质类型、性格特征有着一定的关系，因此家长和教师在培养学前儿童的意志时，还应该充分考虑他们的不同个性心理特点。例如，有的听话、服从，依赖性强，需着重培养独立性；有的胆小、腼腆，冷静有余，果断不足，需着重培养果断性；有的虽勇敢，但急躁、冒失、轻率，需着重培养自制力；有的虎头蛇尾、有始无终，缺乏恒心、毅力和韧性，需着重培养坚持性等。这就要求家长和教师了解、分析学前儿童的个性特点，依据学前儿童意志发展的特点和规律，结合每个学前儿童意志发展的实际情况，区别对待，有针对性地培养其意志。

### （二）适度性原则

意志发展是存在年龄特征的，不同年龄的学前儿童意志发展水平和特点是不一样的，因此应当根据学前儿童的年龄水平和心理发展水平，提出符合学前儿童年龄和心理发展水平的、经过努力能够达到的要求。要求不能太高，也不能太低。学前儿童的身心尚处于发育阶段，意志力的发展同样受到身心条件的制约。如果超越了学前儿童的承受力，就会对他们的身心造成伤害。例如，自我控制方面有一个适宜的度。如果学前儿童自我控制过低，常常表现为容易分心，无法延缓满足，易冲动，攻击性强；如果自我控制过强，学前儿童则会在需要和情绪表达方面表现出很强的抑制性，与成人的要求保持高度一致，这类学前儿童平时很少在班级和家里惹麻烦，容易被成人忽视，也容易焦虑、抑郁、不合群。最适宜的自我控制，可称有弹性的自我控制。这类学前儿童的特点是"管得住，放得开"，能随环境的变化改变自控的程度，他们具有很强的灵活性。

### （三）激励性原则

学前儿童意志发展水平相对较低，意志行动外控的因素较多，因此成人应当多用表扬、奖励、提醒等正强化的方式，使学前儿童在体验成功中树立自信，不断提高学前儿童行为的自觉性、主动性，激发学前儿童的内在动力。这些都有利于学前儿童良好行为和意志品质的形成。

## ▶▶ 三、 学前儿童意志培养的方法 >>>>>>>>

### （一）帮助学前儿童制定切实可行的目标，并激励他们实现目标

#### 1. 指导、帮助学前儿童制定短期目标和长远目标

学前儿童活动的目的性比较差，因此教师和家长应该指导、帮助学前儿童制定短期和长远目标，使学前儿童明确努力的方向。学前儿童有了目标，有了"盼头"，就会为实现目标而努力，就会表现出顽强的意志。例如，语言课上，在让学前儿童倾听前，教师先提出倾听的目的和要求，使他们明确要听什么，怎样听；数学课上，在学前儿童分组操作前，教师要讲清操作规则及要领，使学前儿童知道该做什么、怎么做。

#### 2. 目标要切合实际和符合学前儿童特点

在帮助学前儿童确定目标时，要结合学前儿童的实际水平（包括生理水平、心理水平），遵循维果茨基的最近发展区理论，做到"跳一跳摘桃子"；让学前儿童明白，目标只有经过努力才能达到。另外，如果目标是合理的，就

应当要求他们坚决执行，直到实现为止，不可迁就，更不能半途而废。

### 3. 适度的肯定、表扬和鼓励

当学前儿童完成任务时，应及时鼓励。表扬、鼓励可以鼓舞士气，增强信心，有利于培养良好的意志品质。对学前儿童在活动中表现出来的意志努力和取得的点滴进步，家长和教师要适时、适度地给予肯定、表扬或奖励。当学前儿童遇到困难时，家长和教师要给予鼓励，启发他们思考，帮助他们分析原因，寻找解决问题的办法。对于遭遇挫折和失败的学前儿童，家长和教师切不可流露失望或愤怒的情绪，更不能训斥、责备。

### (二)放手让学前儿童做力所能及的事，在独立活动中培养意志品质

我国著名教育家陈鹤琴先生曾经指出，凡是儿童自己能做的，应让他自己做。学前儿童的独立性是在实践中逐步培养起来的，因此，成人要大胆放手，让他们自己去做力所能及的事，并让他们按照一定的要求独立完成并坚持下去。例如，穿脱衣服和鞋子、系鞋带、叠被子、刷牙、吃饭、收拾玩具等，都能使学前儿童的意志得到锻炼。需要注意的是，当学前儿童在完成任务的过程中遇到困难时，应鼓励他们自己想办法解决。

鼓励学前儿童做好每一件事。对于学前儿童来说，他们行动的目的性和计划性不强，经常做事有头无尾，经常半途而废。因此鼓励学前儿童自始至终做好每一件事，这也是指导学前儿童经受意志锻炼的重要手段。例如，当学前儿童积木没搭完去玩皮球或其他玩具时，应提醒和鼓励他搭好积木再去玩其他玩具。

### (三)教给学前儿童自我控制的方法

学前儿童的自我控制能力较差，他们的行为往往需要成人的指导和监督，但学前儿童意志力的发展最终还要归于他们的自我控制上。因此，家长和教师应经常启发、训练学前儿童加强自我控制，使他们逐渐学会摆脱对外部控制的依赖，形成内在的控制力。有研究表明，帮助学前儿童以言语调节控制自己的行为是发展他们自制力的有效措施。比如，当学前儿童感到他们行动很难时，可让他们自己数"三"，或自己给自己下命令："不要怕！""我是男子汉，勇敢点！"这种自我鼓励、自我命令以及自我禁止、自我暗示等都是锻炼意志的好方法。另外，对学前儿童进行抗拒诱惑和延迟满足训练也可以有效提高他们意志的自制性与坚持性。

### (四)为学前儿童树立榜样

学前儿童好模仿，易受感染，家长和教师应注意用正确的行动去影响他们并经常给他们树立正确的榜样，让他们在模仿中学习，促进意志的发展。榜样可来自电影、电视、故事以及其他文艺作品，可以是故事中的优秀人物，也可以是来自学前儿童现实生活中的典型，特别是班里的小伙伴，这样的榜

样在学前儿童身边更具可信性、可学性。为学前儿童树立榜样，家长和教师须做出表率，以身作则，言传身教。例如，上课时，教师的一句"看，甜甜坐得多直"会使许多学前儿童挺起腰来；同样，在日常生活中，家长和教师要随时随地做出意志坚强的表率。

**（五）通过克服困难、挫折，磨炼学前儿童的意志**

学前儿童的意志品质只有在反复多次的克服困难的活动过程中，才能逐渐形成和培养起来。越是困难的环境，越能磨炼人的意志，特别是处于行为能力迅速发展阶段的学前儿童。人们的生活不总是一帆风顺的，总会有困难和挫折，学前儿童也一样。他们什么事情都想亲力亲为，但由于能力有限，在日常生活中难免会遇到大大小小的挫折。例如，大人能轻松拉上的拉链，学前儿童却怎么也拉不上；好不容易穿好衣服，但系错了扣子……对于这些挫折，家长和教师要做的不是替他们做好，而是要提高他们的耐挫折能力，鼓励他们去克服困难。倘若大人把孩子们前进道路上的障碍全部清除了，一旦遇到困难、挫折，他们就会束手无策，备受打击。教训和经验一样重要，不经历风雨，何以见彩虹；不遭遇失败，就难以深刻体会成功的喜悦。不时遭受小挫折的学前儿童，才可能不被大的打击所吓倒；在以往的挫折中学到克服困难的方法的学前儿童，才有能力摆脱目前的困境；有过战胜困难的经历，学前儿童才能对自己更有信心。只有经历挫折，学前儿童的意志品质才能得到锻炼。

🔗 **相关链接** ▶▶▶▶▶

**国外对孩子的挫折教育**

**日本挫折教育：让孩子从小吃苦**

在日本，一些家庭利用"挫折教育"手段，从小就培养孩子的吃苦精神。每到冬天，他们就让孩子们赤身裸体地在风雪中摸爬滚打。天寒地冻，北风怒吼，不少孩子嘴唇冻得发紫，浑身发抖，父母们则站在一旁，置之不理。日本还提倡穷留学之风，让富裕的大城市学生，到偏远的山区、村寨接受艰苦的生活训练，其目的就是要培养孩子们吃苦耐劳的精神和坚韧不拔的毅力。

**美国挫折教育：认识劳动的价值**

美国南部一些州立中学为培养学生适应社会生存的能力，特别规定：学生必须不带分文，独立谋生一周才能毕业。美国中学生的口号是："要花钱，自己挣!"不管家里多么富有，孩子一般 12 岁以后就要做家务，如剪草、送报等，当然，家长也要相应付给孩子劳务报酬，体现按劳取酬。美国的父母们常说，只要有利于培养孩子谋生的能力，让他们吃再多的苦也值得。

**德国挫折教育：让子女学习应该做的事**

德国的父母们从来不包办孩子的事情，他们将子女视为独立的个体，给他们足够的空间，让他们学习作为独立的人应该做的事情。简单来说，父母会鼓励 1 岁的孩子自己捧着奶瓶喝牛奶，喝完了，父母还会向孩子道谢并加以赞许。随着孩子年龄和能力的增长，父母再引导他们完成一些更难的事情。这样，当他们走入社会时，在别人的眼里就不会成为低能的"废物"。不仅父母们注重培养孩子的责任感和自信心，法律也有这样的要求。德国法律规定，孩子到了14岁，就要在家里承担一些义务，如要替全家人擦皮鞋等。德国人常说：一个人走向社会，最终要靠自己，靠自立和自强，要对自己负责。

**俄罗斯挫折教育：注重培养孩子的独立意识**

漫步在俄罗斯的街头和广场，人们都难得见到大人抱孩子或背孩子。在大街上，在台阶下，经常见到一些两三岁的孩子走不稳摔倒了甚至跌得眼泪汪汪。而他们的父母却不拉一把，只是停下脚步，鼓励他们自己爬起来，继续往前走。孩子们在一起玩，在你追我赶、打打闹闹中跌破了皮、流出了血，疼得流眼泪。父母看见了，常常也只是查看一下伤痕，然后就让他们站起来继续玩，仿佛摔跤破皮是不值一提的小事。对于孩子要做的，父母一般不加干涉，放手让他们自己去做。

资料来源：余源. 国外如何对孩子进行"挫折教育". 青春期健康，2014(9)。

## 活动设计

### 远足(幼儿园大班)

**设计意图**

大班幼儿的身体相对于中班、小班来说更加壮实，精力充沛，已经能熟练地掌握一些基本动作，但是很多动作还不能很好地完成，坚持性不是很好。远足活动是培养幼儿良好意志品质的非常好的途径。

**活动目标**

1. 让幼儿了解远足活动的意义，体验远足带来的快乐。

2. 让幼儿在远足途中学会照顾好自己，克服困难，坚持走完全程，并知道保护好同伴，做坚强、勇敢的孩子。

3. 通过远足活动锻炼幼儿身体素质和意志品质，陶冶情操。

**活动准备**

1. 教师事先选好远足路线，在活动前幼儿自己制订远足计划书。

2. 通知家长为幼儿穿上适量的衣服，防止幼儿过暖或过冷，脚上穿上合脚的运动鞋，防止走路引起脚疼、掉鞋等情况。

3. 请家长为幼儿准备好一小瓶水和少许零食，装在小书包里，于活动当天早上带到幼儿园。

4. 自制一面旗子(写上"我们去远足")。

**活动过程**

(一)远足前的谈话

1. 什么是远足？

2. 前几天我们一起制订了远足计划书，我们一起把远足的时间和目的地做了安排，那么远足的过程中应该注意些什么？(注意路上的车辆，与同伴拉好手等。）

3. 如果远足过程中遇到困难怎么办？过马路怎么办？吃剩的东西、垃圾怎么办？

4. 在远足的路途中，我们可以做些什么？

(二)远足的路上

1. 整队，对幼儿进行安全常规教育。

对幼儿进行安全教育：事先对幼儿进行行走安全、观察安全、活动安全方面的教育以及保护环境的教育，在路途中教师随机为幼儿讲解交通安全知识。

2. 我们一起去远足

(1)在路上鼓励幼儿不怕辛苦、不怕累，跟随队伍前进。

(2)引导幼儿观察一路上的景色，并紧跟队伍，遵守交通规则，鼓励幼儿坚持走完全程。

(3)到达目的地。

①走过梅花桩——鼓励幼儿大胆过梅花桩。

②穿过小山洞后爬过小山坡——和同伴结伴一起爬过小山坡。

③爬小山——能和小伙伴相互帮助勇敢地爬上小山，到达山顶后在凉亭里稍做休息。

④来到草地上，组织幼儿玩一些喜欢的游戏，使幼儿感受到克服困难后的快乐，提醒幼儿热了要及时脱外衣。

(4)快乐分享。

①幼儿将自己带的食物与好朋友一起分享。

②一边分享，一边欣赏公园美丽的景色。

(三)整队回园

1. 回去的路上鼓励幼儿坚持走完全程，教师保管幼儿的背包和脱下的衣服。

2. 回园后，组织幼儿分享：在远足的路上你有没有遇到困难，是怎么解决的？你帮助别人了吗？（对有始有终管理自己背包、不怕困难、不怕累走完全程、帮助别人的幼儿给予表扬。）

### 思考与练习

1. 什么是意志？意志行动的特点有哪些？

2. 意志品质主要包括哪些方面？

3. 学前儿童意志发展有什么特点？

4. 怎样培养学前儿童良好的意志品质？

## 实践与探究

观察并描述，幼儿在遇到挫折后有何反应。你有什么好的策略帮助幼儿提升抗挫折能力？

## 国考同步

(2016年上)在商场，4～5岁的幼儿看到自己喜爱的玩具时，已不像2～3岁时那样吵着要买。他们能听从成人的要求并用语言安慰自己："家里有许多玩具了，我不买了。"下列对这一现象最合理的解释是(　　)。

A.4～5岁的幼儿形成了节约的概念

B.4～5岁幼儿的情绪控制能力进一步发展

C.4～5岁幼儿能够理解玩其他玩具同样快乐

D.4～5岁幼儿自我安慰的手段有了进一步发展

云测试

# 模块十
# 学前儿童的个性

## 学习目标

1. 了解个性的概念。

2. 理解个性的基本特征及结构。

3. 掌握学前儿童的兴趣、需要、气质、性格等方面的发展特点。

4. 能够利用所学知识分析不同学前儿童的个性心理特征及行为表现。

5. 能够根据学前儿童个性各方面的发展特点培养其个性。

6. 树立"以幼为本"的儿童观，悉心观察学前儿童的行为表现，形成严谨、科学的观察态度，注重培养学前儿童良好的个性。

7. 坚持社会主义核心价值观，争做爱国、敬业、诚信、友善的当代大学生。

## 学习导航

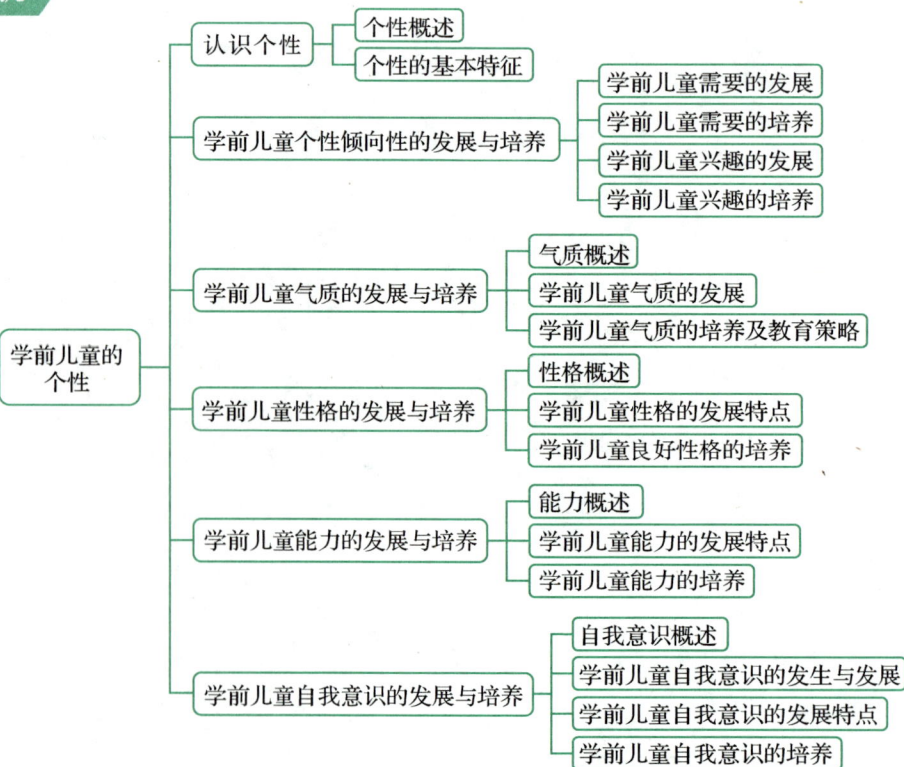

个性造就了与众不同的个体。在生活中，面对同一个问题，我们会有自己独特的见解；针对同一件事情，我们会有独特的处理方法。本模块从个性的基本概念入手，主要介绍学前儿童的需要、兴趣、气质、性格、能力、自我意识的发展特点及培养方法，帮助我们掌握学前儿童个性发展的基础知识，在日后的学前教育实践中更好地了解学前儿童，理解学前儿童，尊重学前儿童的个别差异。

## 单元 1 认识个性

### 情景导入

6 岁的芳彤越来越有自己的主见：每天早晨要选自己喜欢穿的衣服，房间必须按照自己的想法整理出来，不喜欢干的事情会大声地说"不"……芳彤的妈妈很苦恼："这孩子，现在是越来越有个性了！"

不同年龄阶段的学前儿童会有不同的想法和表现，会有自己独特的个性心理特点，了解学前儿童的个性特点能帮助我们全面认识学前儿童、理解学前儿童。什么是个性？个性具有哪些特点？我们应该如何理解学前儿童的个性？

▶▶ **一、个性概述** >>>>>>>>

**(一)什么是个性**

个性，是指一个人全部心理活动或具有一定倾向性的各种心理特点、品质的总和。个性是在个体心理过程发展的基础上形成的，具有一定的个体差异性。不同个性的人在处理问题时的态度和行为都会体现浓厚的个性色彩。例如，纪录片《小人国》中的池亦洋、佳佳、陈柄栋等儿童身上就表现出了鲜明的个性特质。

一般来说，2 岁左右，个性开始萌芽。3～6 岁，学前儿童的气质、性格、能力、自我意识等个性的不同方面形成并逐步发展起来，各种心理活动结合成为整体，表现出明显的、稳定的倾向性，个性开始形成并初具雏形，学前儿童间的个性具有明显的差异性。直到个体成熟(18 岁左右)，个性才基本定型，但仍然可能受各种因素影响而发生变化。

**(二)个性的结构**

个性，作为一个心理特征系统，包括三个彼此紧密相连的子系统，即个性倾向性系统、个性心理特征系统和自我意识系统。

**1. 个性倾向性系统**

个性倾向性系统包括需要、动机、兴趣、理想、信念、世界观等，是人对社会环境表现出的态度、行为的积极特征，决定着个体对现实生活的态度以及对认识活动对象的趋向和选择。它是推动个性发展的动力因素，决定着一个人的活动倾向性、积极性，较少受生理、遗传的影响，是在后天的培养和社会化过程中形成的，集中地体现了个性的社会实质。个性倾向性系统是构成个性的核心。

在个性倾向性系统中，需要是个体对身心不平衡状态的体验以及追求新的平衡的动力，它是个性倾向性的源泉，只有在需要的推动下，个性才能形成和发展。当需要达到一定的强度并出现满足需要的条件时，就会引起动机。动机、兴趣和信念等都是需要的表现形式。世界观处于最高的指导地位，它是个体言行的总动力和动机。因此，个性倾向性是以人的需要为基础、以世界观为指导的动力系统。

### 2. 个性心理特征系统

个性心理特征系统是指个体多种心理特点的综合。个性的独特性集中体现在气质、性格、能力等方面的个别差异。气质即心理活动的动力特征，性格即对现实环境和完成活动的态度上的特征，能力即完成某种活动的潜在可能性的特征。其中，性格是个性最核心的特征，反映一个人对现实的稳定性的态度和习惯化的行为方式。

### 3. 自我意识系统

自我意识系统是指自己对所有属于自己身心状况的意识，是个性系统的自动调节结构，包括自我认识、自我体验、自我控制等方面。

自我认识是指主我对客我的认知和评价，即自我认知和自我评价。自我认知是自己对自己的身心特征的认识；自我评价是在自我认知的基础上对自己做出的某种判断。

自我体验是个体对自己怀有的一种情绪体验，即主我对客我所持有的一种态度。它反映了主我的需要与客我的现实之间的关系。客我满足了主我的要求，就会产生积极肯定的自我体验，即自我满足；反之，客我没有满足主我的要求，则会产生消极否定的自我体验，即自我责备。

自我控制是个体对自己行为、思想和言语等的控制，即主我对客我的制约作用。自我控制有两个方面的表现：一是发动作用，二是制止作用。人们在克服困难的过程中，个体强制使自己的言语器官和运动器官进行种种活动，这就是自我控制所起的发动作用。例如，学生克服贪睡的欲望，晨起跑步、早读。而主我根据当时的情境，抑制客我的行动和言语，则为自我控制所起的制止作用。例如，身患感冒的学生，在上课时强行压制自己咳嗽。

## ▶▶ 二、 个性的基本特征 >>>>>>>>

个性作为个体心理现象发生发展的一部分，具有整体性、稳定性、独特性、社会性四个基本特征。

**（一）个性的整体性**

个性的整体性是指个性是一个统一的整体结构，是由各个密切联系的成分所构成的多层次、多水平的统一体。在这个整体中各个成分相互影响、相互依存，使每个人的行为的各个方面都体现出统一的特征。因此，从一个人行为的一个方面往往可以看到他的个性，这就是个性整体性的具体表现。例如，脾气急躁的人往往说话快，吃饭快，容易冲动；开拓性、创造性比较强的人往往会不安于现状，积极进取，喜欢与众不同等。因此，在对待学前儿童时，成人需将其言行举止统一到整体的表现中进行衡量，即使具备同一表现的学前儿童，其个性不同，行为表现的原因可能也是不同的。

**（二）个性的稳定性**

个性是在心理发展到一定水平之后逐渐形成的，心理的成熟使得个体的个性系统以及系统中的各要素都是相对稳定的，表现为个体心理活动的一致性及行为的连贯性，如个体行为中经常表现出来的心理倾向和心理特征。偶然行为不能代表个体真正的个性。

需要注意的是，个性是相对稳定的，但不是绝对一成不变的。受现实生活多样性和多变性的影响，个性或多或少会发生改变，因此，个性具有可变性。即使个性已经基本形成并表现出了一些比较稳定的个性特点，在外界环境的作用下也会发生不同程度的改变。由此可见，个性的稳定性与可变性同在。

**（三）个性的独特性**

学前儿童是独特的人，这是由个性的独特性决定的。个性的独特性是指每个人都是独特的个体，世界上没有完全相同的两个人，人的个性千差万别。但是，个性的独特性也是相对而言的，个体有其自身的特殊性，但人与人之间也有共性，如同一民族、同一性别、同一年龄的人，受外界因素影响，个性往往会带有相似性。例如，一般"90后"的特点是个性鲜明，性格开放，敢说敢做；男孩多数是调皮的、果敢的，女孩则是温柔的、安静的等。因此，个性是独特性与共性的统一，个体既有与他人不同的特点，也有与同一群体中其他人相同的特点。例如，学前儿童普遍具有活泼好动、爱模仿、好奇心强等共同特点，有的学前儿童又有安静、忍让、争强好胜等不同的特点。

**（四）个性的社会性**

心理学家认为，个体的发展受到遗传、环境及个体主观能动性的影响。同样，个性不是天生的，它的发展不是由遗传决定的，人一生下来都不具有个性品质，既没有社会适应能力，也没有为社会、为集体工作的热情，更表现不出克服困难的决心，这些都是在社会生活的作用下，在长期发展的过程中逐步形成的。人们就是在多样生活事物的影响下，在多种多样复杂的社会关系中，形成了丰富的、多样的、具体的、各不相同的个性。因此，个性具有社会性。

## 单元 2　学前儿童个性倾向性的发展与培养

### 情景导入

在中班的建构活动区中，孩子们正在玩搭积木的游戏。张老师提议说："小朋友们，我们来搭建我们的幼儿园吧。"孩子们听到张老师的提议，非常开心地搭建起来。他们相互合作，不一会儿，形态各异的幼儿园就搭建起来了，他们正在相互比较谁搭建得更奇特、更美观，张老师又提议："我们来给幼儿园搭个滑梯吧。"可是，孩子们好像没听见张老师的话，一边比较谁的奇特，一边想办法让自己搭建得更好。

学前儿童的兴趣是其个性倾向性发展的重要方面，表现出不同的特点。在教师的引导下，学前儿童能够建立良好的兴趣，发展良好的个性倾向性。学前儿童的兴趣发展表现出其独有的特点，我们该如何促进学前儿童良好的个性倾向性的发展呢？

### ▶▶ 一、 学前儿童需要的发展 >>>>>>>>

#### (一)什么是需要

需要是人脑对生理和社会要求的反映。它在心理上通常被体验为一种不满足感，或者是有获得某种对象和现象的必要感。

需要是个性积极性的源泉，根据产生的来源，分为生理需要和社会需要。生理需要往往与个体生理上的不满足有关。例如，婴儿饿了用哭来表达自己被喂养的需要；学前儿童感觉冷了就有多穿衣服的需要，渴了就有喝水的需要等。社会需要往往伴随个体的社会性发展而产生。例如，学前儿童表现好是想得到老师和家长的表扬。

#### (二)需要的种类

##### 1. 物质需要和精神需要

根据需要的内容，需要可分为物质需要和精神需要。物质需要是指个体对物质，如衣食住行和日常用品的需要，反映的是人的活动对物质产品的依赖的心理状态。精神需要是指人对精神文化对象的需要，包括对知识的需要、对文化艺术的需要、对审美与道德的需要等。

##### 2. 生理需要和社会需要

从需要的起源划分，需要可分为生理需要和社会需要。生理需要主要是指为保存和维持有机体生命及种族延续所必需的，是与生俱来的。动物和人都存在生理需要，包括对饮食、睡眠、排泄、回避危险的需要等。社会需要是使人们为了适应社会、提高自己的物质和生活水平而产生的需要，包括对知识、劳动、艺术创作、人际交往、尊重、道德、名誉的需要等。它是人类特有的，是在人类社会生活实践中产生和发展起来的。

### 相关链接

#### 马斯洛的需要层次理论

马斯洛（Abraham H. Maslow）是美国当代人本主义心理学家，他的需要层次理论是非常有影响力的需要理论。他根据需要出现的先后及强弱顺序，把需要分成了五个层次，即生理需要、安全需要、归属与爱的需要、尊重的需要和自我实现的需要。后来，他又将自我实现的需要由低到高分为求知的需要、审美的需要和自我创造的需要，需要由五个层次扩充为七个层次。

生理需要是人对食物、水、空气、睡眠、性等的需要。它是人的最基本、最原始，也是最强有力的需要，是其他一切需要产生的基础。

安全需要是指希望受到保护与免遭威胁，从而获得安全感的需要。在人的生理需要相对满足的情况下，就会出现安全需要。学前儿童由于无力应对环境中不安全因素的威胁，他们的安全需要显得尤为强烈。

归属与爱的需要，也称社交需要，是指每个人都有被他人或群体接纳、爱护、关注、鼓励及支持的需要。

尊重的需要，是在生理、安全、归属与爱的需要得到基本满足后产生的对自己的社会价值的追求的需要，包括自尊和受到别人的尊重两个方面。

求知的需要，又称认知或者理解的需要，是指个人对自己和周围世界的探索、理解和解决疑难问题的需要。

审美的需要，是指对对称、秩序、完整结构及行为完美的需要。

自我创造的需要，是最高层次的需要，是充分发挥个人潜能的需要，是一种创造和自我价值得到体现的需要。

马斯洛将位于需要层次底部的四种需要称为缺失性需要，认为它们是个体生存所必需的，必须得到一定程度的满足，但是这些需要一旦得到满足，由此产生的动机就会消失。后三种需要是成长性需要，虽然不是我们生存所必需的，但是对于我们适应社会来说具有重要意义。

马斯洛指出低级的需要至少必须部分满足之后才会出现对相对较高级需要的追求。最占优势的需要将支配一个人的意识和行为，高级需要出现之后，低级需要仍然存在，但是对行为的影响减弱了。例如，在一个非常饥饿的孩子面前同时摆上一堆书和一堆食物，让他选择其一，孩子肯定先选食物，吃饱以后再去读书。与缺失性需要相反，成长性需要是永远得不到完全满足的需要，因为无论是求知还是审美，都是永无止境的。

### (三)学前儿童需要的发展特点

学前儿童需要的发展遵循着一个规律，即年龄越小，生理需要越占据主导地位，他们饿了、渴了、想睡觉了，就用哭闹的方式来向抚养者传递自己的需要。婴儿期虽以生理需要为主，但也出现了最初的社会需要。例如，6个月时，婴儿的依恋就是社会需要的表现。随着年龄的增长，伴随着对游戏、同伴交往的需要，1～3岁幼儿的社会需要逐渐增强，出现了对成人活动的模仿、喜欢听妈妈讲故事等行为。到了学前儿童期，社会需要更加突出，友谊感初步产生，道德意识开始萌芽，希望得到尊重的需要也比较强烈，呈现出明显的个性特点。在3～6岁这一阶段，不同年龄学前儿童的需要的排序都在发生变化，这说明学前儿童期是需要发展的活跃期。

总的来说，学前儿童的需要呈现出从以生理需要为主，向社会需要逐渐发展的规律。5岁是学前儿童生理需要、物质需要向社会需要、精神需要转化的关键期。

**从马斯洛的需要层次理论谈幼儿教育**

### ▶▶ 二、 学前儿童需要的培养 >>>>>>>

**(一)满足学前儿童合理需要，激励其个性积极发展**

学前儿童会产生多种需要，如交往的需要、心理安全的需要、独立自主的需要等。如果学前儿童的合理需要得到满足，身心将获得健康和谐发展，若得不到满足，则会产生心理上的动机冲突，产生压力和挫败感。因此，教师要善于观察、了解学前儿童，应为他们创造条件，尽量满足他们各种合理的需要，以促进学前儿童个性的积极发展。

**(二)为学前儿童创造成功体验，激发他们积极参与活动的动机**

学前儿童产生需要的前提是有活动的动机，学前儿童一般是想去做什么才会想到需要什么。为了保持学前儿童的活动动机，教师应该创设一定的条件，支持、鼓励、引导学前儿童参与活动。在教师的引导下，学前儿童活动行为出现的频率逐渐增加，在活动中成功的机会也越来越多，多次体验成功后，学前儿童参与活动的动机就会被激发出来。

**(三)给学前儿童创设一个宽松自由的精神环境，满足学前儿童心理安全需要**

学前儿童需要有安全感，渴望得到成人的保护。离开家庭走向幼儿园，学前儿童希望幼儿园可以像在家里那样温馨，也希望教师像父母一样陪伴他们玩游戏、说悄悄话，希望拥有一个舒适的活动环境。因此，教师应充分关爱学前儿童，理解并尊重学前儿童，还应创造条件帮助学前儿童进行同伴交往，使学前儿童熟悉幼儿园环境并感到轻松愉悦。

**(四)给学前儿童多点自由活动的时间，满足他们自主活动的需要**

学前儿童正处于独立性萌芽时期，有一定的独立自主意识和自主活动的需要。满足学前儿童自主活动的需要有助于培养学前儿童的主体意识，增强其自信心，促进其自我意识的发展。教师应为学前儿童创造一定的条件，给学前儿童敢于表现自己和尝试的机会；在活动中，给学前儿童自主探索的机会，满足学前儿童的自主需要，对学前儿童的自我表现要给予及时的肯定和鼓励，帮助学前儿童建立自信心。

## ►► 三、 学前儿童兴趣的发展 >>>>>>>

### (一)兴趣及其种类

兴趣是人积极地接近、认识和探究某种事物或者从事某种活动的心理倾向,与肯定情绪相联系,反映了人对客观事物的选择性态度。皮亚杰指出:兴趣,实际上就是需要的延伸,它表现出对象与需要之间的关系,因为我们之所以对一个事物发生兴趣,是因为它能满足我们的需要。但需要不一定都表现为兴趣。例如,人有睡眠需要,但并不代表对睡眠有兴趣。

学前儿童的兴趣在早期就已表现出来,最初表现为个体对环境的探究活动,并在此基础上逐渐形成了人对事物和活动的兴趣与爱好。此外,兴趣又与学前儿童的认识和情感相联系,对某个事物的认识越深入,儿童的情感越炽热,兴趣就会越浓厚。

兴趣多种多样,概括起来有三大类。

#### 1. 物质兴趣和精神兴趣

根据内容的不同,兴趣可分为物质兴趣和精神兴趣。物质兴趣通常指学前儿童对实体事物的兴趣和追求,如衣服、玩具、食物等;精神兴趣指学前儿童对精神生活的兴趣,如教师的表扬、同伴交往、学习、文学艺术等。学前儿童主要是以物质兴趣为主。

#### 2. 直接兴趣和间接兴趣

直接兴趣是指对活动过程本身的兴趣,如学前儿童对游戏的兴趣,他们喜欢游戏过程的快乐,却很少关注游戏的结果。间接兴趣指的是学前儿童对活动结果的兴趣。比如,有的学前儿童喜欢绘画,每完成一幅画,他们都会对自己取得的绘画成果表现出极大的成就感。

直接兴趣和间接兴趣之间是相互联系、相互促进的。如果没有直接兴趣,儿童的活动过程便会索然无味;如果没有间接兴趣,儿童的活动便失去了目标。只有把直接兴趣和间接兴趣有机地结合起来,才能充分发挥一个人的积极性和创造性,才能目标明确,持之以恒,直至取得成功。

#### 3. 短暂兴趣和稳定兴趣

根据时间的长短,兴趣可以分为短暂兴趣和稳定兴趣。短暂兴趣存在的时间短,往往产生于某种活动,又随着某种活动的结束而消失。例如,学前儿童在了解皮影戏的过程中发现了影子的奇妙,便跑到户外玩"踩影子"的游戏,活动结束,兴趣也就随之结束。稳定兴趣具有稳定性,它不会因活动的结束而消失。例如,有的学前儿童对绘画有稳定兴趣,有的学前儿童对搭建有稳定兴趣,每次绘画和搭建活动结束后,他们仍能保持长期兴趣。每个人既要有短暂兴趣也要有稳定兴趣,短暂兴趣使人生更有趣味性,稳定兴趣会使人有所得、有所获。

**(二)学前儿童兴趣发展的特点**

由于受到遗传因素、家庭环境、教育、生活经验等因素的影响，学前儿童对事物的爱好及感兴趣的程度各不相同，并呈现出个别差异性和年龄特征，但总体来说学前儿童兴趣的发展有以下几个特点。

**1. 学前儿童兴趣广泛但缺乏稳定兴趣**

兴趣是一种先天性情绪，表现在学前儿童出生后就对外界事物和社会性刺激有一定的反应。从对周围环境的探索开始，随着年龄的增长，活动范围扩大，学前儿童开始逐渐对语音、动作等感兴趣。直到 3 岁入园，学前儿童的生活范围再次扩大，他们有强烈的好奇心和求知欲，渴望认识世界，喜欢与人交往，对周围的各种事物都感兴趣，如动物、植物、自然现象、游戏等。因此，学前儿童的兴趣比较广泛，但还没有形成稳定兴趣。

**2. 学前儿童多表现出直接兴趣**

学期儿童的兴趣大多数都是直接兴趣，也就是对事物或者活动过程本身感兴趣，如在角色扮演游戏中扮演爸爸、妈妈或孩子。随着年龄的增长，学前儿童的社会性逐渐发展起来，开始表现出间接兴趣。

**3. 学期儿童的兴趣比较浅显，容易发生改变**

由于学前儿童知识经验的缺乏和对事物理解能力的局限，不能认识到事物的本质特征，容易被事物的表面特征所吸引，所以那些鲜艳的、活动的、新颖多样的事物和现象容易引起学前儿童的兴趣。但学前儿童的兴趣浅显，具有表面性。他们一旦对某些事物熟悉以后，就失去了原来的兴趣，因此学前儿童的兴趣又呈现出易变动性，不能长久保持住。

**4. 学前儿童的兴趣可能表现出不良的倾向**

家庭环境、教养方式的不同，使得一些学前儿童没有形成良好的生活习惯和性格，如任性娇惯、不辨对错、偏食挑食等，从而使兴趣偏离了正确的方向，表现出一些不良的兴趣爱好。对于学前儿童不良的兴趣，教师和父母要格外关注，加以正确地引导和教育。

▶▶ **四、 学前儿童兴趣的培养** >>>>>>>>

**(一)创设良好环境，丰富学前儿童的知识和生活经验**

学前儿童的兴趣不是凭空产生的，是从接触的事物中产生的。因此，教师要给学前儿童创造良好的环境，提供多种多样的活动材料，支持学前儿童对周围生活和环境的探索行为，丰富学前儿童的知识和生活经验，帮助学前儿童培养良好的、有益的兴趣。

**(二)正确引导，使学前儿童的兴趣积极向上并持久深入发展**

能够引导学前儿童形成积极向上的兴趣是教师工作能力的一个重要体现。教师要掌握学前儿童的心理发展特点，努力提高自身的能力。同时，教师要做好学前儿童行为的观察者，当学前儿童对某一活动内容感兴趣时，积极引导学前儿童参与活动，使学前儿童能够对这一活动保持深入持久的兴趣并积极探索。

### (三)组织开展丰富多彩的活动

实践证明，学前儿童的兴趣往往是通过丰富多彩的活动发展起来的。在活动中，学前儿童可以发现感兴趣的活动内容，从而积极参与活动。教师应通过组织游戏、比赛、表演等各种有趣的活动，引导学前儿童积极参与这些活动，帮助他们在活动中取得成功。

### (四)培养学前儿童有益的兴趣，纠正不良兴趣

在学前儿童兴趣发展的过程中，有些兴趣对身心健康是有益的，如打篮球、阅读、搭积木、种植等，对于这些兴趣，教师要善于激发和保护，并且把这些有益的兴趣纳入培养目标中。而对于那些不利于学前儿童身心健康发展的兴趣，如给小朋友起外号、说脏话、喜欢观看暴力影片等，教师要讲清道理，用有益的兴趣代替不良兴趣。

## 单元 3　学前儿童气质的发展与培养

### 💬 情景导入

琪琪性子很急，活动时，老师的问题还没有说完，他就急着回答，因此常常出错；每次拿小人书，都会拿好几本，翻得也很快；喜欢活动，能跑能跳，还爱逞能。安安是个胆小的孩子，不爱讲话，不爱与人交往，他说话的声音很小，妈妈送他来幼儿园后他会哭好一阵子，晚上见到妈妈又会泪流满面，不说话。

"千人千模样，万人万脾气。"学前儿童的气质与生俱来，具有一定的稳定性。根据学前儿童的表现与特点有针对性地开展教育，能较好地培养学前儿童的气质，促进其良好性格的形成。你是如何理解气质的？学前儿童的气质表现出哪些特点？如何有针对性地教育儿童？

### ▶▶ 一、 气质概述 >>>>>>>>

#### (一)什么是气质

气质是个体心理活动稳定的动力特征，具有天赋性，是典型、稳定的心理特征，表现在心理活动的强度(反应的大小)、速度(反应的快慢)、灵活性(维持时间的长短)与指向性(倾注外部世界还是内部世界)等方面。具有某种气质特点的人，在不同目的、不同内容的场合下，都会表现出相同方式的心理活动的特点。

气质在很大程度上受到先天遗传因素的影响，在人生的最初阶段不同个体就表现出气质的差异。气质的先天性决定了它是个性中相对稳定的因素。俗话说"江山易改，禀性难移"，就是指气质相对稳定，不易改变。但是气质

不是一成不变的，随着时间和环境的改变，气质也会有一定程度的变化，总之，气质是稳定性和可变性的统一。

### (二)气质类型及其典型特征表现

古希腊著名医生希波克拉底(Hippocrates)提出了气质体液学说，他认为人的心脏、脑、肝和胃会分泌四种体液，分别是血液、黏液、黄胆汁和黑胆汁，正是这四种体液"形成了人的质性"。后来罗马医生盖伦(Clamdius Galenus)从希波克拉底的体液学说出发，把人的气质分为十三类，后来被简化成四类，即胆汁质、多血质、黏液质、抑郁质。每一种气质类型的特点都是某种体液占优势的结果，并有特定的表现(表 10-3-1)。

表 10-3-1　气质类型及其行为表现

| 气质类型 | 行为表现 |
|---|---|
| 胆汁质 | 热情大胆，冲动直率，性情急躁，精力旺盛，粗枝大叶，表里如一，刚强，易感情用事。 |
| 多血质 | 反应迅速，有朝气，活泼好动，动作敏捷，适应能力强，情绪不稳定。 |
| 黏液质 | 稳重，但灵活性不足；踏实，但是死板；沉着冷静，但缺乏生气。 |
| 抑郁质 | 敏感，稳重，体验深刻，外表温柔，怯懦，孤独，行动缓慢。 |

## ▶▶ 二、 学前儿童气质的发展 >>>>>>>>

### (一)0～3岁学前儿童气质的发展

学前儿童的气质从出生后就表现出个别差异。托马斯(A. Thomas)和切斯(S. Chess)等人在对婴儿进行大量追踪研究的基础上，根据他们确立的气质九维度标准，将婴儿的气质类型划分为以下三种。

#### 1. 容易抚育型

容易抚育型婴儿的吃、喝、睡等生理机能有规律，节奏明显，容易适应新环境，也容易接受新事物和不熟悉的人。他们的情绪一般是积极的，对成人的反应积极。由于他们生活规律，情绪愉快，且对成人的抚养活动提供大量的积极反馈(强化)，因此容易受到成人的关怀和喜爱。大多数婴儿属于这一类，约占40%。

#### 2. 抚育困难型

抚育困难型婴儿突出的特点是时常大声哭闹，烦躁易怒，不易安抚。在饮食、睡眠等生理机能活动方面缺乏规律，对新事物、新环境反应消极、退缩、回避，接受也很慢。他们的情绪反应强烈且消极，在游戏中也不愉快。成人需要费很大的力气才能使他们接受抚爱，很难得到他们的正面反馈。由于应对这类婴儿对父母来说有较大的困难，因此父母需要有极大的耐心和宽容。这一类婴儿人数较少，约占10%。

学习笔记

### 3. 缓慢发动型

缓慢发动型婴儿的活动水平很低，行为反应强度很弱，情绪总是消极的，但也不像困难型婴儿那样总是大声哭闹，而是常常安静地退缩，情绪低落，逃避新事物、新刺激，对外界环境和事物的变化适应较慢。但在没有压力的情况下，他们也会对新刺激缓慢地产生兴趣，在新环境中能逐渐地活动起来。这一类儿童随着年龄的增长，随着成人抚爱和教育情况不同而发生分化。约有15％的婴儿属于这一类型。

以上三种类型只涵盖了约65％的婴儿，另有35％的婴儿不能简单地归到上述任何一种气质类型中去。他们往往具有上述两种或三种气质类型的混合特点，属于上述类型中间型或过渡（交叉）型。

#### (二)3～6岁学前儿童气质的发展及特点

##### 1. 气质的相对稳定性

气质更多受个体神经系统先天特性的影响，因此相对于其他个性心理特征更具有稳定的特性。曾经有一项关于学前儿童气质的研究，研究者对198名学前儿童从出生到小学的气质发展进行了长达10年的追踪研究，结果发现，大多数学前儿童早期的气质特征一直保持不变。但是这并不意味着它完全不发生变化，在生活环境和教育条件的影响下，气质可能被掩蔽，也可能会得到相当程度的改造。因此，气质具有相对稳定性。

##### 2. 气质的可变性

学前儿童早期形成的气质特点，经过后天的生活环境和教育的影响发生了改变，其实质是学前儿童的气质类型没有发生变化，而是由于环境、教育的影响将原来的行为特点掩盖起来而没有充分暴露，这在心理学上被称为气质掩蔽。气质掩蔽现象是指一个人的气质类型没有改变，只是形成了一种新的行为模式，表现出不同于原来的气质表现。从高级神经活动来看，也就是后来形成的条件反射系统掩盖了原来的神经活动类型。

> **相关链接** ▶▶▶▶▶
>
> **气质掩蔽现象**
>
> 学前儿童气质发展中存在掩蔽现象。比如，一个女孩的行为表现明显属于多血质，但对其神经活动类型的检查结果是强、平衡、不灵活。原来，她的家庭环境和谐融洽，长期处于开放活泼的环境中，因此，在这种环境影响下形成的特定行为方式掩盖了她原有的气质类型。
>
> 资料来源：刘军.《学前儿童发展心理学》练习册.南京：南京师范大学出版社，2017。

### ▶▶ 三、 学前儿童气质的培养及教育策略 >>>>>>>

#### (一)熟悉并了解学前儿童的气质特征

教师应采用观察法，根据学前儿童在游戏或生活中的日常行为表现，如儿童活动时的主动性、参与活动的持久性、脾气是否急躁、对新环境的适应情况等，做好观察记录，将学前儿童的行为与气质类型做对比，了解学前儿童的气质类型及特点。

### （二）针对学前儿童的气质特征因势利导

学前儿童的气质特征往往会影响他的行为及人际互动，不同的气质表现出的优缺点不同，没有好坏之分。教师应针对不同气质类型的学前儿童，对他们进行科学的干预和引导，使之扬长避短。例如，针对胆汁质的学前儿童好动、吵闹、易冲动等特点，教师可以加强有关细致性和深刻性方面的教育，鼓励他们对外界环境做细致的观察和思考，养成遵守规则的好习惯；针对多血质的学前儿童活泼好动、善于察言观色的特点，教师可以培养他们自主决策的能力，培养他们稳定的兴趣和持之以恒的精神等；对于过于安静、常被忽略的黏液质学前儿童，教师应着重帮助他们克服做事情拖拉的毛病，激发他们参与活动的积极性；对于孤僻、敏感、不合群的抑郁质学前儿童，教师应注重引导他们与同伴交往，鼓励他们积极参与活动，逐渐消除负面特征，大胆地表现自我。

## 单元 4  学前儿童性格的发展与培养

### 情景导入

奇奇的胆子特别小，在活动中从来不主动发言，即便发言，也是小脸涨得通红，声音特别小。他也不爱与同伴交往。老师和小朋友邀请他参加活动时，他总是把头摇得像拨浪鼓似的……班里的高高活泼热情，喜欢和老师、同伴交往，在每次活动中都表现积极，他还乐于助人，喜欢分享……班里的老师感叹："每个孩子的性格真是不一样啊！"

学前儿童的性格是后天形成的，与先天形成的气质有一定的联系。塑造学前儿童良好的性格对学前儿童健康人格的形成具有特殊意义。什么是性格？性格和气质有什么关系？如何塑造学前儿童良好的性格？

### ▶▶ 一、性格概述 >>>>>>>>

#### （一）什么是性格

性格是指人对现实的态度和在习惯化了的行为方式中表现出来的比较稳定的心理特征。在生活中我们可以看到，有的人勤劳，有的人懒惰；有的人谦虚，有的人狂妄；有的人热情、乐于助人，有的人冷淡、自私自利；等等。这就是不同的性格。

#### （二）性格与气质的关系

性格与气质的关系见表10-4-1。

表 10-4-1　性格与气质的关系

| 区别 | 联系 |
| --- | --- |
| 1. 形成的客观基础条件不同。<br><br>气质的形成直接决定于人的高级神经活动类型，具有自然的性质；而性格的生理基础则是神经类型特点和后天因素所引起的各种变化的"合金"，也就是说，神经类型不能预先决定性格，也不能直接决定性格。 | 1. 气质可以使性格带有一种独特的色彩。<br><br>气质可以按照自己的动力特征影响性格的表现方式，使性格带有一种独特的色彩。例如，同样是对人友善的性格，多血质的人表现为亲切关怀，胆汁质的人表现为热情豪爽，黏液质的人表现为诚恳稳重，抑郁质的人表现为温柔敏感。 |
| 2. 稳定程度不同。<br><br>气质具有先天性，受遗传素质的影响，虽然也受到外界因素的影响，但其变化极为缓慢，具有较强的稳定性；而性格是后天形成的，是在人与周围环境的相互作用中逐步发展而形成的，虽然也具有稳定性特点，但与气质相比，比较容易改变，具有较强的可塑性。 | 2. 气质可以影响性格形成和发展的速度。<br><br>气质对性格的形成具有重要的影响，在一定程度上会影响性格形成和发展的速度。例如，对于自制力的形成，胆汁质的人往往需要经过极大的克制和努力，而抑郁质的人则比较自然和容易。 |
| 3. 气质类型无所谓好坏，而性格特征有好坏之分。<br><br>气质类型仅仅表现出人与人之间的个别差异，每一种气质类型都有积极的一面和消极的一面，而且同一种气质的人会以同样的方式表现在各种活动中，不受活动内容的影响。因此，气质不具有社会评价意义。而性格反映的是一个人的社会特征。人在社会中生活，与各种事物、各种人发生一定的关系。他的态度和行为总会对各种关系造成一定的影响，或有益于社会和他人，或有害于社会和他人。因此，性格标示着人的行为方向和可能的结果，必然有道德评价的意义。 | 3. 性格可以制约气质的表现，也可以影响气质的改变。<br><br>性格可以对气质的改变产生影响，顽强坚定的性格可以克制气质的某些消极方面，使积极方面得到充分发展。例如，一个意志坚强、认真负责的外科医生，假如他是属于胆汁质的，就会在手术过程中时时告诫自己切不可急躁冲动、鲁莽行事，而应保持沉着稳定、耐心细致的态度做手术。 |

### (三)性格的心理结构

性格的心理结构包括性格的态度特征、意志特征、情绪特征、认知特征。

性格的态度特征是指个体在现实生活各个方面的态度中表现出来的一般特征，是性格最重要的组成部分，表现为个人在对社会、对集体、对他人、对自己以及对学习、工作、劳动的态度中表现出来的性格特征，如爱护公物、团结同伴、喜欢劳动等。

性格的意志特征是指个体在调节自己的心理活动时表现出来的心理特征，如顽强拼搏、当机立断等。

性格的情绪特征是指个体在情绪表现方面的特征。例如，在情绪强度方面，有的人强烈，有的人微弱；在情绪的稳定性方面，有的人波动大，有的

学习笔记

人稳定、心平气和；在情绪的持续性方面，有的人持续时间长，有的人则持续时间短。

性格的认知特征是指个体在认知活动中表现出来的心理特征。例如，有的人善于观察细节，而有的人喜欢观察整体和轮廓；有的人形象记忆力强，有的人语词逻辑记忆力强，有的人看待事物只抓本质，有的人只看表面现象。

## ▶▶ 二、 学前儿童性格的发展特点 >>>>>>>

随着学前儿童各种心理过程、心理状态和自我意识的发展，他们出现了合群性、独立性、自制力和活动性等性格萌芽。同时，学前儿童的性格具有明显的个体差异性，也表现出一定的稳定性。随着年龄的增长，其性格的个体差异性更加明显，并且个体性格的稳定性也越来越强，具体表现在以下几方面。

### （一）活泼好动

活泼好动是学前儿童的性格最明显的特征之一，即使那些特别羞涩、内向的学前儿童，在和熟悉的同伴玩耍的时候也会表现出活泼的天性。一般来说，学前儿童不会因为频繁的活动而感到疲惫，只有那些单调乏味的活动才会引起他们的厌倦。对于学前儿童这一性格特点，家长和教师可为他们安排一些有趣的游戏、活动甚至简单的劳动，让他们动起来。学前儿童活泼的天性得以满足和发展，这对他们以后的个性发展也有良好的作用。

### （二）喜欢交往

3岁以后的学前儿童，一个比较明显的特征就是喜欢和同龄或者年龄相近的小朋友交往。研究表明，3岁以后，儿童游戏的社会性成分增加，独自游戏减少，与同伴合作的游戏增多，表明学前儿童在交往方面的需求。

### （三）好奇好问

学前儿童的知识和经验比较匮乏，对外部世界充满了强烈的好奇心和求知欲，学前儿童强烈的好奇心和求知欲主要表现在探索行为与好奇好问上，例如，他们常常会问许多个"是什么""为什么"，化身为"十万个为什么"。而且连续不断地问，有时候问的问题也是让人难以捉摸、啼笑皆非的。除了好奇好问之外，学前儿童还会自己通过感官亲自尝试，如摸一摸、闻一闻、咬一咬等，来探索世界。

### （四）模仿性强

好模仿是学前儿童的典型特点，小班的学前儿童尤其突出。心理学家阿尔伯特·班杜拉（Albert Bandura）认为人的行为是通过观察模仿学习的，所以榜样对学前儿童来说很重要。学前儿童的父母、教师和同伴都可能是学前儿童模仿的对象，尤其是父母和教师会成为学前儿童模仿的主要对象，家长和教师应该特别注意自己的言行举止，使榜样成为一种教育手段。

## ▶▶ 三、 学前儿童良好性格的培养 >>>>>>>

### (一)树立良好的榜样

教师和父母要重视榜样在学前儿童性格培养中的作用。学前儿童好模仿，容易模仿别人的态度和行为方式。家长和教师是学前儿童的榜样，电视、电影及故事中所呈现出的具有高尚品德的人物也是学前儿童性格塑造的榜样。因此，教师和家长要给学前儿童提供榜样并指导学前儿童向榜样学习。

### (二)关爱儿童，注重因材施教

教师一方面要严格要求学前儿童，另一方面还要合理对待学前儿童的种种行为表现，如学前儿童的苦恼、无理要求、攻击性行为、懒散等，是学前儿童身心不成熟导致的。教师要善于在教育过程中接纳学前儿童的种种表现，善待、关爱每一个学前儿童，不能过早在学前儿童身上贴上"性格不好""坏孩子"的标签。

此外，教师还要注重因材施教，敏锐地观察和分析学前儿童的性格特征，针对不同学前儿童的不同情况进行不同的教育。例如，对表现不良的学前儿童，要先了解原因，有针对性地提出要求，帮助他们克服缺点；对性格表现好的学前儿童，可以采用奖励等强化方式，将他们作为榜样，引导其他学前儿童学习。

### (三)在集体生活和实践中培养学前儿童良好的性格

首先，教师要做好幼儿园一日生活的组织和教育工作。幼儿园一日生活常规和生活制度中渗透了培养学前儿童良好性格的内容，通过常规训练和严格执行生活制度，可以培养学前儿童勤劳、礼貌、自立、自信的行为习惯，促进学前儿童良好性格的形成。

其次，要在游戏中培养学前儿童良好的性格。在游戏中，学前儿童能接受他人的意见和游戏规则，为了与同伴进行良好的沟通和游戏，会主动抑制自己的性格缺陷，慢慢形成分享、合作、谦让等良好的行为习惯。

## 单元 5 学前儿童能力的发展与培养

### 💬 情景导入

通过对班里学前儿童的长期观察，李老师发现，萌萌的操作能力很强，在每次科学探究活动中，她总能按照要求操作实验材料并整理得井井有条；甜甜的音乐感知能力、节奏感很强，在音乐活动中，她总是能最快跟上老师的节奏；妙妙的语言表达能力很好，语言流畅，思维逻辑性强，在语言活动中总能语出惊人……

能力具有明显的个别差异性，学前儿童的能力发展直接影响着学前儿童的行为表现。根据学前儿童个别的能力表现实施有针对性的教育，能够较好地促进学前儿童综合能力的发展。能力有哪些特点？我们应如何培养学前儿童的能力？

## ▶▶ 一、 能力概述 >>>>>>>

### （一）什么是能力

能力是指人们成功地完成某种活动所必须具备的个性心理特征。能力总是和人的某种活动相联系并表现在活动中，只有从一个人所从事的某种活动中才能看出他是否具有某种能力。能力能够影响活动的效果，其大小只有在活动中才能比较。例如，在讲述活动中，有些学前儿童能够大胆地表达，科学合理地遣词造句，自然流畅地讲述，说明这些学前儿童具备良好的语言表述能力。

### （二）能力的种类

心理学家从不同的角度将能力划分为五大类。

#### 1. 一般能力和特殊能力

一般能力是指大多数活动共同需要的能力，包括一般的认知能力、操作能力和智力。一般能力以抽象概括能力为核心。特殊能力是指从事某项专门活动所必需的能力，又称专门能力。它只在特殊领域内发挥作用，是完成有关活动不可缺少的能力，如音乐能力、绘画能力、数学能力等。一般能力和特殊能力一起发挥作用，完成一项活动通常都需要二者的共同参与。

#### 2. 模仿能力和创造能力

模仿能力是指仿效他人的行为举止而引起的与之相类似的能力。创造能力是指产生新思想、发现和创造新事物的能力，如科学发现、文学创作等，这些都需要创造能力的参与。模仿能力和创造能力是互相联系的，创造能力是在模仿能力的基础上发展起来的。但就其独特性而言，模仿是学习的基础，创造则是人成功地完成任务及适应不断变化的新环境的必备条件。

#### 3. 认知能力、操作能力和社交能力

认知能力就是学习、研究、理解、概括和分析的能力。操作能力就是操纵、制作和运动的能力，如平常所说的动手能力、体育运动能力等。社交能力即人们在社会交往活动中所表现出来的能力，如组织管理能力、言语感染能力等。

#### 4. 主导能力和非主导能力

主导能力又称优势能力，非主导能力又称非优势能力。在一个人各种能力的有机结合中，往往有一种能力起主要作用，而其他能力处于从属地位。例如，同样是音乐能力，有的学前儿童在音乐的节拍韵律方面能力较强，而有的学前儿童对音乐的情绪处理比较到位。

### 5. 液体能力和晶体能力

液体能力也叫液体智力、流体智力，是指在信息加工和问题解决过程中所表现出来的能力，它较少依赖文化和知识的内容，而决定于个人的禀赋，因此受教育和文化的影响较少，却与年龄有密切的关系，20多岁达到顶峰，30岁以后将随年龄的增长而降低。比如，莫扎特、达·芬奇等在某个特别领域就具备卓越的液体能力。

晶体能力也叫晶体智力，是指获得语言、数学等知识的能力，它决定于后天的学习，与社会文化有密切的关系。在人的一生中晶体能力是一直在发展的，只是25岁之后发展速度渐趋平缓。

## ▶▶ 二、学前儿童能力的发展特点 >>>>>>>

### (一)多种能力显现并发展

#### 1. 操作能力最早表现，并逐步发展

从1岁开始，学前儿童操作物体的能力逐步发展起来，开始进行各种游戏活动。例如，婴儿从无意识抓的动作到有意识抓的动作，再到双手协调能力的发展等。同时，随着年龄的增长，他们的走、跑、跳等能力逐渐提高。各种游戏在学前儿童一日生活中逐渐占据主要地位，学前儿童的操作能力在活动中逐渐发展。

#### 2. 言语能力在婴儿期发展迅速

学前儿童的言语能力是从婴儿期开始发展的，学前儿童期是口语发展的关键期。到学前儿童晚期，学前儿童的口语表达能力已经很强了，特别是言语的连贯性、完整性和逻辑性迅速发展，为学前儿童的学习和交往创造了良好的条件。同时，学前儿童的模仿能力也在不断地发展。18～24个月，学前儿童表现出延迟模仿能力。

### (二)智力发展迅速，智力结构随年龄增长而变化

学前儿童从出生到学前儿童末期，认识能力迅速发展，主要表现为记忆、注意、想象、直觉思维和认知活动的有意性等方面的发展，这为学前儿童的学习、个性发展提供了必要的前提。同时，某些特殊能力也已有所表现，如音乐、绘画、运动能力等。学前儿童的创造能力发展较晚，在学前儿童晚期才出现创造能力的萌芽。

### (三)出现主导能力的萌芽和比较明显的类型差异

每个学前儿童所形成的能力是不一样的，具有个体差异性。例如，有的学前儿童交流能力较强，与同伴相处得很融洽；有的学前儿童运动能力较强，能够积极且活跃地参与到游戏中来；有的学前儿童动手能力较强，搭积木、剪纸等比较灵活；有的学前儿童绘画能力较强，能够画出美丽的、逼真的画像。教师应充分了解学前儿童之间的能力差异，采取有针对性的教育。

🔗 **相关链接** ▶▶▶▶▶

## 多元智能理论

20世纪80年代，美国发展心理学家、哈佛大学教授霍华德·加德纳（Howard Gardner）提出的多元智能理论，被世界各个国家的学前儿童教育领域应用，获得了广泛认可。加德纳指出，人类的智能是多元化的而不是单一的，主要是由语言智能、数学逻辑智能、空间智能、身体运动智能、音乐智能、人际智能、内省智能七种成分组成，每个人都有不同的智能优势组合。

1. 语言智能

语言智能主要是指有效地应用口头语言及文字的能力，即听说读写能力，表现为个人能够顺利而高效地利用语言描述事件、表达思想并与人交流的能力。适合的职业：作家、演说家、记者、编辑、节目主持人、播音员、律师等。

2. 数学逻辑智能

数学逻辑智能是指有效的计算、测量、推理、归纳、分类，进行复杂数学运算的能力。这项智能包括对逻辑方式和关系、陈述和主张、功能及其他相关的抽象概念的敏感性。适合的职业：科学家、会计师、统计学家、工程师、电脑软件研发人员等。

3. 空间智能

空间智能强调人对色彩、线条、形状、形式、空间及它们之间关系的敏感性很高，感受、辨别、记忆、改变物体的空间关系并借此表达思想和情感的能力比较强，表现为对线条、形状、结构、色彩和空间关系的敏感，以及通过平面图形和立体造型将他们表现出来的能力。适合的职业：建筑师、室内设计师、画家、飞行员、摄影师等。

4. 身体运动智能

身体运动智能主要是指人调节身体运动及用双手改变物体的技能，善于利用整个身体来表达想法和感觉，以及利用双手灵巧地生产或改造事物的能力，表现为能够较好地控制自己的身体，对事件能够做出恰当的身体反应，以及善于利用身体语言来表达自己的思想。适合的职业：运动员、舞蹈家、外科医生、手艺人等。

5. 音乐智能

音乐智能主要是指人敏感地感知音调、旋律、节奏和音色等能力，表现为个人对音乐节奏、音调、音色和旋律的敏感，以及通过作曲、演奏和歌唱等表达音乐的能力。适合的职业：作曲家、指挥家、歌唱家、乐师、乐器制作者、音乐评论家等。

6. 人际智能

人际智能，是指能够有效地理解别人及其关系、与人交往的能力，包括四大要素。①组织能力，包括群体动员与协调能力。②协商能力，指仲裁与排解纷争能力。③分析能力，指能够敏锐地察觉他人的情感动向与想法，易与他人建立密切关系的能力。④人际联系，指对他人表现出关心，善解人意，具有团体合作的能力。适合的职业：政治家、外交家、领导者、心理咨询师、公关人员、推销员等。

7. 内省智能

内省智能主要是指认识到自己的能力，正确把握自己的长处和短处，把握自己的情绪、意向、动机、欲望，对自己的生活有规划，自尊、自律，会吸收他人的长处；常静思以规划自己的人生目标，爱独处，以深入自我的方式来思考；喜欢独立工作，有自我选择的空间。适合的职业：政治家、哲学家、心理学家、教师等。

1999 年，加德纳又提出了第八种智能，即认识自然智能。它是认识自然，并对我们周围环境中的各种事物进行分类的能力。后来，他又提出了第九种智能，即存在智能，指陈述、思考有关生与死、身体与心理等问题的倾向性，如人为什么在地球上，在人类出现以前地球是怎样的等。

## ▶▶ 三、　学前儿童能力的培养 >>>>>>>>

### （一）正确了解学前儿童能力的发展水平

要培养学前儿童的能力，首先应了解学前儿童现有的实际发展水平。教师可以通过与学前儿童的日常接触粗略了解学前儿童的能力，但这种评定不够精确，无法反映学前儿童能力发展的实际水平。因此，教师应采用能力测验的方法，如音乐才能测验、绘画才能测验、智力测验等，测定学前儿童的能力发展水平。应注意的是，各种测验的重点应放在"最近发展区"，而不能仅仅放在儿童已有的发展水平上，要重点考察学前儿童接受教育的能力，即"可教性"。

### （二）组织学前儿童参加各种活动

学前儿童的各种能力是在实践活动中形成和发展的。要培养能力，必须充分调动学前儿童参与活动的积极性和自觉性，使学前儿童在活动中得到锻炼。

教师要创造宽松、和谐的活动环境，多肯定、鼓励、接纳、欣赏学前儿童，这些都有利于学前儿童能力的发展和提高。教师要多组织丰富多彩的实践活动，设置问题情境，为学前儿童提供有兴趣的、多样的操作材料，引发学前儿童思考、操作、探索，激发学前儿童的想象力和创造力。

### （三）因材施教，培养学前儿童的能力

学前儿童的能力存在明显的个别差异，教师要针对学前儿童能力发展的特点注意因材施教，要及早发现超常儿童和有特殊才能的儿童，注意让他们德智体美劳全面发展，不要过早定向、专业化，要教育他们不要骄傲自满、脱离集体、看不起别人，也不能要求过高、过急，舆论压力太大，会造成学前儿童不必要的精神负担。

要特别关心智力落后、学习有困难的学前儿童，认真了解和研究他们落后的原因，属于病理范围的，应及早诊断、治疗，属于不良环境影响的，应帮助改善环境。总之，教师不要歧视他们，要鼓励家长与其他学前儿童关心和帮助他们，要有信心和耐心，逐步促进他们能力的发展。

要特别注意正常儿童，因为他们人数最多，容易被忽视，所以教师要从每个学前儿童身上寻找闪光点，扬长避短，使每个学前儿童都能得到最好的发展。

## 单元6　学前儿童自我意识的发展与培养

### 情景导入

　　3岁的糖糖活泼可爱，是幼儿园小班的小朋友。在自由游戏或区域活动时，她总能安静愉快地玩玩具。但是老师发现，别的小朋友来她面前的玩具筐拿玩具时，她都会不满地说："不要，这是我的……"她一边动手打别的小朋友，一边生气地说："老师，他拿我的玩具！"

　　学前儿童的行为受到自我意识发展的影响，小班幼儿表现出强烈的自我中心性，争抢玩具的现象时有发生。培养学前儿童良好的自我意识，能够帮助学前儿童形成良好的自我认知、自我体验和自我控制能力。

### ▶▶ 一、自我意识概述 >>>>>>>>

#### （一）什么是自我意识

　　自我意识是意识的一种形式，是复杂的认知过程的综合，依赖感知、注意、记忆、思维等认知过程，是个体对自身的认识。学前儿童自我意识表现为能够恰当地评价和支配自己的认知活动、情感态度和行为，并逐渐形成自我满足、自尊心、自信心等性格特征。

#### （二）自我意识的心理结构

　　自我意识的结构包括自我认知、自我体验和自我调控三种心理成分。

##### 1. 自我认知

　　自我认知是个体对自己的认知和评价，即自我认知和自我评价。自我认知是自己对自己身心特征的认识，自我评价是在自我认知的基础上对自己做出的某种判断。

##### 2. 自我体验

　　自我体验是自我意识在情感方面的表现，自尊心与自信心、成功感与失败感、自豪感与羞耻感都属于自我体验。例如，学前儿童在游戏竞赛中获得成功，增强了自信，感受到成功带来的喜悦，就是一种自我体验。

##### 3. 自我调控

　　自我调控是个人对自己的行为、活动、态度的调节和控制，它包括自我检查、自我监督、自我控制等。自我检查是主体在头脑中将自己的活动结果与活动目的加以比较、对照的过程。自我监督是一个人以其内在的行为准则对自己的言行进行监督的过程。自我控制是主体对自身心理与行为的主动掌握。

## ▶▶ 二、 学前儿童自我意识的发生与发展 >>>>>>>

按自我意识发生与发展的时间阶段划分，自我意识的发生与发展情况如下。

### (一)不能意识到自己存在的阶段(0～5个月)

儿童最初不能意识到自己，不能把自己作为主体去同周围的客体区分开来，几个月的婴儿甚至不能意识到自己身体的存在，不知道自己身体的各个部分是属于自己的。婴儿最初对自己身体的感觉，也是毫无意识的。尽管他们痛了会哭，饿了会喊，但他们没有意识到自己有这些感觉和反应。所以，这个阶段的婴儿往往会抱着自己的手或脚啃，啃疼了就哇哇大哭。由此可见，他们不明白自己与外界的区别、自己与他人的不同。

因为没有自我意识，所以这个阶段的婴儿不会表现出"自私"的行为，对其他人都非常大方。

### (二)自我意识萌芽阶段(5～15个月)

#### 1. 意识到自己身体各个部分的阶段(5～9个月)

随着认知能力的发展和成人的教育，婴儿的动作开始转向外部环境，他们开始喜欢抓、捏各种能够发声的玩具，以及将自己身体的各个部位当作玩具来玩耍，如嗼手指、摆弄小脚等。这时，婴儿开始认识到手和脚是自己身体的一部分，为达到目的，经常会伸手去抓想要的东西。

#### 2. 对自己行动认识的阶段(9～12个月)

从第9个月开始，婴儿开始意识到自己的动作和主观感觉的关系，通过偶然性的动作逐渐意识到自己的动作和动作产生的结果的关系。婴儿如果不小心把手里的玩具掉到地上，当成人捡起来时，他们就会有意识地把玩具反复扔到地上。在反复的过程中，他们逐渐区分自己的动作和动作对象(玩具)间的关系，开始把自己的动作和动作对象加以区别，这是自我意识的最初形态。1岁左右，婴儿的自主意识开始发展，他们会要求自己做事情，如自己拿勺子吃饭、自己喝水等。

#### 3. 学会使用自己名字的阶段(12～15个月)

婴儿在12个月左右开始逐渐认识身体的各个部分，但不能区分自己身体和别人身体的器官，学会使用自己的名字，这是自我意识发展中的巨大飞跃，表明他们能区分自己和别人。在13个月左右的时候，幼儿开始区分自己和别人，能通过照片来指认自己，也能在自己和其他幼儿中准确地找出自己。

### (三)自我意识的形成阶段(15～24个月)

2岁以后的学前儿童，逐渐懂得"我""你""他"这些人称代词，在生活中掌握了物主代词"我的"和人称代词"我"，由此学前儿童真正的自我意识已经形成，他们也能意识到自己内部的状态，如"我的肚子疼"等。

▶▶ **三、　学前儿童自我意识的发展特点** >>>>>>>

**（一）学前儿童自我认识的发展**

**1. 对自己身体的认识**

学前儿童认识自己，需要经过一个比认识外界事物更为复杂、更为长久的过程。学前儿童对自己的认识一般经历以下阶段。

几个月大的婴儿还没有认识自我，还不能把自己的身体和周围世界区别开来。例如，我们常见孩子小的时候喜欢把手往嘴里塞。

1 岁以后，在成人的教育下，学前儿童逐渐认识自己身体的各个部分。比如，学前儿童开始学说话时，成人往往指着他的身体某部分教他："鼻子""耳朵""嘴巴"等。对自己身体的认识，既是学前儿童认识自我存在的开端，也是认识物我关系的开始。

2 岁左右的学前儿童意识到身体的内部状态。比如，他们会说："宝宝饱"或"宝宝饿"，这是自我意识最初的表现。

2～3 岁时，学前儿童开始掌握人称代词"我"，会用人称代词"我"来表示自己，开始从把自己当作客体来认识转化为把自己当作主体来认识。

**2. 对自己行动的认识**

1 岁左右，婴幼儿通过偶然性的动作逐渐能够把自己的动作和动作的对象区分开来，并且体会到自己的动作和物体的关系。比如，婴儿无意识中碰到了小车，小车就向前移动，婴儿从这里似乎感受到自己的存在和力量，以后，婴儿便主动去推车，用手去拍打东西，嘴里还叨念着："宝宝打打。"

2 岁左右，婴儿出现了最初的独立性。在许多场合下，他拒绝成人的直接帮助，吃饭要自己吃，玩具要自己拿。

对于在无意中学会了的自动化动作，学前儿童并不能自己认识到。皮亚杰曾用实验研究学前儿童对自己爬行动作的意识，发现 4 岁学前儿童虽然会爬行，但没有意识到自己是怎样运动的，5～6 岁学前儿童能意识到自己的行动。

**3. 对自己的心理活动的意识**

对自己内心活动的认识，比对自己身体和动作的认识更为困难。因为自己的身体是看得见、摸得着的，自己的行动也是具体可见的，而内心活动则是看不见的。对内心活动的意识需要较高的思维水平。

3 岁左右，学前儿童出现对自己内心活动的认识，常常表现为有自己的主张。比如，学前儿童开始意识到"应该"和"愿意"的区别；如果成人的要求不符合学前儿童的意愿，他们将会用"不"来拒绝。

4 岁以后，学前儿童开始出现对自己的认知活动和语言的意识。他们开始知道怎样去注意、观察、记忆和思维。比如，在幼儿园，学前儿童可以根据教师的指令活动，根据教师的要求操作等。

**(二)学前儿童自我评价的发展**

自我评价在2～3岁开始出现。学前儿童自我评价的发展和学前儿童认知及情感的发展有密切联系，其特点如下。

**1. 从依从性评价发展到独立性评价**

在学前儿童初期，由于认知水平的限制，加之对成人权威的尊重与服从，学前儿童常常依从成人对他的评价，简单重复成人的评价。例如，问一个学前儿童："你是不是班上最乖的孩子?"学前儿童答："不是。因为老师经常批评我，说我不是乖孩子。"这种评价不是出于自发的需要而是成人的要求。

**2. 从片面、表面的评价发展到全面、深刻的评价**

由于认识水平低，学前儿童的自我评价常常是片面的和表面的。他们往往善于评价别人，不善于评价自己。在评价自己的行为时，他们容易更多地看到自己的优点，不大容易看到自己的缺点，而且这种评价也往往局限于一些具体行为的评价上。例如，他们在回答是好孩子的原因时说："我不骂人。"到了学前儿童晚期，学前儿童开始从多个方面进行评价，出现向评价内心品质过渡的倾向。例如，同样在回答是好孩子的原因时会说："我是好孩子，客人来了我主动向客人问好；上课积极发言，帮老师收拾积木。"

**3. 从主观评价到客观评价**

学前儿童初期的儿童往往不从事实出发，而从情绪出发进行自我评价，带有明显的主观性。例如，当教师问谁搭积木最快时，学前儿童往往会说是自己，但事实并非如此。但是随着年龄的增长，特别是在良好的教育下，学前儿童的自我评价逐渐趋于客观。例如，教师问大班学前儿童"你做的是不是最好的"时，学前儿童往往会觉得不好意思，而说："我不知道。"

**(三)学前儿童自我体验的发展**

学前儿童自我体验的发展水平逐步提高，并逐渐有了一个不断深化的过程，表现为与生理需要密切联系的自我体验，向与社会性需要相联系的自我体验发展。4岁后，委屈感、自尊感与羞愧感等这些社会性较强的自我体验明显发展。

从受暗示性的体验发展到独立的体验。学前儿童年龄越小，在自我体验产生的过程中就越容易受成人的暗示。当学前儿童有攻击性行为时，如果教师单纯地问学前儿童自身的体验，学前儿童没法准确地表达出羞愧的感觉，但当教师问学前儿童："把别人打得很疼你会觉得自己很不友好吗?"这时，学前儿童便会产生羞愧感。

### (四)学前儿童自我调控的发展

自我意识发展的一个重要标志是个体不仅能认识自己,还能正确评价自己,在一定程度上能自觉控制和调节自己的行为。3岁学前儿童自我调控能力很差,主要是受成人控制,只有到了5~6岁时,学前儿童才具备一定的坚持力和自制力。比如,教师为学前儿童准备了一个魔法箱,告诉学前儿童必须要等区域活动结束后才可以打开,小班、中班的学前儿童多半不能坚持到区域活动结束,而大班学前儿童绝大多数会坚持到区域活动结束。

## ▶▶ 四、 学前儿童自我意识的培养 >>>>>>>

婴儿自我意识的觉醒

### (一)给学前儿童自我实现和成功体验的机会,培养其自信心

自我实现和成就感是学前儿童形成自信的基础。当学前儿童学会新的词语,出现某一项生活自理能力,或者探索某一个玩具时,成人应细致观察并及时予以表扬和肯定。在成人的鼓励中,学前儿童能够获得愉悦与成就感,久而久之,这便成为学前儿童行为的驱动力,自信心也不断增强。有自信心的学前儿童能积极主动地参加各种活动,敢于表达自己的想法并乐于与人交往。

### (二)鼓励学前儿童大胆交往,使他们学会正确地评价自我

学前儿童的自我评价是在与成人和同伴的交往活动中形成的,交往活动是学前儿童自我认知、自我评价产生和发展的基础。学前儿童只有在交往中才有可能被他人所了解,从而产生评价。而学前儿童则在获取他人评价的信息、借助于想象推理等复杂的认知过程中,内化他人关于自己的评价,从而形成自我评价。因此,要注意改善学前儿童的交往环境,多开展户外活动和游戏等活动,鼓励学前儿童大胆交往,在交往中提高自我评价能力。同时,家长不能将自己的孩子同其他学前儿童进行横向比较,以免挫伤孩子的自尊心。家长还应注意发现自己孩子的优点,多给予支持与鼓励,帮助孩子正确认识和评价自我。

### (三)给学前儿童提供多元的、有效的训练,使他们学会适度地自我控制

学前儿童自我控制能力的发展主要体现在坚持性和自制力上。在学前儿童自我控制能力发展的初期,成人应给学前儿童讲明规则,使学前儿童按照教导去做。

## ✎ 活动设计

### 我有一双能干的小手(小班)

**活动目标**

1. 对探索自己身体的奥秘感兴趣,为自己有一双能干的小手感到自豪。
2. 能在集体面前大胆讲述。

3. 学习手印画的方法，对手印画感兴趣。

**活动准备**

材料准备：一棵树的轮廓图、颜料、儿歌《我有一双小小手》录音带。

**经验准备**

1. 学前儿童会唱儿歌《我有一双小小手》。

2. 请家长与孩子讨论手有什么用处。

**活动过程**

1. 儿歌表演《我有一双小小手》，激发学前儿童对手的兴趣。

(1)教师与学前儿童一起摇摇手：这是什么呀？

(2)教师与学前儿童一起进行儿歌表演《我有一双小小手》。

教师：小朋友们的小手太棒了，表演得真好，你们的小手真能干！

(3)教师解释"能干"的含义，并结合班上小朋友的表现情况举例。

2. 谈话"我有一双能干的小手"，激发学前儿童对手的探索欲望。

(1)我们都有一双能干的小手，它们有什么作用呀？

(2)学前儿童自由表达，发表自己的意见。

3. 请学前儿童在集体面前讲述，教师小结学前儿童的讲述情况。

4. 手指游戏："我的小手变变变"。

(1)教师示范做手指游戏(一边念儿歌一边做动作)：我的小手变变变，变只小鸡叽叽叽；我的小手变变变，变只小鸭嘎嘎嘎。

(2)学前儿童跟教师学儿歌和动作。

教师：除了变小鸡、小鸭，我们的小手还会变什么呢？(小猫、小狗、小狐狸……)

(3)教师与学前儿童一起边念儿歌边用小手变"魔术"。

5. 用手掌印画：漂亮的智慧树。

(1)教师出示画有一棵树的轮廓图和颜料，请学前儿童说说怎样添画树叶。(学前儿童交流了两种印画树叶的方法：用整个手蘸颜料印画，用"智慧树"中讲的树叶的印画方法。)

(2)教师示范用手印画树叶。

(3)学前儿童印画。教师鼓励学前儿童用不同的方法用手印画树叶。

(4)展览智慧树。

**活动评析**

在本次活动中，教师应用多种手段和方法，使学前儿童对"能干的小手"有了一个比较直观的认识，符合小班学前儿童的发展水平和年龄特点。从让学前儿童了解手、了解能干的手的含义，到进一步体验自己的能干的手，教师充分调动了学前儿童参与活动的积极性，教师使用了儿歌、游戏、谈话、印画等多种形式来开展活动，满足了学前儿童唱、跳、说、玩、做的需要，让学前儿童在活动中逐渐体验到自己有一双能干的手的自豪感。活动始终围绕小班学前儿童感兴趣的手、能干的手来开展，各个环节逐步递进，层层深入。教育活动重视多个领域的综合性，适合学前儿童的特点，即学前儿童喜欢将多种东西放在一起学。在活动中教师为学前儿童创造了轻松、自由的环境，让学前儿童在充分动手、动口中达到活动目标。

### 思考与练习

1. 比较气质与性格的概念，并说出二者的联系与区别。

2. 结合实际谈谈如何针对学前儿童气质类型开展教育。

3. 学前儿童自我意识的发展特点是怎样的？应该如何培养？

### 实践与探究

1. 结合自身情况，谈一谈自己的个性。

2. 收集有关学前儿童自我意识发展的案例并尝试用所学理论进行自我意识发展特点的分析。

3. 举例说明如何培养学前儿童的个性(性格、气质、自我意识等)。

### 国考同步

1.(2012上半年)培养机智、敏锐和自信心，防止疑虑、孤独，这些教育措施主要是针对(　　)。

　　A. 胆汁质的儿童　　　　　　　　B. 多血质的儿童

　　C. 黏液质的儿童　　　　　　　　D. 抑郁质的儿童

2.(2013上半年)有的学前儿童擅长绘画，有的善于动手操作，还有的很会讲故事。这体现的是学前儿童(　　)。

　　A. 能力发展速度的差异　　　　　B. 能力水平的差异

　　C. 能力发展早晚的差异　　　　　D. 能力类型的差异

3.(2015上半年)让脸上抹有红点的婴儿站在镜子前，观察其行为表现，这个实验测试的是婴儿哪方面的发展？(　　)

　　A. 自我意识　　　　　　　　　　B. 防御意识

　　C. 性别意识　　　　　　　　　　D. 道德意识

4.(2013上半年)简答：

简述学前儿童期自我评价的趋势并举例说明。

5.(2013下半年)案例分析：

奇奇是这样一个孩子：他胆子小，上课不主动发言，即便发言，小脸涨得通红，声音很小，特别害怕失败与挫折；他也不爱与同伴交往，老师和小朋友邀请他时，他总是把头摇得像拨浪鼓似的……

问题：

(1)造成奇奇胆小的可能因素有哪些？

(2)你觉得该怎样帮助奇奇？

云测试

## 学习目标

1. 了解亲社会行为和攻击性行为的特点及影响因素。
2. 了解亲子交往和同伴交往的重要性。
3. 掌握依恋发展的阶段和基本类型。
4. 掌握亲社会行为和攻击性行为的培养途径。
5. 能够根据实际情况分析影响依恋的因素，有效地引导亲子交往。
6. 能够根据实际情况分析学前儿童的社会性，并采取应对措施。
7. 坚持以幼儿为本的教育理念，形成合作互助的良好人际关系。

## 学习导航

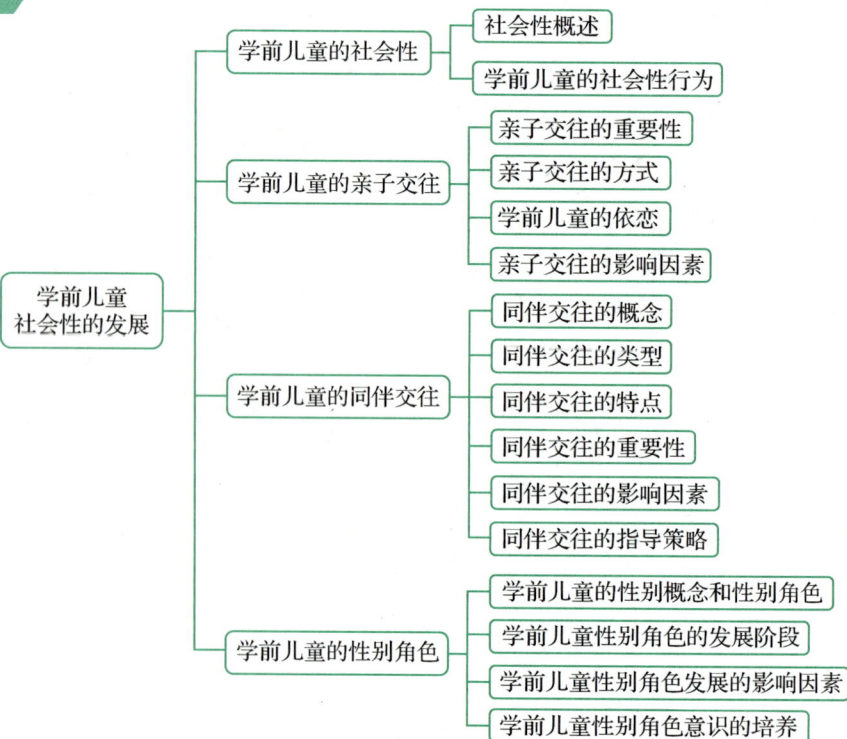

　　社会性是学前儿童社会性情感及社会交往的需要。儿童自出生的那一天起就生活在社会之中，也就是说，儿童一出生就预示着其社会性发展的开始。本模块主要介绍了学前儿童的社会性行为，亲子交往的方式、影响因素，同伴交往的特点、影响因素、指导策略等知识。本模块知识可以帮助我们培养学前儿童形成良好的社会性行为。

## 单元 1　学前儿童的社会性

### 情景导入

　　张老师发现幼儿园里的小朋友有不同的表现：有些小朋友吵闹不休；有些小朋友喜欢独处；有些小朋友经常跑到老师面前告状；也有很多小朋友乐于与人合作，拿出自己带的玩具与其他小朋友分享，乐于帮助别人，如安慰那些由于摔跤而哭泣的小朋友。

　　学前儿童在交往过程中会有不同的行为表现，我们应该科学地看待学前儿童在与人交往中的行为表现，懂得影响学前儿童社会性行为的因素，帮助学前儿童形成良好的人际关系。

### ▶▶ 一、社会性概述 ＞＞＞＞＞＞＞

#### (一)社会性与社会化

##### 1. 社会性

　　社会性是指学前儿童在与他人的交往过程中表现出来的行为模式、情感态度、价值观念等，并且这些方面的发展会伴随学前儿童年龄的变化而发生改变。

##### 2. 社会化

　　社会化是指将一个自然人转化成一个能够适应一定的社会文化、参与社会生活、履行一定社会行为的人的过程；也是一个自然人在一定的社会环境中通过与他人的接触与互动，逐渐认识自我，并成为一个合格的社会成员的过程。简言之，社会化就是学习和传递一定的社会文化，学习做人的过程。

#### (二)社会性对学前儿童发展的意义

##### 1. 社会性是学前儿童社会性情感及社会交往的需要

　　安全需要表明学前儿童间接地需要情感支持及社会交往，襁褓中的婴儿因为感到温暖、安全，进而产生与成人(主要是母亲)亲近的需要。随着年龄的增长，学前儿童的社会性情感及社会交往的需要也越来越强烈。

**2. 社会性影响学前儿童身体、心智的发展**

良好的社会性会促进学前儿童的身体健康。因为我们生活在社会环境当中，接收着来自周围人、事、物或自身内部的种种信息，这些信息经过大脑的整理和分析，会对我们的情绪、情感产生影响。

**3. 社会性有利于满足幼儿认知的需要**

学前儿童很早就表现出对社会事物或现象的兴趣，并在此基础上形成认知的需要。但学前儿童的社会性认知不等同于对一般客体的认知，它是学前儿童主体观念形成的过程，不是简单地接受成人的观念，或记住现行社会的规则、规范，而是在了解它们的基础上做出自己的判断、抉择，形成自己的认识。

▶▶ **二、 学前儿童的社会性行为** >>>>>>>

社会性行为是指人们在交往活动中对他人或某一事件表现出的态度、言语和行为反应。社会性行为在交往中产生，并指向交往中的另一方，根据其动机和目的不同，可以分为亲社会行为和攻击性行为两大类。

**(一)学前儿童的亲社会行为**

**1. 亲社会行为的含义**

亲社会行为通常是指对他人有益或对社会有积极影响的行为。学前儿童的亲社会行为主要有同情、关心、分享、合作、谦让、帮助、抚慰、援助、捐赠等。亲社会行为是形成和维持良好人际关系的重要基础，受到人们的肯定和鼓励，如图 11-1-1 所示。

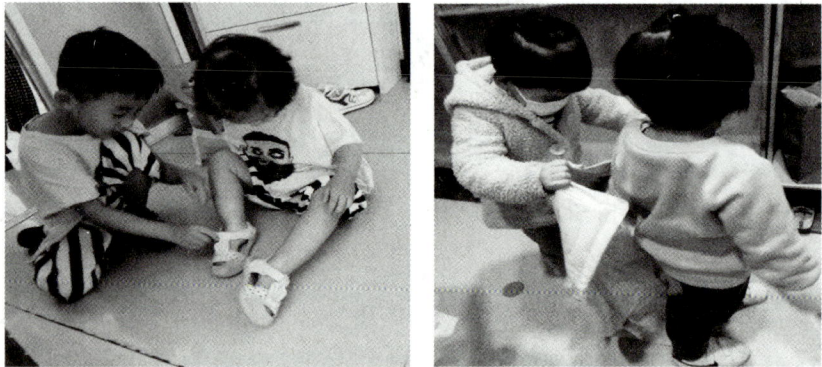

图 11-1-1　儿童亲社会行为

**2. 学前儿童亲社会行为的发展**

学前儿童在出生后的第一年就能通过多种方式表现出亲社会行为，尤其是同情和帮助、分享和谦让等利他行为。研究发现：5 个月的婴儿已经开始有认生现象，他们对熟悉的人微笑，对不熟悉的人表示拒绝。微笑就是婴儿最初表现出的亲社会行为。当婴儿看到其他婴儿摔倒、受伤、生气、哭泣时，他们会加以关注，并表现出皱眉、伤心等，甚至会出现共鸣的情感表现。到了1岁左右，他们可能会对那些情绪消极的儿童做出一些抚慰动作，如站在他们身旁，或者拉一拉对方的手，或者轻拍或抚摸一下对方受伤的地方等。在日常生活中，当家长为孩子买回美味的食物时，他们会一边吃一边往家长嘴里放，此时已经表现出分享行为。

在出生的第二年，学前儿童具备了各种基本的情绪体验，在一定的生活环境中明显地表现出同情、分享和助人等利他行为，如在成人的教育下，把自己的玩具拿给其他小朋友玩，或者拿出食物分给小朋友吃。同时，他们开始按照成人所要求的规则，初步了解什么是可以的，什么是不可以的，从而形成简单的道德规范。亲社会行为的出现与儿童自我意识的发展、社会认知能力的水平关系密切。由于3岁前学前儿童的自我意识尚处于萌芽状态，因此有人认为3岁前真正的亲社会行为是不可能出现的，此时的亲社会行为更多停留在情绪反应阶段或属于模仿性助人行为，而真正的亲社会行为，如合作、分享等，一般要到幼儿时期才出现。

### 3. 学前儿童亲社会行为的影响因素

（1）学前儿童日常生活环境中的影响因素

日常生活环境影响因素，主要包括家庭和教师的影响，以及同伴的相互作用。

第一，家庭的影响。家庭是影响儿童形成亲社会行为的主要因素之一，这种影响主要表现在父母的教养方式和榜样的作用上。首先是父母的教养方式。例如，在父母比较开明的家庭，学前儿童独立活动会比较多，学前儿童的行为也会经常得到指导。其次是榜样的作用。父母自身的亲社会行为会影响孩子对亲社会行为的认知，并成为孩子学习和模仿的对象。

第二，教师的影响。在幼儿园实际教学中，幼儿教师的亲社会行为对学前儿童亲社会行为的发展具有重要意义。例如，班级内的教学气氛是否平等、友好、互助等，会影响学前儿童亲社会行为的发生，而教师的个人行为是否具有亲社会性，也会在一定程度上影响学前儿童对亲社会行为的认知判断以及行为习得。

第三，同伴的相互作用。在学前儿童安慰、同情等能力形成过程中，同伴发挥着重要作用，因此同伴关系对学前儿童亲社会行为具有重要的影响。调查发现，在影响学前儿童亲社会行为的众多群体中，同龄人占60%左右，成年人占40%左右。同伴的相互作用一般包括模仿和强化两个方面。

（2）社会生活环境中的影响因素

社会生活环境中的影响因素主要包括两方面：社会文化和大众传媒。

第一，社会文化。社会文化指人类在社会历史过程中共同创造与享有的物质财富和精神财富的总和，是社会存在与发展的基础条件。它对学前儿童

学习笔记

的亲社会行为有重要影响。例如，东方文化往往强调群体和谐，因而推崇亲社会行为。亚洲国家的人们一般会在儿童早期就鼓励儿童的亲社会行为，从而为学前儿童进入成人社会打下基础。从宏观上讲，亲社会行为其实是社会文化的产物。

第二，大众传媒。大众传媒指通过现代化传播媒介向大众传递信息的过程。现代化传播媒介包括报刊、书籍、电影、电视、广播、音像制品、手机等，它是儿童学习亲社会行为的重要途径。有实验表明，五六岁的学前儿童在观看电视节目的时候不仅能懂得节目的特定内容，而且能将这些内容应用到生活中。因此电视、手机等大众传媒对学前儿童的亲社会行为有着重要影响。

（3）移情

移情是体验他人情绪与情感的能力，是一种替代性的情绪和情感反应，即设身处地为他人着想，识别并体验他人情绪和情感的心理过程。移情是学前儿童亲社会行为的重要促进因素。无论是社会生活环境的影响，还是儿童日常生活环境的影响，最终都要通过儿童的移情起作用，移情是导致亲社会行为根本的、内在的因素。学前儿童的认识具有局限性，容易以自我为中心考虑问题，因此，帮助学前儿童从其他角度去考虑问题，是发展学前儿童亲社会行为的主要途径。

### 4. 学前儿童亲社会行为的培养

（1）提供亲社会行为的榜样

父母的教养方式影响着学前儿童亲社会行为的发展，采用民主型教养方式的父母多采用较为温和的、非强制性的说理方式来教育学前儿童，学前儿童也从父母的教育、教养行为中习得了对待他人的同样的方式。同时，家长应注意在日常生活中规范自己的行为，注意与周围的人和睦相处、积极合作，并热心为他人排忧解难等，优化学前儿童的生活环境，让他们从中找到学习、模仿的榜样。

（2）移情训练

移情训练指引导学前儿童体验在某些情境下他人的心理感受，进而在现实生活中遇到类似情况时能做出恰当的反应。利用移情来教育学前儿童，使他们具有内在的自我调节能力，比一味地限制、要求等外部约束要有效得多。学前儿童遇到类似情境时，在做出消极行为前便会回忆起以往的体验，浮现出受伤害同伴的痛苦表情，于是便会抑制自己的消极行为，而做出互助、分享等积极行为。

移情训练的具体方法有听故事、引导理解、续编故事、角色扮演等。比如，有的学前儿童看到盲人走路的样子，教师就让学前儿童蒙上眼睛在教室里走动，通过亲身体验使他们体会到身体残疾的不便，从而懂得应该主动地关心、帮助残疾人。

（3）表扬和奖励

学前儿童的亲社会行为无论自觉与否，都需要得到群体的认可，精神奖励对巩固学前儿童的亲社会行为具有不可低估的作用。学前儿童一旦出现了亲社会行为，家长要及时强化，如表扬、奖励等，使学前儿童获得积极反馈，达到逐渐巩固的目的。习得的亲社会行为可能会消退，恰当地使用表扬、奖励，能有效地促进学前儿童亲社会行为的发展。

（4）交往技能和行为训练

交往技能的训练，首先要使学前儿童学会正确识别交往中出现问题的原因，如"为什么别人不和我玩""为什么我的要求得不到满足"。其次应该使学前儿童认识到解决问题可以采用很多种方式，但每种方式的效果是不一样的，要选择最适合的方式。最后，当学前儿童发生争执时，成人尽量不充当"裁决者"，而是帮助学前儿童认识到争执的原因，商量协调的办法，帮助他们掌握正确的交往技能。

## （二）学前儿童的攻击性行为

### 1. 学前儿童攻击性行为的含义

学前儿童的攻击性行为是指当需求得不到满足，或者自己的权利受到损害时，学前儿童出现的身体上、言语上的攻击等侵犯性行为，主要表现为打、踢、咬、大叫、骂人等。

根据行为者的动机，学前儿童的攻击性行为分为工具性攻击和敌意性攻击。工具性攻击是指为了获取物品、空间等而做出的抢夺、推拉行为；敌意性攻击是指最终目的是伤害、报复他人，包含更多情感伤害色彩。

### 2. 学前儿童攻击性行为的发展

1岁左右，婴幼儿开始出现工具性攻击性行为。到2岁时，婴幼儿之间表现出一些明显的冲突，如打、推、咬等。到幼儿期，儿童的攻击性行为在频率、表现形式和性质上发生了很大的变化。从频率来看，4岁之前，攻击性行为的数量逐渐增加，4岁之后就逐渐减少。从具体表现来看，多数学前儿童采用身体动作的方式，如推、拉、踢等，尤其是小班幼儿。随着语言的发展，学前儿童从中班开始逐渐增加了言语攻击，言语攻击在人际冲突中表现得越来越多，身体动作的攻击反应逐渐减少。从性质来看，学前儿童以工具性攻击性行为为主，逐渐出现敌意性的攻击性行为。

### 3. 学前儿童攻击性行为的特点

①攻击性行为频繁。这主要表现在为了玩具和其他物品而争吵、打架，更多的是直接争夺、破坏玩具和其他物品。

②更多依靠身体上的攻击而不是言语攻击。

③从工具性攻击向敌意性攻击转化。小班幼儿的工具性攻击行为多于敌意性攻击行为，而大班幼儿的敌意性攻击行为显著多于工具性攻击行为。

④攻击性行为有明显的性别差异。男幼儿多会怂恿同伴对他人进行攻击，并且男幼儿更容易在受到攻击以后发动报复性行为。

### 4. 学前儿童攻击性行为的影响因素

（1）父母的惩罚

发展心理学家认为，家庭的情绪氛围能够影响学前儿童的适应性，父母间的相处方式会在潜移默化中影响学前儿童. 如果父母频繁采用惩罚的方式对待学前儿童，会增加学前儿童攻击性行为的发生。

（2）强化

学前儿童出现攻击性行为时，父母和教师听之任之就等于对侵犯行为的强化。此外，如果学前儿童成功利用攻击性策略达到了目的，就会增加他以后的攻击性。

（3）挫折

攻击性行为产生的直接原因主要是挫折。有研究者认为，受挫折的学前儿童很可能比一个心满意足的学前儿童更具有攻击性。对学前儿童而言，家长或教师的不公正处理问题的方式是产生挫折的主要原因之一。

（4）生物因素

近年来，科学家研究发现，攻击性可能是由某种微小的基因缺陷引起的。有些学前儿童可能遗传了某种基因缺陷，这种基因缺陷会在后天的环境中得到表现或强化。神经类型的差异使学前儿童气质不同：有的爱哭，难以照看；有的易于相处，适应性强。人们发现难抚养的婴儿（难以安慰的婴儿）在日后更容易发展攻击性行为。曾有一项研究要求一组母亲在婴儿 6 个月时填写气质量表，由此来确定婴儿的气质类型，在随后的 5 年里，这些母亲定期评估学前儿童的攻击性行为。结果发现，早期的气质类型确实能够很好地预测学前儿童的攻击性表现。

（5）大众传播媒介

学前儿童接触的传播媒介主要是电视、手机等，而这些媒介中的暴力画面无意间给学前儿童提供了榜样，使他们在不知不觉中模仿和学习了攻击性行为。心理学家研究发现，电视上的攻击性榜样会增加学前儿童以后的攻击性行为，暴力还能影响学前儿童的态度。与没有接触大众传媒中的暴力节目或攻击性画面的学前儿童相比，接触到暴力节目或攻击画面的学前儿童表现出更高程度的攻击性行为。

### 5. 学前儿童攻击性行为的应对策略

教师和家长应该采取恰当的手段对学前儿童的攻击性行为加以引导、控制，促进学前儿童良好的社会性发展。

（1）创建良好的生活环境

为学前儿童创建冲突发生可能性最小的环境。例如，游戏场所的空间密度大、玩具数量不足等都会增加学前儿童的攻击性行为。幼儿园为学前儿童准备的活动场地面积的大小非常重要。若场地面积过大，他们的社会性交往和合作性游戏的机会就会减少；但是如果场地狭小、拥挤，将会增加攻击性行为发生的可能性。心理学家研究发现，当场地狭小而玩具又不充足时，学前儿童将会产生焦虑，秩序容易混乱。因此，无论是室内还是室外，保障充足的活动空间是减少学前儿童攻击性行为的一个重要因素。此外，学前儿童常常因为争抢玩具而引发攻击性行为，教师应该提供充足的玩具，避免他们因为资源不足而产生冲突。

（2）社会认知干预

学前儿童的攻击性行为与其认知水平低有直接的关系，他们往往对来自同龄伙伴的信息以自我为中心做出判断。如果学前儿童判断他人的行为具有敌意，那么他们的行为就会表现出较多的攻击性；但如果教师能够教会学前儿童比较正确地认识他人的行为动机，如弄清楚彼此之间各自的行为动机是什么，就能提高他们的认知能力和判断能力，减少盲目的攻击性行为。因此，减少攻击性行为比较有效的方法之一是，教师要教会学前儿童控制自己的情绪，以及改变他们的敌意归因。此外，教师还应该引导学前儿童以一种宽容的态度来对待同伴，减少他们的攻击性行为。

（3）培养学前儿童的自我控制能力

大量研究和事实表明，引导学前儿童学会自我控制，可以使他们减少冲动。不仅要培养学前儿童对攻击性行为认知的能力，还要培养学前儿童的同理心，设身处地体会受害者的苦痛，认识到攻击性行为所带来的后果，学会对攻击性行为进行自我控制和自我反省，从而有效抑制攻击性行为。

## 单元 2　学前儿童的亲子交往

### 情景导入

菲菲10个月了，每到天黑的时候就找妈妈，看不到妈妈就哭闹不休，家里的其他人都安抚不了。某天晚上，妈妈有事下班晚回家一小时，菲菲就哭闹了一小时，妈妈回家后只让妈妈抱，其他家人一抱就哭。

菲菲对妈妈产生了依恋，依恋对学前儿童的心理健康具有重要意义。我们通过了解依恋的类型、影响因素等可以促进学前儿童良好亲子关系的形成。

▶▶ 一、 亲子交往的重要性 >>>>>>>

亲子关系是指父母与子女的关系，也可以包含隔代亲人的关系。亲子关系有狭义和广义之分，狭义的亲子关系是指学前儿童与父母的情感联系，广义的亲子关系是指父母与子女的相互作用方式，即父母的教养态度与方式。

相对于其他类型的社会交往，亲子交往是较稳定、较频繁、持续时间最长的交往类型，对学前儿童的发展起着重要作用。

**(一)有助于学前儿童安全依恋的形成**

学前儿童的亲子交往产生于家庭，依赖养育者的教养。父母亲尤其是母亲在学前儿童的亲子交往中发挥着重要作用。

良好亲子关系的形成有利于学前儿童与父母建立良好的依恋关系。0～3岁是依恋建立的最佳时期，对婴儿安全感的建立具有重要作用。养育者若表现出对婴儿需求的高度敏感性，如饥饿时给予食物，孤独时给予安慰、陪伴等，会帮助婴儿建立对父母和周围环境的安全感与信任感。英国比较心理学家哈洛做过著名的恒河猴实验，实验结果显示，婴儿的需求不仅是喂养，更倾向于与他人建立联结。同时研究也指出，早期被隔离的婴猴，会产生异常的行为，如不能正常活动，受到攻击时也不能自卫。约翰·鲍尔比（John Bowlby）还通过对失去依恋对象的儿童进行观察，研究他们与依恋对象的分离与后来的犯罪和心理障碍之间的关系。研究证实，5岁以前与母亲及其替代者长期或永久的分离是产生不良行为的最主要因素。

父亲与学前儿童的亲子交往对幼儿的发展具有举足轻重的作用。一直以来的研究都比较关注母婴依恋，对于父亲在亲子交往中的作用往往不够重视。实际上婴儿可以和父亲建立强烈的依恋，而且父亲和婴儿依恋关系的建立有利于后者日后心理社会性的发展。

**(二)有利于学前儿童身心健康的发展**

亲密和谐的家庭环境是学前儿童身心和谐发展的重要保证。优质的亲子关系有利于学前儿童健全人格的形成。在良好的亲子交往中，父母能给学前儿童良好的环境和正确的行为示范，从而保证他们的身心健康发展。

**(三)有利于促进学前儿童交往技能的发展，获得良好的社会品质**

早期亲子交往的经验有助于学前儿童掌握必要的社会交往技能，习得良好的社会行为。父母会不自觉地向学前儿童传授多方面的社会知识，为学前儿童提供社会交往的示范，学前儿童通过模仿习得大量的社交行为，掌握各种社会交往技能，如分享、协商、合作等。同时在亲子交往的过程中，学前儿童将获得良好的社会品质，如尊敬长辈、关心他人等。

**(四)有利于学前儿童良好个性的发展**

学前期是儿童个性形成的关键时期，不同的亲子交往方式对学前儿童个性的形成和发展具有重要的影响。美国心理学家麦考比（Eleanor Maccoby）和马丁（John Martin）根据一些前人的研究，概括提出了家长教养方式的四种主要类型，即权威型、专断型、放纵型、忽视型。不同的教养方式体现出不同的亲子交往方式，对学前儿童个性的形成也产生不同的作用。

## ▶▶ 二、　亲子交往的方式 >>>>>>>>

### （一）家长主动型

家长主动型的亲子交往形式表现为家长主动、儿童被动。家长用讲述、告知、要求、命令、示范等语言、行为或情感方式作用于儿童。

### （二）儿童主动型

儿童主动型的亲子交往形式表现为儿童主动、家长被动。儿童用谈谈想法、介绍自己的朋友、倾诉自己的感情、发泄不满等方式作用于家长。

### （三）家长、儿童主动型

家长、儿童主动型的亲子交往表现为家长和儿童都处于积极主动的状态。儿童与家长用互问互答、共同商量、讨论、争辩等方式相互作用。

在日常生活中，亲子交往大多是第一、第二种交往方式，尤其是以第一种交往方式居多。在亲子交往中，许多家长总有意或无意地习惯于以长者自居。在由家长控制、决定交往内容和行为方式的交往活动中，学前儿童处于从属、被动的地位，学前儿童的主动性和积极性受到限制，亲子之间未能进行真正的、深入的交流和沟通，只是停留在表面，因而不能较好地建立互相信任、互相尊重、互相理解的良好亲子关系。

第三种亲子交往的形式是最理想的形式。在这种形式的交往活动中，家长和学前儿童都是交往的主体，可使亲子交往真正做到主体之间的积极互动。需要注意的是，互动的亲子交往活动不等于平等的交往。因为相对于学前儿童而言，父母具有丰富的社会经历，行为较成熟；在亲子关系中，父母相对处于主导地位，所以这种亲子关系具有明显的不平等性。

## ▶▶ 三、　学前儿童的依恋 >>>>>>>>

### （一）依恋的概念

依恋的概念最先由英国心理学家约翰·鲍尔比提出，是指个体与他人之间的一种强烈、持久且亲密的情感联结。这种联结倾向于寻求和维持某个特定对象的亲近关系，它起源于婴儿的生理性需求和社会交往的需要，是一种积极的情感联系。这种情感联结断裂时，会对学前儿童今后的心理健康发展产生很大的影响。

在儿童心理学中，依恋是指婴儿寻求并试图保持与特定的人的亲密的身体联系的一种倾向。婴儿依恋的对象主要是母亲，依恋主要表现为啼笑、喊叫、吸吮、身体接近、偎依和跟随等行为。

俄狄浦斯情结

**(二)学前儿童依恋发展的阶段**

关于依恋的发展阶段,不同研究者从不同角度提出了不同的理论,这里主要介绍鲍尔比的依恋发展阶段理论。根据鲍尔比儿童依恋的发展阶段理论,儿童对母亲的依恋关系的发展可分为四个阶段。

**1. 无分化阶段(0~3个月)**

无分化阶段属于婴儿的前依恋期,最大的特点是表现出对人的反应无差别。这个时期婴儿对母亲的反应方式和对其他人的反应方式还没有出现明显的差异,他们喜欢注视人脸,喜欢听人的声音。

**2. 低分化阶段(3~6个月)**

低分化阶段是依恋关系的建立期,此阶段婴儿对人的反应已表现出差别性,他们开始识别熟悉的人和不熟悉的人之间的差别,而且其依恋反应(如微笑)开始明显地指向自己熟悉的人,对陌生人和母亲表现出不同的反应,这时母亲常常成为最主要的依恋对象,婴儿更倾向于依偎、亲近母亲。

**3. 依恋形成阶段(6个月~2.5岁)**

依恋形成阶段是依恋关系的明确期,婴幼儿逐渐表现出对依恋对象深切的爱恋和依赖,他们会建立对特定个体的依恋。当母亲离开的时候,他们会表现出焦虑甚至哭闹。为了与依恋对象接触和亲近,他们还开始调整自己的行为去适应成人的行为,以便能更好地和成人进行双向交流。此阶段婴幼儿对陌生人开始表现出警惕的行为,"认生"现象较为明显。

**4. 修正目标的合作阶段(2.5岁以后)**

在修正目标的合作阶段,儿童对母亲永远不只是单纯的依恋,而是逐渐表现出对养育者情感的理解,开始考虑养育者的兴趣与需要,并不断调整自己的情绪和行为,与母亲的关系从单纯的依恋关系发展成为合作的伙伴关系;能够理解母亲的暂时离开,不大哭大闹。例如,当发现母亲情绪不好时,他们会减少自己的要求,表现得更加听话、顺从等。

**(三)依恋的类型**

由于婴幼儿和依恋对象的关系密切程度不同,交往质量不同,婴幼儿的依恋存在不同的类型。安斯沃斯(Ainsworth)等人采用陌生情境测试法测量1~2岁婴幼儿的依恋水平,大致将依恋分为安全型、回避型和矛盾型。

**1. 安全型**

安全型的婴幼儿在与母亲分离前,对实验室及玩具表现出兴趣并积极探索,与母亲一起时,能愉快地玩玩具,不总是依偎着母亲;当母亲离开后,会表现出沮丧和忧伤;当母亲回来后会立即接近母亲寻求抚慰。这类婴幼儿在母亲的安抚下能快速平静下来,对陌生人的进入也没有表示出不安全感。

### 2. 回避型

回避型婴幼儿对母亲在场或离开都无所谓，与母亲分离时不哭，与母亲重聚时也回避或无视母亲的存在，对母亲疏远、冷漠。这类婴儿与母亲之间并未形成亲密的情感联结。

### 3. 矛盾型

矛盾型婴幼儿时刻警惕母亲离开，在母亲还未离开之前就表现出担心和紧张，对玩具没有探索兴趣，对母亲的离开极度抗拒，一旦分离就开始大哭，但母亲回来时，既寻求与母亲接触，又反抗母亲的安抚，母亲的安抚也不能让他们平静下来，表现出矛盾的态度。这类婴幼儿对陌生人表现出抗拒，没有安全感。

#### 相关链接 ▶▶▶▶▶

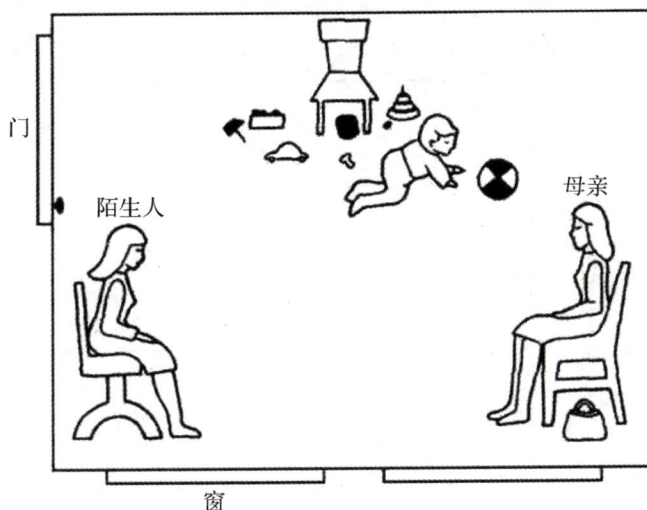

图 11-2-1　陌生情境测试实验

表 11-2-1　陌生情境测试实验场景

| 场景 | 在场人物 | 情境变化 | 持续时间 | 观察的依恋行为 |
|---|---|---|---|---|
| 1 | 母亲、婴儿和实验者 | 实验者把母亲和婴儿带进游戏室后离开 | 30 秒 | |
| 2 | 母亲、婴儿 | 母亲坐着看婴儿玩玩具 | 3 分钟 | 母亲是否是安全保障 |
| 3 | 母亲、婴儿、陌生人 | 陌生人进入房间，坐下和母亲交谈 | 3 分钟 | 对陌生人的反应 |
| 4 | 婴儿、陌生人 | 母亲离开，陌生人和婴儿交谈，如婴儿不安就安慰他 | 3 分钟 | 分离焦虑 |
| 5 | 母亲、婴儿 | 母亲回来，和婴儿打招呼，安慰婴儿，陌生人离开 | 3 分钟 | 母婴重聚的反应 |
| 6 | 婴儿 | 母亲再次离开 | 3 分钟 | 分离焦虑 |
| 7 | 婴儿、陌生人 | 陌生人进入房间安慰 | 3 分钟 | 接受陌生人抚慰的反应 |
| 8 | 母亲、婴儿 | 陌生人离开，母亲回来，和婴儿打招呼，安慰他 | 3 分钟 | 母婴重聚的反应 |

## ▶▶ 四、 亲子交往的影响因素 >>>>>>>>

学前儿童亲子交往是一个互动的过程，影响亲子交往的因素主要来自父母与学前儿童双方，其中父母的教养方式、社会经济水平和受教育水平、人格特征，父母营造的家庭氛围和学前儿童的气质类型对亲子交往的质量有直接或间接的影响。

### （一）父母的教养方式

父母教养孩子的具体方式和行为是存在差异的，不同的教养方式对学前儿童的人际交往产生直接的影响。美国心理学家戴安娜·鲍姆林德（Diana Baumrind）提出了家庭教养方式的两个维度：一是父母对孩子的要求和控制程度；二是父母对待孩子的情感态度（即反应性，指对孩子接受和爱的程度及对需求的敏感程度）。根据这两个维度，可以把教养方式分为权威型、专制型、溺爱型和忽视型四种（图 11-2-2 和表 11-2-2）。

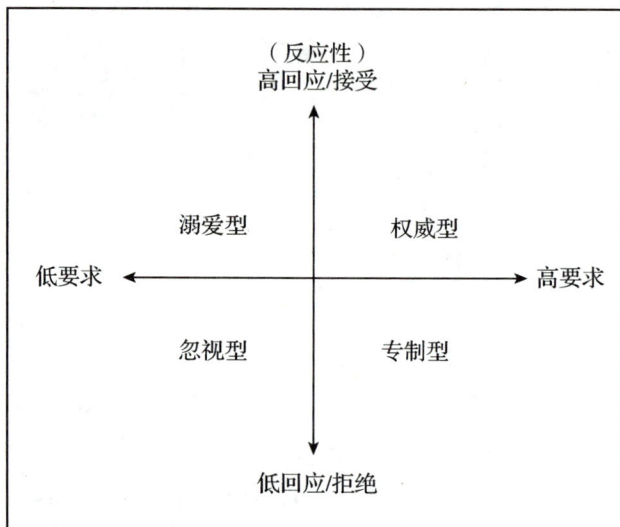

**图 11-2-2　父母的教养方式**

**表 11-2-2　父母教养方式类型**

| 对象 | 权威型 | 专制型 | 溺爱型 | 忽视型 |
|---|---|---|---|---|
| 父母 | 高要求、高反应、中等偏高程度控制：对孩子提出明确要求并坚定实施，对不良行为表示不快，情感上给予支持，对孩子热情，对良好行为积极肯定。 | 高要求、低反应、高控制：对孩子提出明确要求并无条件实施，对不良行为表示愤怒，甚至严厉惩罚；给予否定的情感反应，对孩子缺乏热情。 | 低要求、高反应、低控制：很少对孩子提出明确要求，对不良行为很少批评，情感上给予无条件支持，对孩子热情，对良好行为积极肯定。 | 低要求、低反应、低控制：很少对孩子提出明确要求，情感冷漠；对孩子缺乏热情，亲子交往很少。 |

续表

| 对象 | 权威型 | 专制型 | 溺爱型 | 忽视型 |
|---|---|---|---|---|
| 孩子 | 情绪稳定，乐观向上，自信独立，爱探索，能积极主动地解决问题，直爽、亲切、宽容、谦让、大方，能和同伴友好相处，喜欢与人交往。 | 依赖性强，缺乏安全感，情绪不稳定，心胸狭窄，感情淡漠，表现为胆小、怯懦、畏缩，不善于与人交往，缺乏自信，说谎、反抗等。 | 自我中心，妒忌，自立能力差，不尊重他人，缺乏责任感，好冲动，具有攻击性，自制力差，社会交往能力较差。 | 自控能力差，自私，责任感差，目标不明确，对人冷漠，对生活采取消极的态度，好冲动，具有攻击性，缺乏爱心，容易出现不良行为。 |

### （二）父母社会经济水平和受教育水平

父母的社会经济水平影响家庭生活水平，如衣、食、住、行等。研究表明，母亲是否参加工作以及从事什么类型的工作，对其孩子的交往关系及身心发展都有相当程度的影响。有工作，且受教育水平较高，特别是具有教育学、心理学知识的母亲，在亲子交往中多采用引导和鼓励等方式，亲子关系比较融洽。相反，母亲没有工作，家庭经济状况比较紧张或者母亲文化水平低，母亲在与孩子交往中容易缺乏耐心，多采用训斥、拒绝的教养态度，影响亲子关系和孩子的身心发展。

### （三）父母的人格特征

不同人格特征的父母在与孩子的交往中采取不同的教养方式，不同的教养方式产生不同的亲子交往关系。例如，脾气暴躁的父母容易成为专制型父母，不易与孩子建立良好的亲子关系；脾气平和的父母更容易接纳孩子，容易与孩子建立良好的亲子关系。

### （四）父母营造的家庭氛围

在轻松、愉快的家庭氛围中，学前儿童会保持愉快的情绪，表现出富有朝气、乐观开朗和自信的性格特点。如果家庭成员彼此不尊重，不信任，总是充满了敌意和争吵，会使学前儿童情绪激动、烦躁，易表现出攻击性行为。研究表明，父母和孩子之间如果缺乏交流，孩子在缺乏爱的氛围中成长，就会表现得缺乏自信等。

### （五）学前儿童的气质类型

学前儿童的气质类型影响父母与孩子之间的亲子交往。例如，容易型儿童情绪稳定，亲子之间交往机会较多，父母对孩子给予更多的注意和爱抚；难养型儿童对父母的抚养行为缺乏积极的响应，父母往往倾向于不满、抱怨，甚至责备儿童，很少为儿童提供积极、耐心的指导，亲子关系紧张。

学习笔记

## 单元 3　学前儿童的同伴交往

### 情景导入

4 岁的乐乐，平时喜欢与人交往，在幼儿园总是积极参加各种活动，每天妈妈送乐乐上幼儿园的时候，乐乐总是主动跟老师和小朋友打招呼，在户外活动的时候，大家也很喜欢和乐乐一起玩游戏。

乐乐在幼儿园中与同伴关系良好。良好的同伴交往对幼儿的发展具有积极意义。通过了解同伴交往的概念、类型、特点、影响因素可以帮助我们更好地引导学前儿童进行同伴交往。

### ▶▶ 一、　同伴交往的概念 ＞＞＞＞＞＞＞

同伴交往指年龄相近或相同的儿童在交往过程中建立和发展起来的一种人际关系。它是学前儿童在发展过程中必不可少的交往形式之一，在促进学前儿童的社会适应方面具有成人无法替代的作用。同伴交往对学前儿童的社会性发展、社会性知识的获得、社会交往策略的获得等具有重要的作用。

### ▶▶ 二、　同伴交往的类型 ＞＞＞＞＞＞＞

"同伴提名法"是研究儿童同伴交往类型最常用的方法。依据同伴对儿童提名的情况，了解儿童在同伴交往中的地位，将儿童的同伴交往划分为以下四种类型。

#### （一）受欢迎型儿童

受欢迎型儿童指那些获得许多同伴积极提名的儿童。他们有较多的积极行为和很少的消极行为，性格外向，不易冲动和发脾气，活泼，爱说话，胆子较大；使用较多的社交技能与策略，行为方式符合社会规范，主动性、独立性和友好性较强。

#### （二）被拒绝型儿童

被拒绝型儿童指那些获得许多同伴消极提名的儿童。他们体质强，力气大，行为表现较为消极，不友好，积极行为较少，能力较强，聪明，会玩，性格外向，脾气急躁，易冲动，过于活泼好动，乐于交往，在交往中积极主动但又不善于交往，对自己的社交地位常常过高估计，不太在乎没有朋友一起玩。

#### （三）被忽视型儿童

被忽视型儿童指那些很少被提名的儿童。他们体质弱，力气小，能力较差，积极行为和消极行为不多，性格内向，好静，不太活泼，胆小，不爱说话，不爱交往，在交往中积极主动性不足，孤独感较强，对没有同伴与自己一起玩感到难过和不安。

### (四)一般型儿童

一般型儿童指在与同伴交往中表现一般，既不是特别主动、友好，也不是特别不主动、不友好，交往的主动性、友好性、社交策略都处于中等水平，在同伴交往中的社交地位也一般，被一部分同伴喜欢、接受，同时也受到另外一些同伴的排斥、拒绝。从题名得分上看，这类儿童的正、负题名都有一定的得分，两者都处于居中的水平。

积极的同伴关系有利于学前儿童社会性的发展，同伴关系不良容易造成学前儿童社会适应问题及相应的心理问题，关注和帮助学前儿童改善自己与同伴的关系是幼儿教师需要注意的一个方面。

## ▶▶ 三、同伴交往的特点 ＞＞＞＞＞＞＞＞

学前儿童的同伴交往是在相互作用的过程中表现出来的，在不同的年龄阶段，儿童同伴交往表现出不同的发展特点。

### (一)婴儿期和幼儿早期

两个月大的婴儿会注意出现在周围的同伴，并与同伴相互注视；到6～9个月时他们会朝一定的方向观看，发声，对别人微笑；到1周左右，婴儿彼此注视的次数增加，他们微笑，用手指点，发声，嬉戏，在游戏中模仿对方的动作。如此生动的表现，为他们以后发展合作性的同伴关系打下了基础。

经过第一年的发展，学前儿童获得了一些重要的社会技能。例如，有意朝他们的玩伴微笑、皱眉、打手势，仔细地观察同伴，通常友善地对玩伴的行为做出反应。

2岁左右，随着运动和语言交流能力的提高，学前儿童的社会性交往也变得更加复杂，表现在同伴之间互动的时间更长，出现了较多的互惠性游戏。许多学前儿童花在社会性游戏上的时间比单独游戏要多得多，有时即使母亲在场，与同伴一起玩的时间也比与母亲一起玩的时间更长。

3岁左右，学前儿童的社会性技能得到了进一步的发展，表现为：模仿同伴行为和意识到被模仿，遵守秩序，做出帮助和分享行为等。

### (二)幼儿中晚期

进入幼儿园后，同伴交往逐渐成为学前儿童生活的重要内容，其发展特点主要表现为以下内容。

练习社交技能。学前儿童在与同伴交往的过程中会遇到不同的情况，有时需要协商，坚持或放弃，有时则需要接受或退让，顺从或反抗。学前儿童经历后慢慢地知道如何去做，从中学习交往技能。

强化交往行为。当一个学前儿童与另一个学前儿童互动时，彼此会产生影响，如果是正面的行为，就会有积极的强化作用，负面行为则会有消极的强化作用。

**图 11-3-1　幼儿期的同伴交往**

积极投入游戏。游戏是幼儿时期同伴交往的最主要方式，学前儿童在游戏活动中越来越多地与其他学前儿童进行交往，交往的目的也从获取玩具到引起他人的注意、合作和交流。游戏在幼儿期有了进一步发展，社会性水平也在不断提高，如图 11-3-1 所示。

学前儿童的同伴交往出现"性别分离"的现象，就是偏好与同性别的同伴玩，早在 2~3 岁时就出现这一现象，4 岁学前儿童与同性别同伴玩游戏的时间比与异性同伴玩的时间要多 3 倍，而 6 岁时增长为 11 倍，这可能与对游戏的共同兴趣和交往特点有关。

#### ▶▶ 四、 同伴交往的重要性 >>>>>>>

同伴交往是学前儿童在生活中的重要的社会关系。同伴关系与亲子关系是相互平行、不可替代的，而同伴关系的发展对幼儿社会性发展的意义更加重大。

**（一）同伴交往有助于学前儿童社会性的发展**

与亲子交往相比，同伴交往中的学前儿童的反馈更加真实、自然和及时。学前儿童积极友好的行为，如分享、配合等，往往能马上引发另一名学前儿童的积极反应，得到肯定性的反馈；消极、不友好的行为则正好相反，如抢夺、独占等会马上引发其他学前儿童的反感或引发相应的行为。没有与同伴交流的机会，学前儿童将不能学到有效的交往技能，更不能获得控制攻击性行为所需要的能力，也不利于性别社会化和道德观念的形成。

**（二）同伴交往有助于学前儿童积极情感的发展**

学前儿童与同伴之间积极主动的交往能满足学前儿童的安全感和归属感，使他们心情愉快。良好的同伴关系也能成为学前儿童的一种情感依赖，具有重要的情感支持作用。研究发现，当学前儿童处于困境，如遇到危险、难题、受人欺负时，同伴的帮助往往是他摆脱困境、恢复情绪的有力途径。同伴之间平等的交往也能够让学前儿童体验到尊重，有利于他们自信心、责任感等良好品质的发展。

**（三）同伴交往有助于促进学前儿童认知能力的发展**

在与同伴交往的过程中，不同的学前儿童有各自不同的生活经验和认知基础，他们在活动中会有不同的表现，即使面对同样的玩具，也可能玩出不同的花样。学前儿童在活动中不断地重复操作、组合玩具，并伴随着同伴交流、直接演示、协商和讨论，一起探索玩具的各种玩法，这些都为学前儿童提供了分享知识经验、相互模仿和学习的重要机会，有助于丰富学前儿童的知识经验，提高认知能力，提高操作能力和解决问题的能力。

**（四）同伴交往有助于学前儿童自我意识的发展**

同伴交往为学前儿童进行自我评价提供了比较有效的对照标准。4岁的学前儿童已经能够把自己与同伴做简单的对比，例如，学前儿童常常会对另一个学前儿童说"我比你快""你没我乖""我画得比你好"等。同伴的行为就像一面镜子，为学前儿童提供了自我评价的参照，使学前儿童能够更清楚地看见自己，认识自己。这是学前儿童最初的社会性表现，为学前儿童形成积极的自我概念打下了基础。

## ▶▶ 五、 同伴交往的影响因素 >>>>>>>>

**（一）早期亲子交往经验**

早期的亲子交往经验会对学前儿童的同伴交往产生影响。首先，早期亲子交往会影响幼儿安全感、信任感的形成。一般而言，在集体中容易信任他人的学前儿童将更能获得同伴的接纳。其次，亲子交往为学前儿童的同伴交往奠定基础，如亲子交往中交往的策略与技能、情感的表达方式等都会影响学前儿童的同伴交往。

**（二）学前儿童自身特征**

学前儿童自身的一些特征，如姓名、性别、年龄、外表、卫生习惯、体质、性格、能力等都会影响学前儿童在同伴中的被接受程度。一般来说，学前儿童更倾向于与相同年龄、相同性别的同伴做朋友，也易对熟悉的名字做出反应。庞丽娟等人研究发现，长相好和卫生习惯好的学前儿童受欢迎程度高，性格开朗外向、力气大、体质好、能力强的学前儿童更容易获得其他学前儿童的接纳和喜爱。

**（三）社会交往技能**

社会交往技能是影响学前儿童同伴交往的重要因素。表现出友好、分享、合作等亲社会行为的学前儿童更容易得到同伴的认可。相反，表现出攻击性行为、沉默寡言、较少与人合作和分享的学前儿童容易受到同伴的排斥。

**（四）教师引导**

教师在学前儿童的同伴交往中起着重要的作用。经常受到教师表扬的学前儿童容易获得同伴的认可，反之，经常受到教师批评的学前儿童易受到同伴的排斥。

## ▶▶ 六、 同伴交往的指导策略 >>>>>>>>

**（一）有效合作**

具有攻击性的学前儿童常与其他学前儿童发生争抢、打闹等负向行为，需要成人引导，形成合理的交往观念，以此来帮助他们达到目标，获得良好的同伴关系。

学习笔记

## （二）创设情境

由于认知发展水平有限，学前儿童在与同伴交往时常常会发生冲突。成人可以通过创设具体、生动、形象的情境，丰富学前儿童交往的经验，提高学前儿童交往的兴趣和主动性，从而促进学前儿童间友好相处。

例如，教师可以根据学前儿童认知发展的特点开展角色游戏，如扮演警察、医生、爸爸妈妈等。通过角色扮演，让学前儿童学习处理问题的方法，并且在与同伴交往的过程中加以应用。

## （三）引导反思

在教育教学过程中，教师应根据学前儿童的心理发展状况，设计教育目标和内容，引导学前儿童换位思考，从而提升其交往体验。在发生冲突时，教师应鼓励学前儿童与同伴交流，找出引发冲突的原因，促使交往双方了解彼此的想法；当学前儿童面临无法解决的交往问题时，教师应适时予以指导，帮助他们从多角度思考和建构同伴交往策略，从而促使学前儿童与同伴顺利交往。

## 单元 4　学前儿童的性别角色

### 情景导入

橙橙刚刚 4 岁，她知道自己是个女孩，但是她一直都觉得自己会长成一个男孩，她喜欢的玩具是恐龙，她还告诉爸爸妈妈，等她长大以后她也会长胡子、当爸爸。

橙橙的这些表现反映出学前儿童对性别的认识。对于性别有初步认识并做出符合性别角色的行为是学前儿童社会化的重要内容，性别特征也会整合到人的个性特征中，成为个性的重要特征。

性别角色的发展是儿童社会化过程的重要内容和儿童社会性发展的成果。性别角色是指社会规范和他人期望所要求的男女两性的行为模式。性别角色的发展包括三个相互关联的主题：一是性别概念的发展，即认识到自己是男孩还是女孩，并且认识到性别是一种无法改变的特征；二是性别角色知识（性别角色刻板印象）的发展，即认识男性和女性应该是什么样的；三是性格特征行为模式的发展，即逐渐出现对性别群体成员所从事活动的认可和偏好。

### ▶▶ 一、 学前儿童的性别概念和性别角色 >>>>>>>

#### （一）性别概念

性别概念有三个成分：性别认同、性别稳定性和性别恒常性。

### 1. 性别认同

性别认同是学前儿童对自己和他人的性别的正确界定。学前儿童性别认同出现的时间在 1.5 岁～2 岁，主要依靠头发的长短以及服饰特点等来认同。

### 2. 性别稳定性

性别稳定性是指学前儿童对自己和他人的性别认识不随其年龄、情境的变化而改变。儿童在 3～4 岁的时候开始认识到一个人的性别在一生中是稳定不变的。我国学者方富熹研究了我国学前儿童性别特征的形成，发现大部分 3 岁被试儿童(86%)已认识自己是男还是女。但被问到"你刚生下来是男孩还是女孩""长大了会当哥哥还是姐姐"之类的问题时，只有小部分 3 岁和 4 岁的被试儿童能做出完全正确的回答，即大部分儿童对自我的性别认同是很不稳定的。90% 的 5 岁被试儿童能做出完全正确的回答，他们已经认识到一个人的性别是不会随着时间而改变的。

### 3. 性别恒常性

性别恒常性是指学前儿童认识到一个人不管外表(如发型、衣着)发生什么变化，而其性别保持不变。性别恒常性是学前儿童性别认知发展中的一个重要的里程碑，通常是在 4～7 岁发展起来，6～7 岁时才能获得性别恒常性的认识。

**(二)性别角色**

性别角色是被社会认可的男性或者女性在行为方式和态度上的期望的总称。学前儿童性别角色的发展是在对性别认知的基础上，逐渐形成较为稳定的行为习惯的过程。学前儿童性别角色的发展差异表现在以下几个方面。

### 1. 性别偏好

3 岁以后，学前儿童选择游戏伙伴的时候产生了明显的性别偏好，即喜欢选择同性别的同伴，男孩之间常发生身体的接触，如打闹、推操等，女孩则很少。

### 2. 游戏活动兴趣

男孩和女孩存在明显的兴趣差异，一般男孩更喜欢运动性、竞赛性的游戏，甚至是发生身体冲突的游戏，而女孩则喜欢过家家等角色游戏。

### 3. 个性与社会性

在学前期，男孩和女孩的个性、社会性已经有了比较明显的差异。一般女孩比男孩安静、乖巧，懂得关心、同情他人；男孩的好奇心比女孩强，在与人交往时更易表现出攻击性。

## ▶▶ 二、 学前儿童性别角色的发展阶段 >>>>>>>>

**(一)第一阶段(2～3 岁)：初步认识性别角色**

学前儿童的性别概念包括对自己性别的认识和对他人性别的认识。学前儿

学习笔记

童对他人的性别认识是从 2 岁开始的，但这时还不能准确地说出自己是男孩还是女孩。到 2.5 岁～3 岁，绝大多数学前儿童能准确说出自己的性别。

### （二）第二阶段（3～4 岁）：自我中心认识性别角色

这个阶段的学前儿童已经能明确分辨出自己的性别，并且对性别角色的认识逐渐深入，如男孩与女孩穿衣服的不同等。但这个时期的学前儿童能接受各种与性别习惯不符的行为偏差，如认为男孩穿裙子也很好。

### （三）第三阶段（5～7 岁）：刻板地认识性别角色

在这个阶段，男孩和女孩在行为方面的区别认识越来越清晰，还开始认识到一些与性别有关的心理因素。但对性别角色的认识也表现出刻板性，他们认为违反性别角色习惯是错误的。例如，一个女孩经常和男孩在一起玩，会得到同性别儿童的反对等。

## ▶▶ 三、 学前儿童性别角色发展的影响因素 >>>>>>>>

绝大多数人的性别认同与生物学意义上的性别是吻合的，所以他们能够适应正常的社会生活对性别角色的要求。由此可见，性别认同对个体的心理发展具有重要的意义，否则个体就无法适应社会生活，影响学前儿童性别角色发展的因素有以下几方面。

### （一）生物因素的影响

生物因素是性别角色获得与发展的基础。雄性激素和雌性激素虽然同时存在于男女两性的体内，但是二者在男女两性体内的分布是不均等的。此外，脑是行为的主要调节器官，男性的下丘脑控制着相对稳定的垂体激素分泌，而女性的下丘脑则控制着垂体周期性地分泌激素。以第一性征、第二性征为代表的差异，以及男女在大脑机能、内分泌机能方面的差异，成为其他影响因素的基础。这些都影响着学前儿童自我意识的形成，而自我意识的形成又反过来影响性别角色的社会化。

### （二）家庭方面的影响

父母对不同性别价值观的期望将对学前儿童产生影响。大多数父母在布置学前儿童的房间、为他们选择玩具和衣服时都会考虑到他们的性别因素。随着学前儿童年龄的增长，一般父母会用符合男孩或者女孩的行为来要求他们，父母通过自己的态度和行为期待，使得学前儿童有意识地将这种印象进行巩固和深化，并产生了"刻板"的性质，这些都将促使学前儿童朝着符合自己性别角色的方向发展。

### （三）大众传媒的影响

大众传媒对学前儿童性别角色发展的影响往往是潜移默化的，这些潜移默化的影响使学前儿童无意中模仿、习得这些传统的性别角色，电影、电视、报纸、杂志等无不展示了男女性别的差异，学前儿童通过观看、欣赏，必然会使他们的性别角色的社会化受到影响。

### (四)同伴的影响

在幼儿园的游戏中，同伴的影响往往能够加强社会的性别角色标准。游戏是学前儿童的主要活动，学前儿童的心理和行为的一个重要特征就是他们开始学习性别的区分，他们在知道自己的性别后，便开始学习和自己性别相一致的态度和反应。在这个过程中，性别相同的同伴会通过表扬、赞同、模仿或加入同伴的活动中来积极强化相互的"性别适宜"。在游戏中，如果男孩的行为模式违背了性别角色标准就会受到同伴的指责。

### (五)幼儿园教师的影响

幼儿园是学前儿童性别角色知识扩展和深化的场所，教师对学前儿童性别角色的期待将对他们产生重要作用。教师在日常生活和教学活动中，通过各种方式将性别角色信息传递给学前儿童。

**儿童性别发展的指导**

男孩

1. 鼓励男孩在人际关系中变得感性。男孩一项重要的社会化任务就是设法让自己对亲密的人际交往感兴趣，学会关爱他人。父亲在这类培养任务中起着尤为重要的榜样示范作用。

2. 鼓励男孩减少身体攻击行为。通常，人们总是要求男孩要强壮，要敢于进攻。现在是让他们提升自信心而不是攻击性。

3. 鼓励男孩更有效地调节情绪。不仅帮助他们调节自己的情绪，控制愤怒，而且让他们学会将压抑着的焦虑和不安(以合适的方式)宣泄出来。

4. 帮助他们提高成绩。男孩调皮、多动，父母和老师应该一起帮助男孩意识到读书的重要性，使他们发奋努力。

女孩

1. 让女孩为她们的人际交往能力和爱心感到自豪。她们在表现出这种行为时，应受到父母和老师的奖励。

2. 培养女孩的自我效能感。在指导女孩保持她们人际交往的优势时，成人应帮助她们建立志向。

3. 鼓励女孩自信。女孩比男孩被动，自信会让她们受益匪浅。

4. 激发女孩的成就感，包括达到更高的学术成就，培养多种职业技能。

男孩和女孩

要减少儿童的性别刻板印象和性别歧视。首先是成人不能有性别偏见，这样才能起到良好的榜样示范作用。

资料来源：刘金花.儿童发展心理学.3版.上海：华东师范大学出版社，2013。

## ▶▶ 四、 学前儿童性别角色意识的培养 >>>>>>>

### (一)关注性别因素，注重幼儿园物质环境创设

环境尤其是幼儿园的物质环境对学前儿童的发展起着潜移默化的作用。幼儿园物质环境的创设应充分关注学前儿童的性别因素，为学前儿童提供一个良好的发展空间。教师应鼓励学前儿童积极探索，让学前儿童在一个可操作的、互动的环境中提高动手操作能力、想象力，以便解放学前儿童的天性。比如，投放操作性强的玩教具，充分挖掘玩沙区、玩水区的教育价值。

### (二)既要"因材施教"，又要注意性别角色特质之间的取长补短

男女有别，这是客观的事实。理想的"双性化"性别模式从个性角度来讲，应体现为男性以阳刚为主，刚中有柔，而女性则以阴柔为主，柔中见刚；从知识能力的发展来讲应强调男女共进，取长补短，既具有性别特色，又能优化整体心理水平。因此健康的性别心理应该是：每个个体既具有男女之共性，又具有男女之个性；既可以摆脱性别角色标志的束缚，又不失自己的性别本色。因此，提倡"双性化"教育模式，就是要结合"因性施教"来进行。

### (三)以游戏为切入点，给学前儿童提供"双性化"人格教育

在幼儿园的日常生活中，游戏是学前儿童主要的活动形式。学前儿童的性别角色意识几乎都是在与同伴进行的游戏活动中实现的。在游戏活动的安排上应尽量使游戏的内容和形式更加全面。例如，在玩"过家家"的游戏中，妈妈要每天上班，爸爸也可以做家务等。在体育活动课上选择的内容可以有一定的刺激性、惊险性，富有挑战性，只要不会伤害身体，就可以鼓励女孩尝试参加。教师应将这一理念渗透到幼儿园一日生活中。

## 📏 活动设计

### 找朋友

**适合年龄**

3岁。

**活动目标**

培养幼儿的社交能力。

**活动准备**

儿童喜欢的玩具。

**活动时间**

15分钟。

**活动过程**

1. 将幼儿分成两组，让其中的一组自己选择朋友。

2. 说明为什么选择对方做朋友。

**活动建议**

以前没有机会与小朋友接触的幼儿，刚进入集体时，只拿着玩具自己玩，看到别人玩得高兴，会渐渐地融入别人的小世界里，过了一段时间才会慢慢按照自己的兴趣找到趣味相投的朋友。教师和家长都要留机会让幼儿自由组合，观察他们在群体中的角色，从而发现其兴趣所在。

幼儿常常会根据自己的兴趣来选择伙伴。例如，爱唱歌的幼儿会跟着会唱歌的幼儿学唱他喜欢的歌；爱画画的幼儿会跟着会画画的幼儿互相学习画画的技巧；爱拼图、爱玩积木的幼儿旁边也会跟着一些追随者；爱踢球的幼儿当然也要找能踢球的伙伴。在孩子们自由游戏时，大人不必干预，让他们自己组合，大人可以在一旁观察他们做游戏，从而发现他们的兴趣所在。家长也可以请孩子喜欢的小朋友来家里做客。

## 思考与练习

### 一、名词解释

1. 亲社会性行为

2. 攻击性行为

3. 亲子交往

4. 同伴交往

### 二、简答题

1. 学前儿童的社会性行为有哪几种？

2. 什么是依恋？依恋发展的基本阶段有哪些？

3. 如何控制学前儿童的攻击性行为？

4. 影响亲子交往的因素有哪些？

5. 同伴交往的指导策略有哪些？

### 三、案例分析题

糖糖 2 岁了，每次妈妈离开时他都会伤心，妈妈也很舍不得他，每次离开总是偷偷地出去，结果糖糖越来越黏着妈妈。在妈妈上厕所时他都必须跟着。糖糖妈妈很焦虑，也咨询了很多的育儿专家，经过专家的提示，糖糖妈妈开始尝试每次出门前都告知糖糖出门的原因和回家的时间。过了一段时间糖糖明白妈妈必须离开，还会回来，于是不再像以前一样黏着妈妈了，甚至会笑着和妈妈说再见。试分析：

1. 以上案例反映了幼儿期哪方面的发展特点？

2. 请简述幼儿期社会性发展的重要性。

## 实践与探究

1. 选择某班幼儿作为观察对象，观察其亲社会性行为的表现及教师的引导情况。

2. 以小组为单位，观察某班幼儿的同伴交往情况，然后进行交流。

## 国考同步

1. (2017年下)如果母亲能一贯具有敏感、接纳、合作、易接近等特征，其孩子容易形成的依恋类型是(　　)。

A. 回避型依恋　　　　　　　　B. 安全型依恋

C. 反抗型依恋　　　　　　　　D. 紊乱型依恋

2. (2018年上)在角色游戏中，教师观察幼儿能否主动协商处理玩伴关系，主要考察的是(　　)。

A. 幼儿的情绪表达能力　　　　B. 幼儿的社会交往能力

C. 幼儿的规则意识　　　　　　D. 幼儿的思维发展水平

云测试

# 模块十二

## 学前儿童的心理健康

### 学习目标

1. 了解学前儿童心理健康的概念。
2. 理解学前儿童心理健康的主要标志。
3. 掌握影响学前儿童心理健康的主要因素。
4. 能够发现学前儿童常见的心理问题。
5. 能够在实际生活中从多个角度入手维护学前儿童的心理健康。
6. 树立科学的心理健康观，成为有健全人格和积极向上的人。

### 学习导航

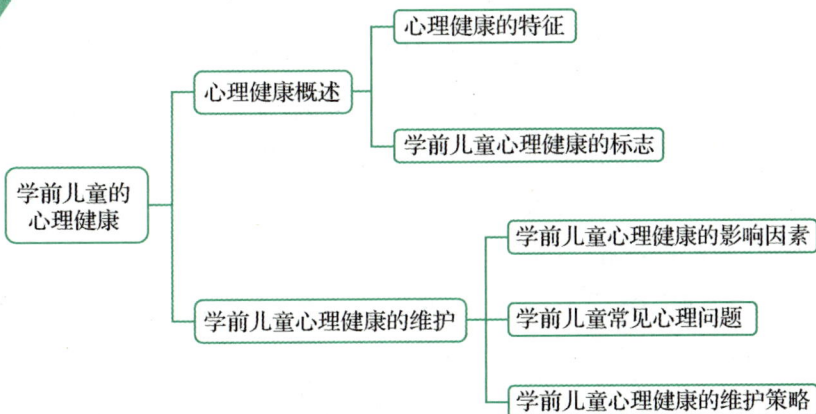

学前儿童的心理健康
- 心理健康概述
  - 心理健康的特征
  - 学前儿童心理健康的标志
- 学前儿童心理健康的维护
  - 学前儿童心理健康的影响因素
  - 学前儿童常见心理问题
  - 学前儿童心理健康的维护策略

学习笔记

学前儿童期在一个人的一生中具有不可替代的作用，学前儿童需要在一个充满真诚、关爱的氛围中成长，需要得到教师、家长和同伴的欣赏、帮助与尊重。重视和保护学前儿童的心理健康，是每一个成年人，尤其是学前教育工作者不可推卸的责任。本模块主要介绍学前儿童心理健康的标志、学前儿童心理健康的影响因素以及学前儿童心理健康的维护策略。学习本模块的关键是了解心理健康的标准，掌握学前儿童心理健康的维护策略。

## 单元 1 心理健康概述

### 情景导入

硕硕是个"坐不住"的孩子，今年已经上幼儿园大班了。他经常会"骚扰"周围的小朋友而打断教师正在进行的活动；他想参与同伴的活动，却往往因方式不合适而被同伴拒绝。教师对硕硕也是伤透了脑筋，甚至一度怀疑他是不是有心理问题。

硕硕在幼儿园无法与其他幼儿正常相处，是在心理健康方面存在问题。了解学前儿童心理健康的标志有利于我们及时发现学前儿童的常见心理问题，促进学前儿童身心健康发展。

### ▶▶ 一、 心理健康的特征 >>>>>>>

20世纪70年代初，世界卫生组织给健康的定义为：健康不仅指没有疾病或躯体正常，还要有生理、心理和社会适应方面的完满状态。由此可见，身心平衡，情绪和情感理智、和谐是一个健康人的必备条件。因此心理健康是指个体不仅没有心理异常或疾病，而且在身体、心理以及社会行为三方面都能保持良好的状态。

在心理健康和不健康之间并不存在一个绝对的界限，它们不像躯体的生理活动，如体温、脉搏、血压和肝功能等，可以通过专业检查用数字明确地表示出来，但是随着社会的发展和进步，人类对心理健康的认识不断深化和提高，不同时代的众多学者从自己的学术研究领域出发，积极探索，提出了各有侧重的标准，综合各家的见解，可将心理健康者的特征归纳为以下几点。

#### (一)积极的自我观念

心理健康的人能够体验到自己存在的价值。他们了解自己的长处与短处，并有适当的自我评价，不过分自我炫耀，也不过于自我责备，即使对自己有不满意的地方，也不妨碍自己感受自己较好的一面；他们悦纳自己，同时也能被他人接纳。心理不健康的人，则缺乏自知之明，或者自高自大，目空一切，或者只看到自己的缺点，对自己总是不满意。由于所定的目标太高，主观与客观现实相距甚远，因而总是自责、自怨、自卑。例如，有人会对自己说："我的个子太矮，使我失去了很多机会，非常遗憾。"心理健康的人则会告诉自己说："我虽然身高有限，但浓缩的都是精华，我有不少优点，身高是不会阻碍我成功的。"另外，心理健康的人既有遵循社会行为规范的愿望，也不会过分压抑自己，能实际而坦然地看待自己。一个人自己眼中的"我"和别人眼中的"我"是否一致也是一个重要的方面，二者越趋于一致，心理越健康，若不一致，则容易造成心理困扰。

总之，一个心理健康的人由于有着积极的自我观念，他的"理想我"与"现实我"、"应该我"与"实际我"、"镜像我"与"真实我"之间通常是协调一致的，即使有矛盾，也不会对其心理健康构成威胁，反而有可能促进自我的发展。

### (二)悦纳他人

心理健康的人乐于与人交往，既能接受自己也能接受他人，因而也能被他人接受，人际关系融洽。朋友可以满足个人的安全与归属的需要、爱与被爱的需要。在人际交往中，一个心理健康的人在对待他人时，尊重、信任、赞美、喜悦等正面态度总是多于仇恨、猜疑、嫉妒、厌恶等负面态度。他们不一定有许多朋友，但一定有一些与自己亲近的朋友。良好的人际关系既反映出一个人的社交能力和悦纳他人的特质，同时也是心理健康的标志之一。一个心理健康的人，其个人思想、目标、行动能融入社会要求和习俗，并能有效调控自己不合社会要求的欲望。

### (三)坦然面对现实

心理健康的人能够面对现实，接受现实，而不会沉溺于过去或陷入不切实际的幻想中，他们能吸取过去的经验，针对现在，策划将来；他们既能重视现在，也能权衡过去、现在与未来的关系，预见即将来临的问题和困难，并事先设法加以解决。而心理不健康的人往往以幻想代替现实，没有足够的勇气去接受现实的挑战，常常抱怨自己生不逢时或责备环境不公而怨天尤人，对未来十分悲观。当然，心理健康的人也会遭受挫折，也有面对失败的时候，但他们对各种经验，无论成功的还是失败的都能持开放的态度。当他们面对失败与挫折时，既不会否认或推托，也不会因此而否定自己，而是坦然面对，从中吸取经验。

### (四)智力正常

每个人每天都要应对环境中的各种压力，因而能对现实有正确的觉知，并做出合理的解释。为此，正常的智力水平是心理健康必不可少的保证，心理健康的人能与现实保持良好的接触，能对环境做出客观的观察，有效地适应环境，而不是歪曲现实环境。心理不健康的人却往往对现实缺乏正确的觉知能力。

### (五)情绪适度

心理健康的人能恰当地调节自己的情绪，通常表现为喜悦、愉快、乐观、满意等积极的情绪状态，虽然有时也会出现沮丧、愤怒、悲伤、恐惧等消极的情绪，但这些情绪不会长期持续。心理健康的人的情绪表达是适度的，控制恰如其分，不会太过或不及。排解消极情绪非常重要，如果一个人不加以调控，经常以消极的情绪和态度看待人，不仅越加沮丧，而且会感到压力越来越大，使身心不堪重负。因此，心理健康的人，心境通常是开朗的、乐观的。

### (六)热爱生活

心理健康的人能够珍惜和热爱生活，并享受人生的乐趣，不会视生活为负担。他们乐于学习，积极工作，努力在学习和工作中施展才能，并从学习和工作成绩中得到满足与激励。对学习和工作的投入，能使人获得成就感并提高自我价值感，有益于心理健康。乐于学习和工作，既反映出人的学习和工作能力，同时也是心理健康的一个重要指标。一个心理健康的人，也是热爱生活、乐于学习、勤于工作的人。

### (七)形成完整统一的人格

心理健康的最终目标是要使个体形成完整统一的人格，能有正确的世界观和人生观，并以此为核心把需要、态度、兴趣、动机、理想、目标和行为统一起来。人格障碍是精神障碍中较为常见的形式。如果一个人的欲望与信念相违背，需要与良心相冲突，行为方式与态度不一致，既缺乏同情心又无责任感，一切以自我为中心，其心理必定是不健康的。

这七条标准是衡量一个人心理健康程度的标准。当具体判断一个人心理是否健康时，还应因人、因事、因时做具体分析，应该看他的思想行为是否符合客观发展规律，只有这样才能做出比较全面、客观的判断，而不可以用某项标准去生搬硬套。

#### ⌘ 相关链接 ▶▶▶▶▶▶

**世界卫生组织关于健康的十大标准**

1. 有充沛的精力，能从容不迫地应对日常生活和繁重的劳动，而且不感到过分的疲倦和紧张。

2. 处事乐观，态度积极，乐于承担责任，事情无论大小不挑剔。

3. 休息充分，睡眠好。

4. 应变能力强，适应外界环境的各种变化。

5. 能够抵抗一般性感冒和传染病。

6. 体重适当，身体匀称，站立时头、肩、臀位置协调。

7. 眼睛明亮，反应敏捷，眼睑不发炎。

8. 牙齿清洁，无龋齿，不疼痛，牙龈颜色正常，无出血现象。

9. 头发有光泽，无头屑。

10. 肌肉丰满，皮肤有弹性。

## ▶▶ 二、 学前儿童心理健康的标志 >>>>>>>>

学前儿童心理健康的标志可以概括为以下几方面。

### (一)智力发展正常

正常的智力水平是学前儿童与周围环境保持平衡和协调的基本心理条件。一般把智力看作以思维力为核心,包括观察力、注意力、记忆力、思维力和想象力等各种认知能力的总和。它以先天素质为物质基础,在人与环境的交互作用中得以发展。

### (二)情绪稳定,情绪反应适度

情绪是人对客观事物的一种内心体验,它既是一种心理过程,又是心理活动赖以进行的背景。良好的情绪状态反映了中枢神经系统功能活动的协调性,表示人的身心处于积极的平衡状态。心理健康的学前儿童对待环境中的各种刺激能表现出与其年龄相符的适度反应,并能合理地宣泄消极情绪。

### (三)乐于与人交往,人际关系融洽

虽然学前儿童的人际关系比较简单,人际交往的技能也较差,但心理健康的学前儿童乐于与人交往,也希望通过交往而获得别人的了解、信任和尊重。如图 12-1-1 中,在幼儿园的户外活动过程中,人际关系良好的学前儿童可以在玩沙的过程中与其他小朋友友好相处,共同游戏。

图 12-1-1　学前儿童人际关系融洽

### (四)行为统一、协调

随着年龄的增长,学前儿童的思维逐渐变得有条理,有意注意的时间逐渐增加,情绪和情感的表达也日趋成熟。心理健康的学前儿童往往能够做到行为统一、协调。

## 单元 2　学前儿童心理健康的维护

### 💬 情景导入

上中班的琳琳淘气任性,不听话,想要东西时哭着闹着要,不到手不罢休,总是试图摆脱大人的约束,有时候妈妈不让她去做的事情,她偏去做……琳琳妈妈担心,孩子如此任性,将会影响她的健康成长,可是不知道采取什么方法来引导她。

学前儿童的心理健康教育应贯穿学前儿童教育的全过程,了解学前儿童心理健康的常见问题及影响因素,有助于更好地维护学前儿童的心理健康。

▶▶ 一、 学前儿童心理健康的影响因素 >>>>>>>>

**(一)生理因素的影响**

### 1. 遗传

遗传不仅表现在人的生理功能上还表现在人的心理功能上，人的心理和行为表现同生理一样受遗传的影响非常大。首先，遗传对心理健康的影响表现在身体疾病会导致心理疾病。比如，唐氏综合征、呆小症、染色体变异等都会导致学前儿童心理和身体行为方面的问题。其次，某些心理疾病也受遗传的影响。一些心理障碍，如孤独症、注意缺陷多动障碍等的发生也与遗传有关，这些遗传的心理障碍常引发行为问题。最后，智力、气质和个性特征也具有遗传性，这些遗传的心理特征同样对学前儿童的心理健康产生影响。

### 2. 大脑损伤

除遗传因素外，大脑损伤也是影响学前儿童心理健康的重要因素。导致学前儿童大脑损伤的因素主要有：胎儿时期大脑发育不完全或病变，出生时大脑缺氧、窒息或出生后受到碰撞造成严重的脑外伤。这些都会使脑细胞受损，影响智力发育，导致学前儿童适应不良，从而影响学前儿童情绪和行为的稳定性、对周围环境的反应方式和对自己的调控能力，进而导致发展迟缓、智力低下、情绪障碍、学习困难等。

### 3. 病毒感染

学前儿童的生理发展还不成熟，免疫系统还不完善，因而抵御病毒感染的能力也较弱。病菌或病毒会干扰个体的中枢神经系统，容易阻止或抑制其心理的发展，造成智力迟滞或痴呆。因疾病而造成的身体不适会导致学前儿童情绪和行为问题增多，容易形成被动、退缩、任性等心理健康问题。

除此之外，孕期致畸因素，如孕期营养不良、孕妇用药不慎等，以及分娩异常和发育迟缓也会影响学前儿童的心理健康。

**(二)环境因素的影响**

### 1. 家庭环境

家庭氛围、家庭结构、家长素质等因素对学前儿童心理健康具有重要影响。

良好的家庭氛围，可使学前儿童活泼、开朗、大方、好学、合群，有更多自主性行为；不良的家庭氛围则会使学前儿童表现出胆怯、嫉妒、孤独、懒惰、不讲礼貌的行为。家庭结构对学前儿童的心理具有一定的影响。调查显示，单亲家庭的孩子容易产生孤僻、自卑、胆怯、冷漠、自虐、撒谎、多动、讲脏话等问题。而家长素质对学前儿童会有潜移默化的影响，父母的文化水平和心理素质与子女的心理健康有较高的正相关。家长教育态度和方式的不合理、不正确，容易使学前儿童形成不良的性格特征，导致心理疾病。

### 2. 幼儿园环境

幼儿园不正确的教育思想和行为会对学前儿童的心理健康产生极其恶劣的影响。师幼关系直接影响学前儿童心理健康发展，如教师粗暴的态度容易导致学前儿童紧张、胆怯。学前儿童的某些心理问题与教师不健康的心理状态密切相关。另外，同伴关系在学前儿童的成长中也非常重要，不良的同伴关系容易使学前儿童产生独占、攻击、粗暴、胆怯、孤独、不合群等行为，严重影响其身心健康，阻碍其社会性发展。

### 3. 社会生活环境

现代社会的居住环境多是高层住宅、单元楼，使儿童的人际交往受限，容易导致儿童孤僻、脆弱、暴躁等不良性格。各种大众传媒（如电视等）对学前儿童的心理健康产生重要影响，使他们出现更多的攻击性行为和过度成人化的表现。英国做过一项研究，随机选择两组5～7岁的儿童，第一组儿童看电视节目《白雪公主和七个小矮人》，第二组儿童听故事或阅读《白雪公主和七个小矮人》，结束后让他们画出白雪公主的形象，第一组儿童所画的白雪公主都是一样的形象，而第二组儿童所画的白雪公主是千变万化的模样。一个月后让两组儿童再画白雪公主，看电视的儿童画出的白雪公主还是像电视里看到的那样，而听故事或读书的儿童画出的白雪公主和上一次画的又不一样了。这个实验说明，看电视会导致儿童的创造力和想象力等受到限制。

### (三)心理因素的影响

#### 1. 动机

动机是为满足个体的需要并促使个体活动的诱因。需要是个体对生存、发展的一定的要求和欲望。如果食物、睡眠、空气、水、衣着、运动、游戏、安全、爱抚、被赞赏等需要不能得到满足甚至缺乏，学前儿童容易出现动机冲突和需求受挫，从而产生消极、紧张的情绪和恐惧、冷漠、孤独的心态。学前儿童在活动中不断产生需要，并满足需要，但也有受挫的时候。所以，学前儿童要有一定的心理承受能力和处理动机冲突的简单技巧，以协调动机需要与现实的反差，保持平衡的心态。

#### 2. 自我意识

学前儿童的自我意识虽不成熟、不稳定，但对其人格的发展和行为的适应影响很大。学前儿童通常是通过成人的评价和态度，通过与同伴的比较，通过在游戏与交往中的成败来认识自我、评价自我、调节行为与情绪的。自我意识不强的学前儿童，对挫折、冲突缺乏预测性和处理技巧，往往造成任性执拗、攻击性行为、退缩行为等情绪和行为障碍。所以，应该加强学前儿童自我意识的培养，维护学前儿童的心理健康。

### 3. 情绪

焦虑、恐惧的情绪对学前儿童心理健康起消极作用。焦虑使学前儿童怀疑自己的能力，夸大自己的失败，常处于紧张与不安中。有的学前儿童害怕失去父母的爱，担心自己所做的一切不受欢迎，恐惧与焦虑联系在一起；许多学前儿童怕黑、怕水、怕走丢。恐惧会使学前儿童产生剧烈的生理和心理变化，如心跳加快，呼吸短促或停顿，脸色苍白，记忆、思维、知觉发生障碍，行为失调，情绪失控等。过度的焦虑和恐惧会严重影响学前儿童的心理健康。

互动游戏
——愤怒的气球

## 🔗 相关链接 ▶▶▶▶▶

**克服害怕的方法**

学前儿童由于身心发展不成熟，害怕某些事物的现象比起成人更为普遍。吉斯尔德(Jersilde)和霍尔姆斯(Holmes)研究发现，平均每个学前儿童害怕的对象有 4.6 种；帕雷特(Prat)对 570 名乡村学前儿童研究发现，平均每个学前儿童害怕的对象有 7.5 种。学前儿童对某些事物感到害怕是正常的，但是有些就是完全不必要的。学前儿童害怕不该害怕的事物可能会影响其个性的正常发展，需要通过一些策略帮助他们克服害怕，如表 12-2-1 所示。

表 12-2-1  帮助学前儿童克服害怕的策略

| 害怕内容 | 建议 |
| --- | --- |
| 怕黑 | 在学前儿童还无法区分事实和表象之前，不要给他们讲恐怖故事或者让他们看恐怖片。等学前儿童入睡后再离开房间，或者开着床头灯，让他们抱着一个最喜欢的玩具入睡。 |
| 害怕小动物 | 不要强迫学前儿童去接近小狗、小猫，以及其他可能会让学前儿童感到害怕的小动物。教学前儿童如何照料小动物，使他们体会到：如果我们关爱小动物，小动物也会对我们友善。 |
| 害怕上幼儿园 | 害怕上幼儿园的原因多数在于不愿意与父母分离。在这种情况下，给予学前儿童情感支持，并鼓励他们。如果发现学前儿童害怕待在幼儿园，试图找出他们害怕什么。 |

## ▶▶ 二、 学前儿童常见心理问题 >>>>>>>

### (一)认知偏差问题

认知偏差是指人们根据一定的表象或虚假信息对他人做出判断，从而出现判断失误或判断本身与判断对象的真实情况不相符合的现象。学前儿童的认知偏差问题主要表现在以下两个方面。

#### 1. 社会认知偏差

社会认知偏差是指在社会认知过程中，认知者和被认知者总是处在相互影响与相互作用的状态。因此，在认知他人、形成有关他人印象的过程中，

📝 学习笔记

由于认知主体与认知客体及环境因素的作用，社会认知往往会发生这样或那样的偏差，从社会心理学的角度看，这些偏差是由于某些特殊的社会心理规律的作用而对人产生的特殊反应。

### 2. 性别认知偏差

性别认知偏差是指个体对自身的认识、行为与自己本身的性别相反（即男性具有女性气质及行为，女性具有男性气质及行为），一般儿童在 3～4 岁就可以确认自己的性别，然而，有性别认知偏差的儿童时常不清楚自己是男孩还是女孩，他们不能正确地识别自己的性别。

### (二)情绪障碍问题

学前儿童的情绪障碍主要由社会心理因素所致，并与学前儿童的生长发育和境遇有一定的关系，如遭遇某些应激因素或因家庭环境不良、教育不当等导致的焦虑、紧张、强迫、恐惧或害羞等情绪障碍。

### 1. 学前儿童分离性焦虑症

当学前儿童与其依恋的人离别或有可能离别时，出现某种焦虑现象是正常的。只有当这种发生于童年早期的分离焦虑成为焦虑中心，并使学前儿童的分离焦虑在严重程度与持续时间上远远超过正常学前儿童的离别情绪反应，社会功能也受到明显影响时，才被诊断为分离性焦虑症。分离性焦虑症的临床表现通常发生在 6 岁以前，是指与所依恋的人分离时产生的过度焦虑。这种临床表现通常为：过分担心主要依恋者可能会遭受伤害，或害怕他们一去不回；担心会与主要依恋者分离；因害怕分离而不愿或拒绝上幼儿园；当预料即将与依恋者分离时马上会出现过度的、反复的不良情绪反应，如哭闹、发脾气等；部分患儿在分离后会反复出现躯体症状，如恶心、呕吐、头疼、胃疼、浑身不适等。

### 2. 学前儿童学校恐惧症

恐惧是学前儿童期较常见的一种心理问题，几乎每个学前儿童在其心理发育的某一阶段都曾出现过恐惧反应，不同的年龄阶段有不同的恐惧对象，如害怕黑暗、陌生人、雷鸣闪电、动物昆虫、想象中的事物等，当学前儿童对恐惧对象表现出的情绪反应远远超过该恐惧对象实际带来的危险时则称恐惧症。学前儿童学校恐惧症是指学前儿童对幼儿园环境或到幼儿园上学产生的恐惧、焦虑情绪和回避行为，而在与上学无关或非幼儿园环境中则言谈自如，其主要的临床表现有：学前儿童对去幼儿园存在持久的恐惧、焦虑情绪和回避行为；对幼儿园环境感到痛苦不适、不说话或退缩、对自己的行为和自我意识表现为过分关注；不在幼儿园的时候或者与家人、熟悉的人在一起时则表现正常。

### 3. 学前儿童抑郁症

由于学前期儿童的语言和认知能力尚未完全发展，缺乏对情绪体验的语言描述，他们往往表现为对游戏没兴趣、食欲下降、睡眠减少、哭泣、退缩、活动减少等。学前儿童产生情绪障碍的原因多与心理因素和易感素质有关，虽然学前儿童的生活较简单，但在家庭和幼儿园等环境中，也会遇到各种心理方面的应激因素，如过分保护或苛求、态度粗暴等不恰当的教育方式，意外生活事件的惊吓，身处矛盾无法解决等均能对学前儿童的心理造成不良影响，从而引起其过度而持久的情绪反应。

### （三）人格缺陷问题

人格缺陷是相对人格障碍而言的，人格障碍是一种病态，而人格缺陷在正常人身上均有体现。学前儿童的人格缺陷并没有一个标准的行为模式，其主要表现有自卑、害羞、依赖、行为异常、情绪控制能力差、性格孤僻、猜疑等。常见的学前儿童的人格缺陷有自卑、羞怯、猜疑和急躁。

#### 1. 自卑

父母与教师的不恰当教育方式常会引起学前儿童的自卑心理，如父母总是拿孩子和亲戚朋友家的孩子做比较，当自己的孩子在某些方面发展不如其他孩子时，父母便会责备自己的孩子，让孩子心里留下了"不如他人"的烙印，进而对生活和学习失去信心。长此以往，儿童可能会因心理自卑而产生回避、性格孤僻等问题。

#### 2. 羞怯

羞怯在学前儿童中并不少见，如不敢在大众场合说话，害怕与陌生人打交道，遇到小朋友便手足无措，见到老师便难为情、说话感到紧张等。一般而言，害羞之心人皆有之，但过度的害羞就不正常了，过度的害羞不仅会阻碍学前儿童正常的人际交往，而且会影响他们才能的正常发挥，还会导致压抑、孤独、焦虑等不良心态。

#### 3. 猜疑

猜疑是建立在猜的基础上，因而往往缺乏事实根据，有时也缺乏合理的思维逻辑。好猜疑的学前儿童往往对人和事敏感多疑，看到其他小朋友背着自己说话，便疑心是在说自己的坏话；如果某人没和自己打招呼，便猜测他不喜欢自己等，由此常会导致自己的同伴关系紧张，伤害他人感情，给人留下无事生非的不良印象，也常使自己陷入庸人自扰、惶恐不安的不良心境中。

#### 4. 急躁

急躁也是学前儿童常见的不良人格，表现为：碰到不称心的事情马上激动不安；做事缺乏充分准备，没准备好就盲目行动，急于达到目的；缺乏耐心、细心与恒心。

### （四）行为不当问题

#### 1. 心理性问题行为

心理性问题行为是由心理方面的原因造成的问题行为。例如，由矛盾心理而引起的神经性行为（强迫性行为、歇斯底里行为、神经性失声等）；由过度焦虑、恐惧等情绪而引起的神经质式的敏感、多虑、害怕、烦躁；由偏执、爱发脾气、粗暴或过分胆怯、退缩、孤独的性格而引起的问题行为等。

### 2. 品德性行为问题

品德性行为问题是指那些习惯性的、经常出现的、对他人造成伤害的行为。例如，说谎、打人、偷盗、讲脏话、独占玩具、攻击性行为、破坏行为、不遵守游戏规则等都属于问题行为。

## ▶▶ 三、　学前儿童心理健康的维护策略 >>>>>>>

### （一）发挥家庭教育阵地的作用

父母是学前儿童的第一任老师，家是学前儿童成长的摇篮，良好的家庭教育可以培养出心理健康的学前儿童。因此家长应树立正确的教育观，摆正自己的心态，注意同步培养学前儿童的心智，而非单一地只关注智力与身体健康。

首先，创设平等对话交流的环境和空间，协调好夫妻关系、亲子关系。父母之间和谐是家庭稳定、温馨的基础，也是学前儿童心理稳定和健康的保障，家长要蹲下来和学前儿童说话，尊重他们，学会从他们的角度考虑问题。

其次，鼓励学前儿童多交朋友。父母应有意识地为学前儿童创造与同龄伙伴交往的机会。

再次，家长要以身作则，做好榜样，加强自身修养。

最后，家庭成员应保持一致。成年家庭成员的教育理念、教育方式要协调一致，形成合力，这样才能对学前儿童产生良好的影响。

### （二）利用好幼儿园的优势主导作用

幼儿园的教育对学前儿童起到主导作用，幼儿园的一日生活是蕴含丰富心理健康教育的土壤。

### 1. 重视日常生活中的心理健康教育

一日生活中的各个环节都可能需要规则、合作、探索、交流等，教师可以利用好这些环节进行随机教育。

### 2. 重视游戏活动中的心理健康教育

游戏是学前儿童的主要活动，除了发挥好游戏本身的教育意义之外，还可以有意识地将心理健康教育融入游戏中，因为游戏是培养学前儿童合群性、独立性的有效手段，通过游戏让学前儿童体验合群的愉悦，增强合群意识，提高合作能力。

### 3. 挖掘教学活动中的心理健康教育

应根据学前儿童的心理特点和发展需要充分挖掘教学活动中可以促进心理健康发展的因素，如利用唱歌、绘画、舞蹈、儿歌、故事等对学前儿童进行教育。

学习笔记

学习笔记

### (三)全社会形成关注学前儿童心理健康的氛围

学前儿童的心理健康是每一个家长、学前教育工作者都应该重视的问题，全社会都应关注学前儿童的心理健康问题。可以通过加大宣传，抵制不良媒介影响，净化学前儿童身边的环境，多关心"问题家庭"学前儿童，多举办心理健康知识讲座和培训班，家园联手，互动合作，也可采用在职培训、开办家长学校、增设健康教育课程等途径提高家长和幼儿教师的教育水平。

### (四)幼儿教师提高自身心理素养

作为学前儿童模仿对象的幼儿教师，对学前儿童心理的健康发展，有至关重要的作用，教师的一举一动、一颦一笑，都被他们看在眼里，哪怕是一个表情、眼神都会影响到他们，幼儿教师要提高自身师德修养，做好学前儿童的榜样，对他们一视同仁，关爱、尊重学前儿童，彰显师德榜样的魅力。

### (五)爱护特殊儿童

幼儿园对特殊儿童应该有个别化的教育计划。在制订这个计划之前，应该详尽地收集他们的资料，并对所有资料进行评估。根据特殊儿童的实际情况，邀请有关专家一起制订个别化教育的学习目标和计划。必要时，除了邀请家长外，还应邀请该特殊儿童亲自参与教育目标和计划的制订。

在与特殊儿童交往的过程中，教师不要把注意力集中在特殊儿童的特殊之处，而应该把注意力多放在发现特殊儿童与一般儿童相似或相同的地方。对特殊儿童不要过分保护，也不能疏于照看，不要期望过高。过分保护会有意无意地限制和剥夺特殊儿童的活动，而期望过高又会使特殊儿童产生压力和挫折感。教师应鼓励特殊儿童参与同伴的活动，并对他们的活动情况做好记录。

## 活动设计

### 朋友不理自己了，怎么办？

**适合年龄**

6岁。

**活动目标**

提高幼儿处理人际关系的能力。

**活动准备**

无。

**活动时间**

10分钟。

**活动过程**

1.教师讲故事：小明和小华是一对好朋友。今天，小明突然不理小华了。小华想知道小明为什么不理他了。大家能不能帮小华想个办法？

2. 大家一起讨论为什么小明突然不理小华了。

3. 大家一起想办法，好朋友不理自己了，该怎么办？

**活动建议**

幼儿经常会有今天同好朋友形影不离、明天就互相不理睬的情况。遇到这种情况，不要生气，先自己想，有没有在无意中得罪了好朋友，如果有，就应该解释一下，说明自己是无意的，请他原谅，很快就可以重归于好了。有时真是没有什么原因，幼儿的思想都很不成熟，今天和这个小朋友好，明天和那个小朋友好，是常有的事，或者他家里有事，不能和自己在一起，应该谅解他，尊重他的做法，再见到他时，主动打招呼，这样很快就消除了误会，又成为好朋友了。自己待人宽容在先，不妨多交几个兴趣相投的朋友，使自己交往面宽一些，广泛团结互相帮助的同学，比只同一两个小朋友交朋友更好。

### 思考与练习

1. 心理健康的特征是什么？

2. 学前儿童心理健康的标志是什么？

3. 学前儿童心理健康的影响因素有哪些？

4. 学前儿童心理健康的维护途径有哪些？

### 实践与探究

1. 请从学前儿童心理健康的标准中找出一条或几条自己感受最为深切的标准，谈一谈自己的体会。

2. 本模块针对学前儿童心理健康的影响因素提到了三个方面，请以小组为单位，通过网络、书籍或其他学习途径展开讨论，谈谈你认为还有哪些影响因素值得注意。

### 国考同步

（2013 年上）婴幼儿手眼协调的标志性动作是（　　）。

A. 无意触摸到东西

B. 伸手拿到看见的东西

C. 握住手里的东西

D. 玩弄手指

云测试

# 模块十三
## 学前儿童心理发展的主要理论

### 学习目标

1. 了解格塞尔的成熟学说的主要观点。
2. 掌握皮亚杰的认知发展理论的主要观点。
3. 理解行为主义理论的主要观点。
4. 掌握中国儿童心理学家的主要观点。
5. 能够利用所学心理发展理论对学前儿童的心理现象、行为发展进行分析。
6. 能够利用所学心理发展理论开展学前儿童保教活动。
7. 形成科学的儿童观、育儿观和教育观。
8. 养成科学、严谨的治学态度，辩证地分析、使用不同的理论。

### 学习导航

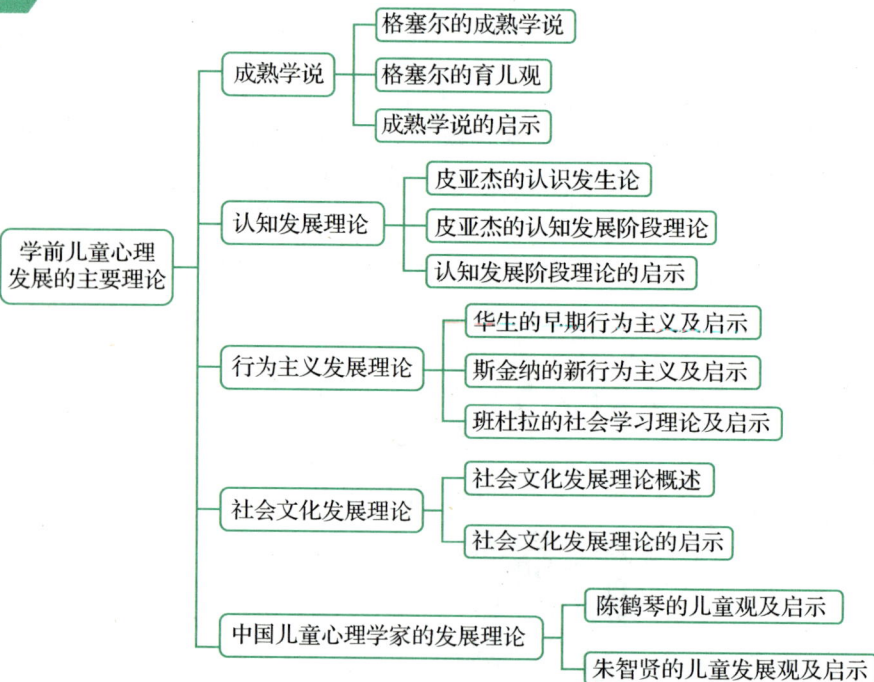

本模块主要介绍的是不同心理学家的儿童心理发展观，通过本模块的学习，我们将学会用科学的观点认识儿童心理的发展，重视儿童在发展中的主动性，同时，还可以获得对儿童心理发展本质的了解，为树立正确的儿童观、教育观奠定基础，进而养成科学、严谨的治学态度，能够辩证地分析、使用不同的理论指导教育教学活动。

## 单元 1　成熟学说

### 💬 情景导入

> 5 岁的禾禾很辛苦，从幼儿园放学回家后还要被妈妈送到各种培训机构学习，有美术班、识字班、数学思维班……每天禾禾都要接受不同内容的学习，没有自由玩耍的时间。他的爸爸妈妈认为：孩子从小就要有针对性地进行培养，这样才不会输在起跑线上。

对儿童的教育要根据儿童的年龄特点和认知特点，不要"揠苗助长"、过早地向儿童灌输知识。到了一定的年龄，儿童生理发展达到一定的程度，再进行知识的学习更能够促进儿童的成长，这也是成熟学说所支持的观点。

成熟学说是认为基因顺序制约着儿童生理和心理发展的一种理论，它的代表人物是美国儿童心理学家、儿科医生格塞尔，他认为成熟影响着儿童的发展。

### ▶▶ 一、格塞尔的成熟学说 >>>>>>>

#### (一)成熟的重要性

在格塞尔看来，儿童心理发展的过程是一种按照基因规定的成熟顺序、有规律发展的模式，这种模式是由物种及生物进化的顺序决定的。他认为，成熟是推进儿童发展的主要动力，所有儿童都是按照成熟所规定的顺序或模式发展的，但是发展速度有快有慢，是受到儿童自身遗传类型或其他因素制约的。

格塞尔认为成熟是一个由内向外地受到内部因素制约的过程，这种内部因素制约着儿童发展的方向和模式，同时，格塞尔也认为环境对儿童的发展至关重要，环境在一定程度上影响着儿童发展的速度，良好的环境会促进儿童自身潜能的挖掘，消极的环境则会阻碍儿童自身潜能的积极发展。但是，在他看来，儿童发展的过程不会因为环境的改变而改变，对儿童发展速度起决定作用的还是成熟。

因此，对于成熟与环境的关系，格塞尔认为个体只有达到成熟的生理机制时，学习才会发生，在成熟机制得到发展之前，对个体进行的各种针对性训练和教育的效果并不明显。环境因素只是影响儿童的发展，却不能决定儿童发展的形式与个体发展的顺序。

### （二）发展的本质

在格塞尔看来，由于受到基因的制约，儿童的发展是具有方向性的，具体表现为儿童的动作发展遵循由上到下、由中心到两边、由粗大动作向精细动作发展的顺序。

由上到下是指儿童最先发展的是头部，接下来才发展颈部、上肢、下肢，这就是为什么婴幼儿最先学会抬头，然后才会翻身、行走、跑跳等。

由中心到两边是指儿童靠近躯干的部位最先发展，远离躯干的部位相继得以发展，具体表现为婴幼儿早期用手臂抱球却不会用双手抱球，后期才会用双手灵活地抱球。

由粗大动作到精细动作是指随着儿童生理机制的成熟，动作的精细程度逐步有所提高，生活中我们会看到婴幼儿早期只能用整个手掌去抓东西，后来才发展为用手指对捏拿起小豆粒这样细小的东西。

此外，儿童的发展具有波动性，具体表现为儿童在行为发展上，某一个发展阶段乖巧懂事，乐于分享，积极主动，而在另一个发展阶段任性不讲理，不合群，消极不主动，表现出发展的不稳定性。

## ▶▶ 二、 格塞尔的育儿观 ＞＞＞＞＞＞＞＞

格塞尔的成熟发展理论为我们提供了新的育儿观，每个家长和教师都要充分认识到成熟规律内在的强大力量，真正做到尊重儿童的天性。他的育儿观点具体如下。

### （一）教养者应该以儿童为中心

格塞尔认为，婴儿天生自带一个自然进度表，他们非常清楚自己需要做什么，教养者应该及时觉察到儿童本身的发展需要并顺从儿童，为他们的发展提供帮助，而不能强迫他们接受自己的想法或为他们提供的成长模式。教养者要认真解读婴儿所发出的信号，这样才能了解并掌握婴儿先天的生理自我调节能力。比如，通过婴儿不同的哭声来了解婴儿不同的生理需求。教养者只要做到敏锐地捕捉到婴儿的发展需要，后期自然会发现儿童的兴趣与爱好，在此基础上做到尊重儿童，进而为儿童提供发展个性的机会。

### （二）教养者应该掌握儿童成熟的理论知识

格塞尔认为，教养者还应该掌握一些关于儿童成熟的理论知识，尤其需要充分把握儿童在成长过程中出现的行为波动周期。教养者只有充分了解儿童的身心发展特点，才能更有针对性地对儿童的成长给予指导和帮助。如果教养者一直站在成人的角度去对待儿童，则不能科学准确地理解儿童所表现出来的行为。例如，3岁左右的儿童不听大人的话，表现出自我而又叛逆的行为，如果教养者已经掌握了关于儿童成熟的理论知识，就会正确地看待儿童的这种自我而又叛逆的行为，知道这是儿童成长中的一种自然状态，这是儿童在尝试建立自己的独立个性。

### （三）在成熟的力量与文化适应之间求得平衡

一些人认为格塞尔的这种育儿观过于以儿童为中心，这样不利于儿童的成长，会助长他们的不良行为。格塞尔认为，儿童要学会控制自己的冲动并合乎社会的要求，但儿童要达到这一要求必须发展到一定程度，只有当儿童发展到具有克制能力时，他们才能有效地控制自己。

🔗 **相关链接** ▶▶▶▶▶

#### 双生子爬梯实验

美国心理学家格塞尔曾经做过一个著名的实验：被试者是一对出生46周的同卵双生子A和B。格塞尔先让A每天进行10分钟的爬梯实验，B则不进行此种训练。6周后，A爬5级梯只需26秒，而B却需45秒。从第7周开始，格塞尔对B连续进行2周爬梯训练，结果B反而超过了A，只要10秒就爬上了5级梯。

这两个婴儿哪个爬楼梯的水平高一些呢？大多数人肯定认为应该是练了8周的A比只练了2周的B好。但是，实验结果出人意料——只练了2周的B爬楼梯的水平比练了8周的A好，B只用10秒就爬上了5级梯。

格塞尔分析说，婴儿在46周就开始练习爬楼梯，为时尚早，所以训练只能取得事倍功半的效果；52周开始爬楼梯，这个时间就非常恰当，所以训练就能达到事半功倍的效果。

### ▶▶ 三、成熟学说的启示 ＞＞＞＞＞＞＞

格塞尔的成熟学说强调了成熟对儿童身心发展的重要性，对教育实践产生了一定影响。

第一，生理成熟是儿童心理发展的生物学基础，为儿童心理发展提供了物质条件。如果没有一定程度的生理成熟，儿童的心理则不能顺利向前发展。

第二，格塞尔所做的关于成熟的研究和双生子爬梯实验引起了人们的兴趣和重视。他建立的儿童发展常模为从事儿童工作的儿科医生、教育家和心理学家提供了参考。

但格塞尔的成熟学说也具有很大的局限性。格塞尔过分夸大了生理成熟在儿童心理发展中的作用，忽视了其他因素在儿童心理发展中的作用，这是一种片面的观点。生理成熟仅为儿童心理发展提供了一种可能性，没有环境和教育这样的外部条件，儿童发展的可能性是难以实现的。

学习笔记

因此，我们需要辩证地看待格塞尔的成熟学说。一方面，他反对一刀切的教育，要求教育者应该遵循儿童的身心特点对儿童进行教育，重视儿童个性的培养，这些是值得学习的；另一方面，他要求教育者无条件地追随儿童，忽视了教师在儿童发展中的主导作用，更忽视了环境与教育的作用，这是比较片面的，需要我们注意。

此外，成熟学说给教育实践带来的启示主要有以下两点。

第一，教育者应该树立科学的儿童观，正确对待、理解儿童的发展，根据儿童发展特点提出合理的要求。当儿童处于发展质量较高的阶段时，教育者对儿童的要求可以提高；当儿童处于发展质量较低的阶段时，教育者应该具有足够的耐心，做到宽容对待儿童，有效避免教育者与儿童之间的冲突。在教育实践中，教育者要思考如何顺应儿童发展的特点，保证儿童的正常发展，从而提高教育工作的质量。

第二，教育者在对儿童进行教育时，需要考虑到儿童的身心发展特点，了解儿童的内在需要，并做到尊重儿童的个别差异，及时发现儿童的成长与进步。教育者要做到能够利用儿童身上所表现出来的一些闪光点，积极创造条件帮助他们取得更大的进步。所以，教育工作最为基本的是要遵循儿童的身心发展规律。

## 单元 2　认知发展理论

### 情景导入

6岁的果果下半年就要上一年级了，他学习了幼小衔接的课程，妈妈还会检查果果的学习情况。每次妈妈在提问到像2＋5这样的算术题时，果果都要伸出手指来掰一掰、数一数，妈妈每次看到果果伸出手数数的时候就非常不理解，责备他：都学了这么长时间了，怎么还数手指呢？

认知发展理论

学习笔记

认知发展理论中的前运算阶段指出，儿童利用符号系统表征和理解环境信息，在进行算术运算这样的抽象活动时，需要借助外物、通过动手操作才能更好地理解。家长应该认识到此阶段孩子的发展特点，这样才能更好地促进孩子的发展。

认知发展理论是瑞士心理学家皮亚杰提出来的，主要探究的是个体出生之后在适应环境、认识世界、解决问题中表现出来的思维方式、认知发展特点等。

#### ▶▶ 一、皮亚杰的认识发生论 ＞＞＞＞＞＞＞

瑞士心理学家皮亚杰受家庭教育环境的影响，重视利用系统的科学进行求知，用尽一生研究儿童认知的发展，并创立了儿童认知发展理论——认识发生论。他认为儿童的心理发展是主体与客体相互作用的结果，是个体在与环境的相互作用中主动适应的过程。儿童在与环境的相互作用中，通过同化、顺应和平衡的过程，使认知水平趋于成熟。这就是他的内因和外因相互作用的发展观，成功突破了遗传决定论和环境决定论之间存在的冲突。

### （一）认知发展的基本单位

皮亚杰认为发展是个体在与环境的相互作用中进行的一种积极建构过程，个体的内部心理结构是不断变化的，这种变化涉及图式、同化、顺应和平衡。图式，是对事实的表征，是一种组织经验的心理结构，儿童通过图式了解周围世界。图式是不断变化的，主要是来适应儿童经验的变化。适应包括同化和顺应两个过程，当新的经验融入已有图式时，同化就出现了。例如，一个已经掌握抓握图式的婴儿，在自己不断地探索中，很快就会发现抓握图式不仅能使自己抓握自己的小手，还可以使自己抓住积木、娃娃等玩具。当已有的图式不能顺利接纳新经验，需要根据新经验的要求做出调整时顺应就发生了。比如，婴幼儿之前掌握了单手抓握的图式，但是很快发现有些物体只有用两只手才能拿起来，此时，需要改变已有的图式以使这些图式在新的物体上发挥作用，这就是顺应的过程，最后，婴幼儿用两只手抓住了玩具。同化和顺应经常处在彼此的均衡或平衡状态中，当儿童不能把经验同化到已有的图式中时，就需要重组已有的图式来接受新的经验以达到一种均衡的状态，这个过程就是平衡。

### （二）儿童认知发展的因素

皮亚杰把影响儿童心理发展的各种要素归纳为四个基本因素，即成熟、经验、社会环境和平衡化。

#### 1. 成熟

成熟主要指大脑和神经系统、内分泌系统等的发育程度。成熟为发展提供了可能性，是儿童心理发展、新行为模式出现的必要条件。例如，婴儿的手眼协调就是成熟的结果。生理成熟是心理成熟的重要条件。在皮亚杰看来，神经系统和内分泌系统的成熟程度对儿童心理发展具有至关重要的影响，但这仅仅是儿童心理发展的一个必要条件，儿童的发展更重要的是受后天环境的影响。

#### 2. 经验

经验是指个体在动作学习中的练习和经验的习得，这是在与外部环境的相互作用中获得的知识。皮亚杰将经验分为两种：一种是物理经验，另一种是数理逻辑经验。通过这两种不同的经验，儿童分别建构物理知识和

学习笔记

数理逻辑知识这两种不同的知识。皮亚杰认为，知识来源于动作而非来源于物体。

物理经验是指儿童在与客体的相互作用中直接获得的关于客体特征的知识。例如，儿童通过摆弄物体，了解物体的颜色、重量、比例和速度等客观存在的性质。

数理逻辑经验是指儿童在与客体的相互作用中，通过反省这种抽象活动而获得的关于活动本身特征的知识。例如，在儿童认识水的守恒的实验中，虽然矮瓶子和高瓶子中的水一样多，但3岁的儿童可能认为高瓶子中的水多，大一点的儿童则知道水量多少与瓶子高矮无关，大一点的儿童通过动手操作得知不管把水倒进哪个瓶子，其中的水量不变，此经验的获得来自儿童动作的协调。

### 3. 社会环境

社会环境指影响个体心理发展的社会因素，包括社会互动和社会传递，以及他人与儿童之间的社会交往和教育对儿童的影响。其中，儿童自主性是获得社会性经验的重要前提，儿童如果缺乏主观能动性，教育对儿童的社会化影响则没有任何作用。在皮亚杰看来，环境和教育只能加速或延缓儿童心理发展速度，并不能决定儿童的心理发展水平。

### 4. 平衡化

平衡化是指心理的成长向着更加复杂和更加稳定的组织水平前进的过程。皮亚杰认为，同化、顺应可以使成熟、经验和社会环境这三个因素达到适应的平衡过程，这种具有自我调节作用的平衡过程不断促进儿童认知的发展。

## ▶▶ 二、 皮亚杰的认知发展阶段理论 >>>>>>>

皮亚杰认为，所有儿童的思维发展都要经过一系列明显的阶段，经过多年的系统实验和观察，他把儿童的认知发展分为四个阶段。

### (一)感知运动阶段(0～2岁)

感知运动阶段儿童的主要认知结构是感知运动图式，儿童主要依靠动作探索来获取对环境的基本理解并适应环境。出生时婴儿只有先天条件反射，在本阶段末，他们拥有了复杂的感知动作协调能力，开始获得"自我"和"他人"的初步理解，建立了客体永久性，即当某一物体从儿童视野中消失时，儿童知道该物体仍然存在。9～12个月，儿童获得客体永久性。

### 相关链接 ▶▶▶▶▶

#### 儿童客体永久性经典实验

　　婴儿最初分不清自我和客体，不了解客体可以独立于自我而客观地存在，只认为自己看得见的东西才是存在的，而看不见时也就不存在了。当客体在眼前消失时，儿童依然认为它是存在的，这就是皮亚杰所说的儿童获得了客体永久性。

　　图 13-2-1 中的婴儿还没有建立客体永久性。实验开始时，给婴儿呈现一个玩具小象，当他对这个玩具正感兴趣时，用纸板把玩具挡住，他就不再关心这个玩具了。

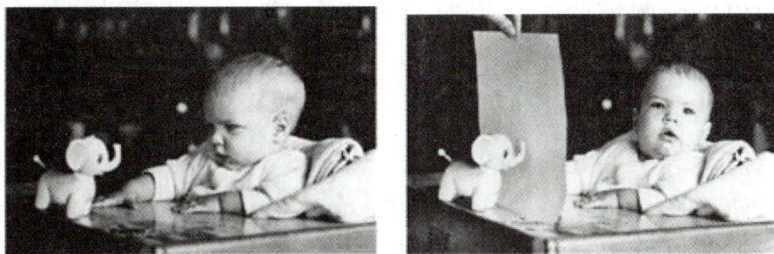

**图 13-2-1　儿童客体永久性实验(1)**

　　年龄稍大的儿童则不同。当处于类似的实验情景中时，儿童能够爬过遮挡用的帷幕，寻找他所感兴趣的玩具(图 13-2-2)。

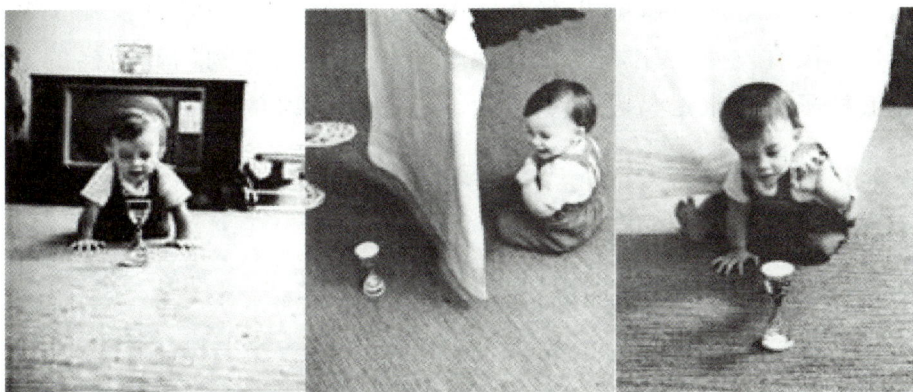

**图 13-2-2　儿童客体永久性实验(2)**

　　资料来源：边玉芳，等．教育心理学．杭州：浙江教育出版社，2009。

### (二)前运算阶段（2～7岁）

　　前运算阶段的儿童利用符号系统表征和理解环境信息，他们按照客体和事物外在的表现来反应，将感知动作内化为表象，建立了符号功能，可凭借心理符号(主要是表象)进行思维，使得思维有了质的飞跃。这一阶段儿童主要表现出的特点如下。

#### 1. 泛灵论

　　儿童无法区别有生命和无生命的事物，认为所有事物都和人一样，是有生命的。例如，不小心踩凳子一脚，他们觉得凳子会疼。

#### 2. 自我中心主义

　　儿童受自我中心思维的影响，只会从自己的角度出发认识世界，不会考虑他人的想法。

### 3. 不能理顺整体和部分的关系

相关研究发现，儿童能把握整体，也能分辨两个不同的类别。但是，当要求他们同时考虑整体和整体的两个组成部分的关系时，儿童给出的答案大部分是错误的。例如，向儿童出示 8 张彩色卡片，3 张红色的，5 张黄色的，要求儿童说出有几种卡片，红色的和黄色的各是多少张，儿童都能如实回答出；当问到黄色卡片多还是红色卡片多时，儿童回答是"一样多"。这说明他们的思维受眼前的显著知觉特征的影响，意识不到整体和部分的关系，皮亚杰称之为缺乏层级类概念。

### 4. 思维的不可逆性

前运算阶段儿童的思维处于不可逆的单向思维阶段，无法改变其思维方向，使之反向思考。例如，3 岁的乐乐知道自己有一个妹妹欣欣，然而，他却不明白自己就是欣欣的哥哥。

### 5. 缺乏守恒

守恒是指儿童所掌握的某一事物的本质特征不会因某些非本质特征的改变而改变。此阶段的儿童不能明白当事物的表面特征发生变化时，其本质特征并没有发生变化，这就是缺乏守恒的表现。例如，同样的水倒进高杯子和低杯子中，水量是没有变化的，但是此阶段的儿童认为倒进高杯子中的水会多，倒进低杯子中的水会少。缺乏守恒是前运算阶段儿童的重要特征。

#### 儿童认知自我中心——三山实验

如图 13-2-3 所示，在一个立体沙丘模型上错落摆放了三座山丘，让幼儿坐在三座山的模型前，在他对面桌子上坐着一个玩偶，也面对着三山模型。皮亚杰问幼儿，对面的玩偶看到的山是什么样子的？请幼儿从一些照片中挑选出对面玩偶看到的山的那一张照片。幼儿会毫不犹豫地把自己所看到的三山模型的照片挑出来。也就是说，在幼儿看来，别人看到的山与自己看到的是一样的。这个实验证明了前运算阶段儿童思维缺乏逻辑性的表现之一是不具备观点采择能力——从他人的角度来看待事物的能力。

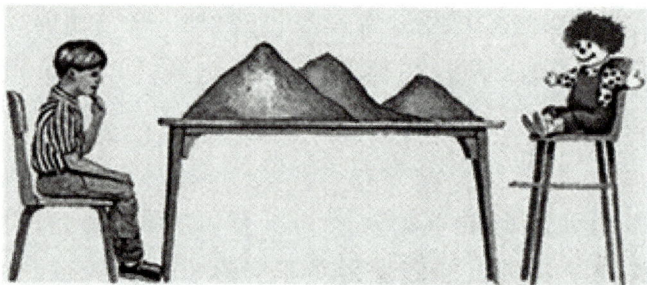

**图 13-2-3　三山实验**

**儿童守恒实验**

　　如图 13-2-4 所示，首先给儿童呈现两杯等量的水（杯子的形状一样），然后把这两杯水倒入不同口径的杯子里，问儿童哪一个杯子里的水多（或一样多）。实验发现，对这个问题，六七岁以下的儿童仅根据杯子里水的高度判断水的多少而不考虑杯子口径的大小；而六七岁以上的儿童对这个问题一般都能做出正确的回答，即他们能从水面的高度和杯子口径两个维度来决定杯子里水的多少。

**图 13-2-4　守恒实验**

　　资料来源：边玉芳，等．教育心理学．杭州：浙江教育出版社，2009。

### (三)具体运算阶段 (7～11 岁)

　　具体运算阶段儿童的认知结构由前运算阶段的表象图式转变为运算图式，开始具有逻辑思维和运算能力，但是儿童的思维运算必须有具体事物支持，问题的解决也离不开具体事物的操作。具体运算思维的特点是具有守恒性、自我中心性和可逆性。

### (四)形式运算阶段 (11 岁及以后)

　　形式运算阶段儿童的思维发展到抽象逻辑推理水平，并能通过做出假设和推断来解决问题，达到成人的思维水平。形式运算阶段思维特点具体如下。

#### 1. 脱离具体事物进行抽象概括

　　形式运算阶段的儿童能够摆脱现实的影响，脱离具体事物进行逻辑运算，能把思维的内容和形式区分开来。

#### 2. 进行假设—演绎推理

　　假设—演绎推理是先提出各种解决问题的可能性，再系统地评价和判断正确答案的推理方式。

## ▶▶ 三、 认知发展阶段理论的启示 >>>>>>>>

　　皮亚杰认知发展阶段理论对教育心理学和教学实践具有重大影响。

　　第一，皮亚杰关于认知发展阶段的划分不是按照个体的实际年龄，而是按照儿童认知发展的差异性，所以，教师在实际教学中要考虑到儿童的心理发展特点。

学习笔记

学习笔记

第二，皮亚杰借助典型的概念解释了儿童发展的整个过程，揭示了个体心理发展的规律，同时也强调了儿童的主动性对自身发展的重要性。

第三，皮亚杰认为不同认知发展阶段的儿童年龄差异较大，考虑到了个体差异性，这为教育教学实践中的因材施教原则提供了理论依据。

但是，皮亚杰提出的认知发展阶段理论也有局限性。

第一，过于重视生物化倾向以及忽视社会文化的影响，把智力的本质单纯看成生物意义上的适应。皮亚杰的理论重视个体对周围事物的建构以及发展阶段本身的探讨，却忽视了对人类认知过程是如何受到社会文化环境的影响的探讨。

第二，缺少积极的教育意义。皮亚杰认为"发展先于学习"，他主要研究儿童在自然情境与周围环境的相互作用下的认知活动过程，不主张通过学习加速儿童的认知发展过程，但是后期的研究表明个体化的发现学习是促进智力发展的最好方法。

此外，皮亚杰的认知发展阶段理论给教育实践带来的启示主要有以下三方面。

第一，教学内容应适合儿童的认知发展水平。皮亚杰把儿童的认知发展分成了四个阶段，认为每个阶段都具有不同的认知发展特点，后一阶段的发展是以前一阶段的发展为基础的。所以，在教育实践中，教育者应该注意教学内容的选择和课程的设计，教学内容的难度和课程的设计要符合儿童的认知发展特点。

第二，重视儿童的主体作用。皮亚杰的认知发展阶段理论阐释了儿童认知发展的过程，认为对儿童发展起决定性作用的是儿童的主观能动性。儿童作为学习的主体，通过自身与外部环境的相互作用，使自己的认知得到了不断发展。这说明儿童认知的发展是一个主动建构的过程，教育者需要不断地对儿童进行外部的刺激。

第三，关注儿童的个体差异。儿童在认知发展过程中存在个体差异，在教学过程中，教育者应该正确地认识到儿童的个体差异，针对儿童的不同认知发展水平和发展特点因材施教。

## 单元 3  行为主义发展理论

### 情景导入

张老师发现乐乐在午休时间总是不睡觉，有一次，她发现乐乐竟然睡着了，于是，她在所有幼儿面前表扬了乐乐。第二天，乐乐又睡着了，张老师又在所有幼儿面前表扬了乐乐。久而久之，乐乐养成了睡午觉的习惯，每次午休时间都会主动睡觉。

儿童在生活中会有很多不好的习惯，这需要教师的引导。当好的行为出现时，教师可以对儿童进行肯定与表扬，久而久之，儿童就会改正不良习惯，这是因为教师对儿童出现的好的行为起到了强化作用。可见，强化对儿童的行为发展而言是非常重要的。

行为主义是 20 世纪上半叶欧美心理学界主要研究的理论之一，它强调的是发展模式的个人化，认为发展只是量的改变。行为主义理论的主要代表人物是华生、斯金纳、班杜拉，他们的心理发展观分别代表了行为主义的三个发展阶段。

## ▶▶ 一、　华生的早期行为主义及启示 >>>>>>>>

### (一)华生的早期行为主义——刺激—反应说

华生是行为主义的创始人，他提出：心理学是自然科学的一个纯客观的实验分支。它的理论目标在于预见和控制行为。他认为心理学的研究对象应该是人的行为，而非意识，因为学习就是塑造外显的行为，而人的内部心理状态是不可知的。在他看来，学习是刺激—反应(S—R)的联结，人的反应完全由客观刺激决定，强化增强的是强化之前的刺激—反应联结，并受到频因律和近因律的影响。

频因律是指在其他条件相同的情况下，某种行为练习得越多，习惯形成得就越迅速。所以，练习的次数在习惯形成中起重要作用。近因律是指当反应频繁发生时，最近的反应更容易得到加强。因为在每一次练习中，有效的反应总是最后一个反应，所以这种反应在下一次练习中必定更容易出现。

### (二)华生的早期行为主义的启示

华生对心理学的影响很大，在 20 世纪上半叶行为主义心理学一直在北美占统治地位。华生敢于打破现有心理学的研究局限，坚持自己的科学追求，为心理学的发展做出了巨大的贡献。

第一，华生认为心理学应该关注行为而非意识，坚持用科学的方法探究人类的学习过程，以人为实验研究对象，而非动物。

第二，华生的刺激—反应学说对教学实践有较大的影响，重视儿童在学习中的练习等对学习效果的影响。

当然，华生的行为主义理论也有其明显的不足和局限性。他过于强调环境和教育对人的心理发展的重要性，是一个极端的环境决定论者，忽视了个体的主观能动性和意识的作用。他曾说过：给我一打健康而又没有缺陷的婴儿，把他们放在我所设计的特殊环境里培养，我可以担保，我能够把他们中间的任何一个人训练成我所选择的任何一类专家——医生、律师、艺术家、商界首领，甚至是乞丐或窃贼，而无论他的才能、爱好、倾向、能力，或他祖先的职业和种族是什么。这段话足以看出他过于强调环境的重要性。

学习笔记

学习笔记

华生的早期行为主义对教育实践带来的启示主要有以下两方面。

第一，正确利用刺激—反应的条件反射原理塑造儿童的行为。他认为儿童的成长取决于其生活环境，对于儿童成长为什么样的人，教育者起着比较重要的作用。教育者如果正确使用条件反射原理，儿童就会对学习产生积极情绪，进而养成良好的学习习惯。

第二，利用条件反射原理消除儿童的不良情绪和行为反应。教育者在纠正儿童的错误行为时，需要特别注意自己的教育方式是否正确使用了条件反射原理，不然会使儿童对学习产生消极情绪，所以，教育者需要注意自己的教育方式，以帮助儿童形成正确的行为。

## ▶▶ 二、　斯金纳的新行为主义及启示 >>>>>>>

### （一）斯金纳的操作学习理论

美国心理学家、新行为主义学习理论的创始人斯金纳是新行为主义的主要代表者，是操作性条件反射理论的奠基者。他比较重视环境对个体发展的重要性，他强调的是环境对儿童行为的作用。在斯金纳看来，刺激—反应中间有一个变量，这个中间变量是指个体的心理和生理状态，它对行为起决定性作用，也就是个体的动机。斯金纳把行为分成应答性行为和操作性行为两大类。应答性行为是指经典条件反射中由刺激引发的行为，如狗看到食物会分泌唾液。操作性行为是指个体自发出现的行为，不与任何特定刺激相联系。在操作性行为出现后，及时出现一个强化物，那么该操作性行为在将来出现的概率就会大大增加。操作性行为反映的是个体对环境的主动适应，受行为的结果控制，而应答性行为比较被动。斯金纳认为学习就是个体在某种情境中自发做出的某种行为由于受到了强化而提高了这种行为在这种情境中的发生率。通过操作性条件作用可以对学前儿童的行为进行塑造，形成学前儿童的适应行为，以此消除学前儿童的不适应行为，这就要对学前儿童进行正确的强化。根据行为强化物的性质，强化又分成了正强化和负强化。正强化是指一个反应出现后出现一个愉快的结果，以增加这个反应再次发生的可能性。例如，当学前儿童能自己刷牙时，妈妈就会表扬学前儿童，学前儿童再次自己刷牙的行为出现的可能性就会提高，一段时间后，学前儿童养成了自己刷牙的好习惯。负强化是指一个反应发生后可以消除一个不愉快的事情，以增加此行为再次发生的可能性。例如，学前儿童吃饭时没有挑食，妈妈就不再批评他，之后，学前儿童吃饭不挑食的行为出现的可能性就会提高。斯金纳指出，得不到强化的行为会逐渐消失，因此，成人对学前儿童的不良行为可以不予理睬、冷处理、不关注。例如，一名学前儿童在集体活动中想通过做鬼脸的方式引起教师的注意，当教师关注到学前儿童做鬼脸后，不予理睬，该学前儿童做鬼脸的行为就会慢慢消失。因此，此理论不仅适合学前儿童新行为的习得和塑造，还适合不良行为的矫正。

### (二)斯金纳新行为主义的启示

斯金纳对学习理论的贡献比较大，主要表现在以下几个方面。

第一，斯金纳发现了操作性条件反射，打破了传统行为主义"没有刺激，就没有反应"的观点，注重外部反应与外部行为结果，丰富了条件反射的实验研究。

第二，斯金纳揭示的强化规律客观有效，对于个体行为的塑造、学生的学习控制及课堂教学都具有指导意义，对心理治疗、问题儿童的教育、科学研究具有重要的参考价值。

第三，倡导"程序教学"，推进了个体化教学形式的深入研究。

尽管如此，斯金纳的行为主义理论也有其明显的不足和局限性，主要表现在以下两方面。

第一，斯金纳只注重描述行为，不注重解释行为，过分强调环境和教育对个体发展的重要性，忽视了个体的主观能动性在个体发展中的重要性。

第二，斯金纳倡导的"程序教学"缺少了师生之间的互动交流，不利于学生的发展，教学实践证明此种模式的教学效果并不理想。

此外，斯金纳的操作学习理论也给教育实践带来了一些启示。

第一，斯金纳认为"教育就是塑造行为"，并且他强调强化对行为塑造的关键作用。所以，在儿童教育中，积极的鼓励与奖励是非常重要的。此外，需要注意的是：惩罚不同于强化，强化是增加一种行为的产生，而惩罚是减少一种行为的产生。在教学实践中，要想通过惩罚使一种行为消失，就必须保证惩罚的及时性，然而，这是很难掌控的。因此，斯金纳认为，如果想要纠正儿童的一种行为，最好的方法是对正确行为加以强化，对错误行为采取忽视的态度而非惩罚，因为在斯金纳看来，得不到强化的行为最终会消失。

第二，斯金纳认为，在操作性条件反射中，有机体会有积极主动的反应。因此，在教育实践中，要注意对儿童兴趣的培养，符合儿童自身兴趣的行为才会使儿童主动地学习。此外，在对儿童进行行为培养时，要保证行为培养在其能力范围之内。

第三，斯金纳的强化程式理论告诉我们，在进行教育的过程中，对强化时间和比率的把握对最终的教育成果是至关重要的。一般情况下可以采取如下模式：最初使用连续强化使行为得到较快的习得，之后使用固定时间强化进一步加强行为的反应，最后使用变化比率强化使行为难以消退，从而成为固定行为。

第四，根据操作性条件反射理论创造出的一种教学策略——程序教学，他认为程序教学思想就是把教学程序化，具体的观点就是：要把教材划分成具有逻辑关系的小步子，要求学生给予积极的反应，对学生的反应进行及时的反馈及强化，学生在学习中可以根据自己的情况自定步调，学习进度不要求一样，使学生有可能每次都做出正确的反应，使错误率降到最低。在他看来，要完整实施程序教学，必须借助于教学机器的帮助，在莱普西（S. Pressey）的教学机器的基础上，他设计出程序教学模式。

### ▶▶ 三、 班杜拉的社会学习理论及启示 >>>>>>>

美国心理学家班杜拉提出了社会学习理论，他是新行为主义的主要代表人物之一、社会学习理论的创始人。

#### （一）社会学习理论

班杜拉认为，行为主义的刺激—反应理论无法解释人类的观察学习现象，刺激—反应理论不能解释个体表现出的新行为与个体在观察榜样行为后的一段时间内才出现此行为的原因。为此，班杜拉进行了一系列实验，并在科学实验基础上建立起了社会学习理论。

##### 1. 自我效能感

自我效能感是指个体对自己是否有能力完成某一行为所进行的推测与判断，班杜拉将它定义为"人们对自身能否利用所拥有的能力去完成某项工作的自我胜任感"。班杜拉认为个体的自我效能感越高，就越倾向于付出更大的努力。

##### 2. 观察学习

班杜拉的社会学习理论强调的是观察学习或模仿学习。观察学习就是儿童通过观察榜样的行为进行的学习。在他看来，儿童观察和模仿周围人的行为，以此不断掌握新的行为模式。在观察学习中，直接强化、替代强化和自我强化对儿童的学习具有非常重要的影响。

直接强化是指观察者因表现出所观察的行为而受到强化。例如，儿童在幼儿园的集体活动中积极回答问题，教师直接对他进行表扬，这对儿童而言就是直接强化。

替代强化是指学习者通过观察他人行为所带来的奖励性或惩罚性后果而受到强化。例如，教师表扬积极回答问题的儿童，其他儿童看到后也暗自下决心好好表现，以期得到教师的表扬，对这些儿童而言，这就是替代强化。

自我强化是指观察者根据自己的标准对自己的行为进行评价，也就是儿童只和自己比较，不和其他人比，只要现在的自己比以前有进步，就值得肯定和表扬，这就是一种自我强化。

## 相关链接 ▶▶▶▶▶▶

### 班杜拉的著名实验——波波玩偶实验

儿童在电视上、电影里和游戏里看到的暴力画面或行为，会不会导致他们做出攻击性行为？这是一个一直备受关注的话题。班杜拉曾为此做了"波波玩偶实验"，以确定孩子们是如何通过观看暴力影像而学会攻击的。班杜拉的社会学习理论提出，学习是在观察和与其他人交往中形成的。

班杜拉的实验是将儿童置于两组不同的成人当中，一组具有攻击性，另一组不具有攻击性。在观察了成人的行为之后，让他们进入一个没有成人的房间，观察他们是否会模仿先前所见到的成人的行为。

在非攻击性一组中，整个过程中儿童只是摆弄玩具，完全忽视了波波玩偶。在攻击性一组，儿童则猛烈地攻击波波玩偶，把波波玩偶放倒在地上，猛烈摔打玩偶。这一攻击性行为连续重复三次，其间还夹杂着攻击性的语言。

之后每个儿童都分别被带进最后一个实验室，被允许在这个房间里玩20分钟，实验者从镜子里观察每个孩子的行为，并给出每个孩子攻击性行为的等级。

这一实验证实了班杜拉预言中的三个：

(1)当成人不在场的时候，观察暴力行为一组的儿童的倾向是模仿他们所看到的行为；

(2)非暴力行为一组的儿童比对照组的攻击性行为弱一些；

(3)男孩更倾向于模仿肢体的攻击性行为，而女孩更倾向于模仿语言的攻击性。

此外，男孩的攻击性行为要比女孩的攻击性行为高一倍。

在班杜拉看来，成人的暴力行为引导了儿童的暴力行为。实验结果证明，儿童更倾向于在未来受到攻击时，以暴力行为做出反应。在之后1965年所做的另一个实验中，班杜拉发现，当成人对他们的行为表示赞赏时儿童就更喜欢模仿攻击性行为，如果儿童看到成人因攻击性行为受到惩罚或谴责时，他们的模仿就会少一些。

### (二)班杜拉的社会学习理论的启示

班杜拉的社会学习理论突破了旧的理论框架，把社会因素引入研究中，他的社会学习理论开创了心理学研究的新天地。

第一，班杜拉吸收了认知心理学的研究成果，改变了传统行为主义重刺激—反应、轻中枢过程的倾向，开始对个体的行为进行科学解释。

第二，班杜拉的社会学习理论注重社会因素的影响，把学习心理学同社会心理学的研究有机地结合在一起，提出了观察学习、间接经验、自我调节等概念，对学习心理学的发展产生了重要影响。

第三，班杜拉以人为研究对象，由此得出的结论更具有说服力。

但是，班杜拉的社会学习理论也有其明显的不足和局限性，主要表现在以下几点。

第一，班杜拉的社会学习理论比较分散，没有一个内在的逻辑体系将各部分串联起来。

第二，过分强调榜样对儿童观察学习的重要性，忽视了儿童自身的发展阶段会对观察学习产生的影响。

第三，虽然强调了人的认知能力对行为的影响，但对人的内在动机、内

✎ 学习笔记

心冲突、建构方式等因素没做研究，这些都需要进行进一步探讨。

此外，班杜拉的社会学习理论也给教育实践带来了一些启示。

第一，重视观察学习的重要性。在教育实践中，教育者应该重视儿童的观察模仿能力，使儿童通过观察学习获取直观的学习体验，以此激发儿童的学习兴趣，培养儿童主动学习的能力。

第二，重视榜样的示范作用。儿童的行为是在观察学习的过程中获取的，榜样会直接影响儿童的行为，所以，教育者需要重视同伴之间榜样的作用对儿童行为的影响，同时，教育者也要注意自己的言行举止，做好儿童的榜样。

## 单元 4　社会文化发展理论

### 情景导入

　　小班的果果在剪纸活动中需要使用剪刀，但是他只会用力合上，不知道怎样打开，教师看到之后，教他把大拇指和食指分开，两者之间的虎口张大，这样一张一合，反复尝试几次后，果果就可以连续用剪刀剪纸了。

果果开始不会使用剪刀与会使用剪刀之间的这段差距就是最近发展区。最近发展区是维果茨基提出来的，这是他的心理发展理论的观点之一。

苏联心理学家、文化—历史理论的创始人维果茨基在其代表作《思维和言语》中强调了文化、社会对儿童认知发展的影响，系统阐述了心理发展的实质，提出了内化说、最近发展区等观点。

### ▶▶ 一、社会文化发展理论概述 ▷▷▷▷▷▷▷

#### (一)心理发展理论

维果茨基把心理机能分为两大类：一类是低级心理机能，另一类是高级心理机能。低级心理机能是依据生物进化而获得的心理机能，是在种族发展的过程中出现的，如感觉、知觉、机械记忆等心理过程。高级心理机能是源于社会文化及人们之间的交往，如高级情感、有意记忆、创造想象等心理过程。他认为，儿童心理发展的实质就是在教育和环境的影响下，心理机能从低级逐渐向高级发展的过程。高级心理机能并不是生物学上形成的，而是内化了的社会关系。例如，儿童自理能力的发展最初是在成人的言语调节下开始的，成人告诉儿童"自己的事情自己做"，儿童就这样做了；之后儿童在穿脱衣服的时候也会说"自己的事情自己做"，儿童的自理能力由此得以提升；最后儿童把这些告诫内化到自己的头脑中，进行不出声的告诫，自理能力进一步提升。

#### (二)教学与儿童的心理发展

维果茨基认为，教学作为一种特殊的成人和儿童的交往方式在儿童的心理发展中具有重要作用。

在研究教学与儿童发展的关系时，维果茨基提出了最近发展区。良好的教学是使教学任务处于最近发展区内的教学，这样的教学需要确定儿童的两种水平，一种是儿童现有的、独立解决问题的水平，另一种是在成人的帮助下所能达到的解决问题的水平，这两种水平之间的差距就是最近发展区。在最近发展区内提供合适的引导，使儿童达到新的水平，掌握新的技能。例如，小班幼儿不能很好地涂色，在教师的帮助下，可以掌握涂色的技巧并做到均匀涂色，那么，掌握涂色技巧并做到均匀涂色就是在小班幼儿的最近发展区内。他认为，教学必须考虑儿童已经达到的水平并走在其发展的前面。

### ▶▶ 二、 社会文化发展理论的启示 >>>>>>>>

维果茨基使得越来越多的人意识到社会文化因素在儿童心理发展中的重要性，他的社会文化学习理论对心理学的发展做出了重大贡献。

第一，维果茨基的理论可以唤醒人们对儿童发展现状的认识，使人们意识到不同的社会文化对儿童心理发展的重要性。

第二，最近发展区成为指导教育教学实践的指南，使人们意识到教学时一定要考虑到儿童的现有发展水平，以促进儿童更好地发展，为支架式教学模式的提出奠定了基础。

尽管如此，维果茨基的社会文化理论也存在一定的不足，过于强调社会文化和教育对儿童心理发展的影响，忽视了基本的认知过程是如何发展的。

此外，维果茨基的社会文化发展理论给教育实践带来的启示主要有以下几方面。

第一，教学必须符合儿童的年龄特征。维果茨基强调人的心理发展是受社会文化历史发展规律的制约的。早期儿童在学习过程中能做的只是与他兴趣相符合的事情，所以，教学要遵循儿童的年龄特征，以儿童的年龄特征为中心展开活动。

第二，强调教学在儿童发展中的重要性。维果茨基认为，教学在儿童发展中具有主导性、决定性、超前性的作用，认为教学作为一种典型的外部社会环境形式对儿童发展起积极促进的作用，所以，教育者要重视教学活动的组织。

第三，重视儿童的最近发展区。维果茨基认为教学要想对儿童的发展发挥主导和促进作用，就必须走在儿童发展的前面，为此，教育者必须明确儿童的最近发展区，了解儿童发展的两种水平。

第四，教学应当走在发展的前面。这就要求教育者的教学既要适应儿童的现有水平，又要发挥教学对儿童发展的主导作用。

## 单元5 中国儿童心理学家的发展理论

### 情景导入

在区角活动时间，小一班的一些小朋友选择了角色区，玩着玩着，突然有两个小朋友争起了玩具，两个人谁也不让谁，都想抱粉红色的洋娃娃，这时，老师走过来让她们其中一个小朋友选择蓝色的洋娃娃，但是她们都不要，都只想要这个粉红色的。

好模仿是儿童的天性，别人玩什么自己也玩什么，在教育中我们应该根据儿童好模仿的特点，为儿童提供学习的榜样。

### ▶▶ 一、 陈鹤琴的儿童观及启示 >>>>>>>>

#### (一)陈鹤琴的儿童观

陈鹤琴是我国著名的儿童教育家、儿童心理学家。他既是中国现代儿童教育的奠基者，也是中国儿童心理学的开拓者。1923年，他在南京创办鼓楼幼稚园，把它作为儿童心理学和幼儿教育研究的基地。他一生主要从事幼儿教育研究与实践，并著有《家庭教育》等，他的《儿童心理之研究》成为中国心理学创立的标志。

陈鹤琴认为只有准确了解儿童的心理发展特点，才能教育好儿童，所以他深入研究儿童的心理发展特点，以自己的儿子为研究对象，通过系统的观察研究，得出了儿童身心发展的特点。他认为，儿童不是小大人，他们有着自己独特的精神世界。在他看来，儿童主要具有以下特点。

#### 1. 好奇心

在生活中，我们经常会听到儿童问，"这是什么""那是什么""这个东西从哪里来的""那个东西是怎样做的"。他们看见不认识的东西就问，这些都是好奇的表现。陈鹤琴指出，好奇心对儿童的发展具有重要的作用，这样可以激发儿童的求知欲，帮助儿童认识新事物。

#### 2. 好动

儿童生来好动，这与儿童的身体发展、大脑和神经系统的发展密切相关。儿童因好奇而会产生难以抑制的冲动，什么都想动一动，试一试，儿童的行为完全受感觉与冲动的支配。

#### 3. 好游戏

儿童以游戏为活动形式，这是儿童的自然本性。"游戏心"是儿童心理的一个重要特征，通过游戏的形式可以帮助儿童极大地丰富自己的认知，发展自己的能力。陈鹤琴说：游戏可以带给儿童快乐、经验、学识、思想和健康。

### 4. 好模仿

处于成长期的儿童不成熟，爱学习，好模仿，这是儿童社会学习和身心成长的重要特点。陈鹤琴说：模仿心理，青年老年亦有，不过儿童格外充分一些。儿童学习语言、习俗、技能等，大大依赖模仿心理。正因为儿童喜欢模仿，他们才具有更强的可塑性，更容易接受教育。

### 5. 好合群

陈鹤琴认为，每个人都喜欢群居，2岁的儿童就有社会交往的需要，就要与同伴玩耍。到5～6岁时，同伴交往意识更强烈，更加合群。10岁左右，儿童就会结队成群地玩耍。如果在家里没有玩伴，他们就会外出找伙伴一起玩，甚至会通过想象的方式找到伙伴和自己玩。好合群对儿童而言是自己社会化的根本保证。

### 6. 喜欢成功

陈鹤琴认为，儿童都喜欢玩，但更喜欢玩了之后有成就感。在他看来，儿童一旦有成就感，就很高兴，就有自信心；成就感越强，自信心就越强，事情就越容易成功。所以，自信力与成功相辅相成。因此，儿童做的事情不要太难，太难他们就体会不到成就感，就会丧失信心，久而久之，儿童也就不尝试了。所以，儿童要在自己的能力范围之内做一些事情，这样完成之后才能增强自信心。

### 7. 喜欢称赞

陈鹤琴认为，2～3岁的儿童就喜欢"听好话"，喜欢旁人称赞他。适当的赞许会激发儿童的荣誉心和上进心，激励他们不断进步。陈鹤琴先生明确指出：积极的鼓励比消极的刺激好得多。这种赞许心，做父母的在教育儿童时应当合理使用，过度使用则会失去它的效力。

### (二)陈鹤琴的儿童心理发展观的启示

陈鹤琴是中国第一个系统、科学研究儿童心理的研究者，他提出的儿童心理发展特点具有独特的价值，有助于人们树立科学的儿童观与教育观。这也对我们的教育实践有较大的影响，教育者要根据儿童的心理特点开展教育活动。

此外，陈鹤琴的儿童心理发展观给教育实践带来的启示主要有以下几方面。

第一，重视儿童的年龄特征。陈鹤琴对儿童的年龄阶段进行了划分，认为不同时期的儿童具有不同的心理特征，主张教育者在教育实践中应该考虑儿童的年龄特征。

第二，以儿童为中心开展活动。基于儿童的心理发展理论，提出了活教育理论。活教育的原点是儿童，是以儿童发展为核心展开的，这就要求教育者在教育实践中要做到一切为了儿童。

第三，重视课程的整合性。陈鹤琴根据儿童的心理、生理特点，对儿童进行德智体美劳全面教育，提出了五指活动课程，这就是幼儿园现行的五大领域课程的雏形，要求教育者在教育活动中要做到课程的整合，以促进儿童的全面发展。

第四，重视儿童的直接经验。陈鹤琴提出儿童的有效学习方式就是"做中教，做中学，做中求进步"，主张"寓学于做"，还要求不断在"做"中争取进步。所以，这就要求教育者要注重儿童的直接经验，鼓励儿童不断去体验。

## ▶▶ 二、 朱智贤的儿童发展观及启示 >>>>>>>

### （一）朱智贤的儿童发展观

朱智贤是我国著名的心理学家、教育家，中国现代心理学的奠基人之一，也是国务院公布的首批博士研究生导师，培养了新中国第一位心理学博士。他运用辩证唯物主义的观点探讨了儿童心理发展中关于先天与后天的关系、教育与发展的关系、年龄特征与个别特点的关系等一系列问题。他编写的《儿童心理学》被认为是我国第一部运用马克思主义观点、吸收国内儿童心理学成果、体现我国学术水平的儿童心理学教科书。

#### 1. 探讨心理发展的基本理论问题

朱智贤用辩证唯物主义的观点探讨了儿童心理发展中遗传、环境和教育这些先天与后天、内因与外因、教育与发展之间的关系等一系列重大问题。

（1）先天与后天的关系

朱智贤秉持"先天来自后天，后天决定先天"的观点，认为遗传因素和生理成熟这些先天因素都是儿童心理发展的物质前提，为儿童发展提供了可能性。而环境与教育这些后天因素则将这种可能性变成现实，决定了儿童心理发展的方向。

（2）内因与外因的关系

在社会和教育的影响下，儿童心理上的新需要与原有水平之间的矛盾是儿童心理发展的动力，也是儿童心理发展的重要依据。这种矛盾在相互斗争、相互否定的矛盾统一过程中不断推动儿童心理向前发展。

（3）教育与发展的关系

在朱智贤看来，儿童心理发展如果仅有儿童心理的内因或内部状态，而没有适当的教育条件，儿童心理是不会得到发展的；如果不通过儿童心理发展的内因或内部条件，教育这个外部条件也无法发挥作用。也就是说，心理发展主要是由适合儿童心理内因的那些教育条件决定的，教育这个外因必须通过儿童心理的内因、内部矛盾起作用。

（4）年龄特征与个别特点的关系

朱智贤还指出，儿童心理发展同一切事物发展一样，是一个不断经过量变和质变的过程。儿童心理发展的各个年龄阶段表现出来的质的特征，就是儿童心理年龄特征。心理发展的年龄特征具有稳定性和可变性，在同一年龄阶段，儿童既表现出本质的、一般的、典型的特征，又表现出人与人之间的差异性，即个别特点。

### 2. 用系统的观点研究心理学

朱智贤认为，中国儿童心理学的研究要强调儿童心理整体发展的研究，要用系统的观点研究心理学。

第一，他提出要将心理作为一个开放的自组织系统来研究。他认为人以及人的心理都是一个开放的系统，是儿童个体和客体相互作用下的自动控制系统。为此，在心理学中，尤其在研究心理发展时，要研究心理与环境之间的关系，要研究心理内在的结构，即各子系统的特点，要研究心理与行为的关系，要研究心理活动的组织形式。

第二，系统地分析各种心理发展的研究类型。在对儿童心理进行具体研究之前，常常因为研究时间、被试、研究人员及研究设备等的不同，而有不同的研究类型。因此，在研究中应该系统地分析纵向研究和横向研究、个案研究与成组研究、常规研究与现代科学技术相结合的现代化研究等。

第三，系统处理结果。心理既有质的规定性，又有量的规定性。心理的质与量是统一的。因此，对心理发展的研究结果，既要有定性分析又要有定量分析，二者要有机结合起来。

### 3. 提出坚持在教育实践中研究中国化的发展心理学

朱智贤曾经多次提出发展心理学研究的中国化问题，早在 1978 年，他就指出：中国的儿童与青少年及他在教育中的种种心理现象有自己的特点，这些特点，表现在教育实践中，需要我们深入研究下去。他指出，要坚持在实践中，特别是在教育实践中研究发展心理学，这是我国心理学前进道路上的主要方向。他反对脱离现实生活为研究而研究的风气，主张研究中国人从出生到成熟的心理发展特点及规律，强调在教育实践中培养儿童与青少年的智力和人格。

### （二）朱智贤的儿童心理发展观的启示

朱智贤用辩证唯物主义的观点研究了儿童心理发展的一系列问题，为中国现代心理学的发展做出了巨大贡献。

第一，首次用马克思主义观点解释儿童心理发展的问题。他致力于"中国儿童与青少年心理发展特点与教育"的课题，克服了许多困难，填补了多项空白。

第二，提出运用系统的观点解释心理的发展，并强调对儿童心理的整体研究，具有开创性的意义。

第三，他主张将发展心理学的基础理论与应用结合起来研究，提倡在教育实践中研究发展心理学，并积极建议进行教育实验和教学实验，这些为教学实践提供了理论依据。

此外，朱智贤的儿童心理发展理论给教育实践带来的启示主要有以下几方面。

第一，按照儿童的心理特点和规律进行教育。朱智贤认为教育在儿童的发展中是一种外因，这就要求教育者在教育过程中首先要了解儿童的发展水平、动机和兴趣，再给予相应的刺激、鼓励和引导，以此促进儿童不断发展。只有这样教育才能取得成效。

第二，要遵循教育的原则进行科学施教。朱智贤认为对儿童要以正面教育为主，要以发展的眼光看待儿童，要理智施爱。所以，教育者对儿童要以赏识教育为主，用辩证发展的眼光看待儿童的不同，同时，要做到热爱和严格要求相结合。

第三，重视儿童品德的发展。朱智贤重视品德在儿童发展中的重要性，认为品德教育是至关重要的。所以，教育者要重视儿童品德的发展，并且要做到热爱儿童。

📝 学习笔记

## 活动设计

### 桌面变干净了

**设计意图**

学会使用强化原理纠正幼儿的不良行为，掌握行为主义理论中关于强化的原理。

**活动目标**

正确理解强化原理，并能将强化原理用到生活中纠正幼儿的不良行为。

**活动准备**

鹌鹑蛋（熟的）等。

**活动过程**

1. 情景呈现，引出问题。

每到吃饭有鹌鹑蛋的时候，保育教师就比较犯愁，因为孩子们不能好好地剥鹌鹑蛋，把蛋皮扔得满桌子都是，鹌鹑蛋的皮又小又碎，收拾起来比较麻烦。教师请幼儿思考：有没有什么好办法，能在吃完鹌鹑蛋后让桌面也非常干净？

2. 幼儿讨论，表明想法。

请幼儿针对以上问题分组讨论，之后请每组说一说各自的想法，教师对幼儿的回答进行总结。

3. 认真观察，巧用奖励。

又到吃鹌鹑蛋的时候，教师发现有的幼儿积极主动地把桌面收拾得很干净，这时候教师就对他们进行了奖励，请他们选择自己最喜欢的小贴画，其他幼儿发现之后，也会积极主动地收拾桌面。以后每次吃完鹌鹑蛋，幼儿都会主动把桌面收拾干净。

**活动反思**

案例中的教师利用了强化原理，帮助幼儿纠正了不良习惯，幼儿因呈现出好的行为而受到了奖励，最后养成了良好的行为习惯，在使用这种方式强化幼儿良好的行为时，需要注意不要让幼儿对奖励形成依赖性，需要一段时间后停止奖励，再观察幼儿良好的行为习惯是否还存在。

### 思考与练习

**一、名词解释**

1. 图式

2. 最近发展区

3. 替代强化

**二、简答题**

1. 成熟学说下的育儿观是什么？

2. 皮亚杰的认知发展阶段理论是什么？

3. 华生、斯金纳、班杜拉的行为理论有什么异同？

4. 维果茨基的社会文化发展理论是什么？

5. 简述陈鹤琴与朱智贤的儿童心理发展观。

**三、分析题**

一个3岁的儿童在超市里看到了最爱吃的冰激凌，非要妈妈买，妈妈拒绝了他的请求，于是，该儿童不管不顾地大哭起来。最后，妈妈迫于周围的围观压力，为了让他停止哭闹，只得妥协，满足了他吃冰激凌的欲望，儿童随即停止了哭闹。试分析：

1. 你同意案例中妈妈的做法吗？为什么？如果是你，你会如何处理？

2. 请用斯金纳的强化理论，对案例中儿童的行为进行解析。

### 实践与探究

本模块介绍了不同流派的学前儿童心理学发展理论，你最喜欢其中哪一种理论？为什么？

**国考同步**

1.(2020年下)萌萌怕猫,当她看到青青和猫一起玩得很开心时,她对小猫的恐惧也降低了,从社会学习理论的视角看,这主要是哪种形式的学习?( )

A. 替代强化
B. 自我强化
C. 操作性条件反射
D. 经典性条件反射

2.(2019年下)菲儿把一颗小石头放进小鱼缸里,小石头很快就沉到了缸底,非要说小石头不想游泳了,想休息了。从这里可以看出,菲儿思维的特点是( )。

A. 直觉性
B. 自我中心
C. 表面性
D. 泛灵论

3.(2018年上)皮亚杰的"三山实验"考察的是( )。

A. 儿童的深度知觉
B. 儿童的计数能力
C. 儿童的自我中心性
D. 儿童的守恒能力

4.(2016年上)教师拟定教育活动目标时,以幼儿现有发展水平与可以达到水平之间的距离为依据,这种做法体现的是( )。

A. 维果茨基的最近发展区理论
B. 班杜拉的观察学习理论
C. 皮亚杰的认知发展阶段论
D. 布鲁纳的发现教学论

云测试

# 综合云测试

亲爱的同学：

祝贺你顺利完成本门课程的学习！想必在这门课程的学习过程中，你一定收获颇丰。下面，咱们一起来检测一下学习效果吧。如果你能全部答对，那么恭喜你！如果你未能全部答对，也没有关系，请从教材中找到相应的内容复习一下吧。这里一共有 10 套测试题，开始自我检测之旅吧。

| 编号 | 扫描二维码答题 | 自我检测记录与改进计划 |
|------|------|------|
| 试题一 | | |
| 试题二 | | |
| 试题三 | | |
| 试题四 | | |
| 试题五 | | |

续表

| 编号 | 扫描二维码答题 | 自我检测记录与改进计划 |
|---|---|---|
| 试题六 | | |
| 试题七 | | |
| 试题八 | | |
| 试题九 | | |
| 试题十 | | |

# 参考文献

[1] 陈帼眉，冯晓霞，庞丽娟．学前儿童发展心理学．北京：北京师范大学出版社，1995.

[2] 陈帼眉．学前心理学．2版．北京：人民教育出版社，2003.

[3] 董会芹．学前儿童问题行为与干预．北京：清华大学出版社，2013.

[4] 傅宏．学前心理学．芜湖：安徽师范大学出版社，2018.

[5] 黄希庭．心理学导论．2版．北京：人民教育出版社，2007.

[6] 教师资格考试统编教材题库编委会．保教知识与能力：幼儿园．2版．北京：高等教育出版社，2019.

[7] 劳拉·E. 贝克．儿童发展(第五版)．吴颖，等，译．南京：江苏教育出版社，2002.

[8] 李传银．普通心理学．2版．北京：科学出版社，2011.

[9] 廖雪蓉．学前心理学．天津：南开大学出版社，2018.

[10] 林崇德，杨治良，黄希庭．心理学大辞典．上海：上海教育出版社，2003.

[11] 刘金花．儿童发展心理学．3版．上海：华东师范大学出版社，2013.

[12] 刘军．《学前儿童发展心理学》练习册．南京：南京师范大学出版社，2017.

[13] 刘梅，邹本杰．幼儿心理学．北京：中国农业出版社，2018.

[14] 刘新学，唐雪梅．学前心理学．2版．北京：北京师范大学出版社，2014.

[15] 刘玉娟，岳毅力．学前儿童发展心理学．北京：北京出版社，2014.

[16] 罗伯特·V. 卡尔．儿童与儿童发展(第2版)．周少贤，窦东徽，郑正文，译．北京：教育科学出版社，2009.

[17] 罗家英．学前儿童发展心理学．2版．北京：科学出版社，2011.

[18] 彭聃龄．普通心理学．5版．北京：北京师范大学出版社，2019.

[19] 钱峰，汪乃铭．学前心理学．2版．上海：复旦大学出版社，2012.

[20] 宋广文．心理学概论．东营：石油大学出版社，1994.

[21] 苏冬辉．胎教对新生儿神经行为的影响．中国妇幼保健，2010，25(21)：

2985-2986.

[22]孙瑞雪．捕捉儿童敏感期．3版．北京：中国妇女出版社，2018.

[23]王振宇．学前儿童发展心理学．2版．北京：人民教育出版社，2015.

[24]王振宇．幼儿心理学(新编)．北京：人民教育出版社，2009.

[25]魏勇刚．学前儿童发展心理学．北京：教育科学出版社，2017.

[26]谢弗，等．发展心理学：儿童与青少年：第9版．邹泓，等，译．北京：中国轻工业出版社，2016.

[27]许颖，张丽霞．学前儿童发展心理学．大连：大连理工大学出版社，2016.

[28]张丽霞．学前儿童发展心理学．武汉：华中师范大学出版社，2013.

[29]张倩，郭念锋．攻击行为儿童大脑半球某些认知特点的研究．心理学报，1999，31(1)：104-110.

[30]张永红，曹映红．学前儿童发展心理学．3版．北京：高等教育出版社，2019.

[31]张永红．学前儿童发展心理学．2版．北京：高等教育出版社，2014.

[32]周念丽，张春霞．学前儿童发展心理学．2版．上海：华东师范大学出版社，2006.

[33]朱智贤．儿童心理学．4版．北京：人民教育出版社，2003.

[34]邹金利，赵碧玫，张卫宇．学前心理学．北京：首都师范大学出版社，2018.